高等教育工程管理类专业系列教材

# 建设工程计量与支付实务

邓文辉　主　编
段　超　副主编
刘旭灵　主　审

中国建筑工业出版社

**图书在版编目(CIP)数据**

建设工程计量与支付实务 / 邓文辉主编;段超副主编. — 北京:中国建筑工业出版社,2022.6(2022.9重印)

高等教育工程管理类专业系列教材

ISBN 978-7-112-27407-9

Ⅰ. ①建… Ⅱ. ①邓… ②段… Ⅲ. ①建筑安装—建筑造价管理—高等职业教育—教材 Ⅳ. ①TU723.3

中国版本图书馆 CIP 数据核字(2022)第 085185 号

计量与支付是建设工程造价管理的关键内容,是工程合同履约过程中约束承发包双方切实履行合同的重要手段,贯穿整个建设项目过程。本教材旨在通过合理的知识结构、多元化的内容培养掌握扎实计量与支付工程实践能力的专业人才。

本教材根据国家最新规范、标准及政策性文件编写,主要内容包括:工程造价管理相关知识、建设工程发承包阶段工程造价管理及施工阶段工程造价管理。

为更好地支持相应课程的教学,我们向采用本书作为教材的教师提供教学课件,有需要者可与出版社联系,邮箱:jckj@cabp.com.cn,电话:(010)58337285,建工书院 http://edu.cabplink.com。

责任编辑:吴越恺  张  晶
责任校对:赵  菲

高等教育工程管理类专业系列教材
**建设工程计量与支付实务**
邓文辉  主  编
段  超  副主编
刘旭灵  主  审
\*
中国建筑工业出版社出版、发行(北京海淀三里河路 9 号)
各地新华书店、建筑书店经销
北京红光制版公司制版
天津安泰印刷有限公司印刷
\*
开本:787 毫米×1092 毫米  1/16  印张:14¾  字数:365 千字
2022 年 7 月第一版  2022 年 9 月第二次印刷
定价:**48.00** 元(含实训手册、赠教师课件)
ISBN 978-7-112-27407-9
(39001)

# 前　言

"工程造价管理"作为高等院校培养工程造价管理人才的专业核心课程，必须始终坚持紧跟我国工程造价领域的历史变革步伐，时刻保持最新状态和旺盛的生命力，以顺应中国工程造价行业的大发展对优秀的工程造价管理人才的要求。

计量与支付是工程造价管理的关键环节，是合同实施中约束发承包双方履行合同义务的手段，贯穿建设项目全过程。计量与支付等造价管理的影响因素多，涉及工程技术、工程法规、工程经济、工程造价等知识，对造价人员要求较高。为进一步规范建设工程工程造价计价和工程款支付行为，贯彻落实我国已开始推行的施工过程结算，同时为了及时将国家法规及标准规范规定的最新计价方法和造价管理理念引入教材，保持工程造价管理的前瞻性，在这一新的背景下，本教材编写团队对原有的工程造价管理课程体系和教材内容进行了调整。

教材除了具备"内容新颖实用、知识结构合理、案例典型丰富、设计力求创新"的特色外，特别融入了现行国家造价政策的相关内容，如《建设工程工程量清单计价规范》GB 50500—2013、建设工程施工合同（示范文本）GF—2017—0201、《建筑安装工程费用项目组成》（建标〔2013〕44 号文）、湘建价〔2020〕56 号文、《建筑工程施工发包与承包计价管理办法》（住房和城乡建设部令第 16 号）等，充分吸收了国内外最新学科研究和教学改革成果，并多次邀请行业专家共同研讨，邀请有着丰富的造价管理实践经验的专家加入教材编写团队，体现了实用性与教学性的统一。

本教材案例丰富，既有针对知识点的小案例，也有完整工程的综合案例，从局部到整体，简单到复杂，便于教学。案例采取仿真设计，既有相关的合同条款，还有相关的索赔签证等资料，更有计量与支付等造价管理的信息技术的应用，便于掌握计量与支付的具体方法和要求。

本教材由湖南交通职业技术学院邓文辉统稿并担任主编，湖南城建职业技术学院刘旭灵担任主审。具体编写分工如下：第 1 篇模块 2 的任务 2.3、第 2 篇模块 3 的任务 3.2 由湖南城市学院何美丽编写；第 2 篇模块 3 的任务 3.1、任务 3.3 由湖南建筑高级技工学校徐文芝、颜立新编写；第 3 篇模块 4 由长沙理工大学曹丹阳编写；第 3 篇模块 7 由计支宝公司段超、张子诚编写；第 1 篇模块 1、模块 2 的任务 2.1、任务 2.2、任务 2.4～2.6 以及第 3 篇模块 5、模块 6 由湖南交通职业技术学院邓文辉、曾丹编写。湖南永信和瑞工程咨询有限公司黄浩浩、计支宝公司黄佩在编写过程中提供了来自工程一线的实际案例，特此一并表示诚挚的感谢！

本教材可作为本科院校、高等职业院校工程管理类专业及相关专业课程教材，也可作为职业资格考试用书及相关技术人员零距离上岗的参考书。

由于编者水平有限，书中难免存在不妥之处，恳请广大读者批评指正。

作者

2021 年 8 月

# 教 学 建 议

"工程造价管理"是工程造价专业、建设工程管理专业、建筑工程技术专业等专业的核心课程。其教学目的是培养学生计量支付、工程结算的能力，同时培养学生具备爱岗敬业、诚信友善、求真务实、精益求精等大国工匠的职业素质。本教材以建筑工程计量员的岗位标准和二级造价工程师的考试大纲为依据构建知识框架体系。以建筑材料、工程制图与 CAD、工程测量、建筑构造、建筑力学与结构、工程识图、建筑工程造价编制、建筑工程经济分析、招投标与合同管理、工程成本会计、施工组织设计、钢筋预算与下料等专业基础课程为建设工程计量与支付实务的前置课程。

本课程的总体设计思路是，以工程项目从招投标阶段合理确定招标控制价、投标报价及合同价款的形成到施工阶段合理确定过程结算及竣工结算为主线组织课程内容。在掌握工程造价管理相关知识的基础上，按招标投标阶段、施工阶段、竣工验收阶段进行造价管理展开讲述，使学生能够用全过程造价管理的理念完成具体项目任务，能熟练处理施工阶段工程计量、工程变更、索赔、施工结算等造价管理工作。能够熟悉竣工决算的内容和编制方法；能熟练应用熟悉计量与支付信息化技术。

本教材参照《建筑安装工程费用项目组成》（建标〔2013〕44 号）、《建设工程工程量清单计价规范》GB 50500—2013、《房屋建筑与装饰工程工程量清单计量规范》GB 50854—2013、《关于深化增值税改革有关政策的公告》（财税〔2019〕39 号）、建设工程施工合同（示范文本）GF—2017—0201、湘建价〔2020〕56 号文、《建筑工程施工发包与承包计价管理办法》（住房和城乡建设部令第 16 号）等最新文件和规范，内容上力求反映最新理论成果和最新政策法规及规范性文件要求，体现知识的前沿性和实用性。为学生具备计量员应掌握的知识体系，也为考取二级造价工程师职业资格证书打下坚实的基础。

为了使学生对相关内容有更深入的理解和掌握，并在课程内容的基础上有所拓展，本教材在相应的学习单元设计了二维码，将规范、合同示范文本、图片、照片、视频等转化为数字资源，便于查阅，以期提高学习效果。

本教材参考学时（推荐）参见下表：

| 内容 | | | 学时 |
|---|---|---|---|
| 第 1 篇<br>工程造价管理相关知识 | 模块 1 | 工程造价管理相关概念 | 2 |
| | 模块 2 | 工程造价的构成 | 4 |
| 第 2 篇<br>建设工程发承包阶段工程造价管理 | 模块 3 | 建设工程发承包阶段造价文件编制 | 12 |
| 第 3 篇<br>施工阶段工程造价管理 | 模块 4 | 合同价款调整 | 6 |
| | 模块 5 | 期中结算 | 12 |
| | 模块 6 | 竣工结算 | 6 |
| | 模块 7 | 计量支付软件的应用 | 6 |
| 课程设计 | | | 12 |
| 合计 | | | 60 |

本教材建议实施"教、学、做"一体化教学模式，学时计划表中"第 3 篇施工阶段工程造价管理"，通过项目管理云平台技术，模拟基于工程量清单和合同条款的相关规定进行施工单位在线填报计量支付并进行审核的全流程，将课程实训内容融入课程设计的学习任务中。

编者

**2021 年 9 月**

# 目　　录

# 第1篇　工程造价管理相关知识

## 一、学习目标

1. 素质目标：培养学生严谨务实、诚实守信、团结协作的职业素质；树立社会主义核心价值观。

2. 知识目标：了解工程造价组成内容的相关概念；掌握构成工程造价的设备及工器具购置费、工程建设其他费、预备费、建设期贷款利息等费用的计算方法；熟悉建标〔2013〕44号文、湘建价〔2020〕56号文。

3. 能力目标：能熟练运用工程造价的构成与计算的相关知识进行建设项目各阶段造价文件的编制与审查。

## 二、课程思政

1. 我国现行工程造价的构成与计算同国家经济发展的联系；

2. 牢固树立学生的社会主义核心价值观，在职业生涯中能将公正、法治、爱国、敬业、诚信等品质贯穿始终。

## 三、知识拓展

读者可扫描下方二维码阅读相关数字资源，配合篇知识学习及拓展学习。

# 模块 1　工程造价管理相关概念

## 任务 1.1　概　　述

**1. 基本建设**

基本建设是指投资建造固定资产和形成物资基础的经济活动，凡是固定资产扩大再生产的新建、改建、扩建、恢复工程建设及与之相关的活动均称为基本建设。

基本建设实质上是形成新的固定资产的经济活动，是实现社会扩大再生产的重要手段。基本建设是通过勘察、设计和施工等活动，以及其他有关部门的经济活动来实现的。内容包括：建筑工程、安装工程、设备及工器具购置、其他基本建设工作。

**2. 固定资产**

固定资产是指在社会再生产过程中，可供生产或生活较长时间，在使用过程中，基本保持原有实物形态且单位价值在限额以上的劳动资料或其他物资资料，如建（构）筑物、机械设备或电气设备。

**3. 投资**

投资是现代经济生活中最重要的内容之一，无论是政府、企业、金融组织或个人，作为经济主体，都在不同程度上以不同的方式直接或间接地参与投资活动。投资指投资主体为了特定的目的，以达到预期收益的价值垫付行为。

广义的投资指投资主体为了特定的目的，将资源投放到某项目以达到预期效果的一系列经济行为。其资源可以是资金也可以是人力、技术等，既可以是有形资产的投放，也可以是无形资产的投放。狭义的投资指投资主体在经济活动中为实现某种预定的生产、经营目标而预先垫付资金的经济行为。

**4. 建设项目**

通常将基本建设项目简称为建设项目。它是指按照一个总体设计进行施工的，可以形成生产能力或使用价值的一个或几个单项工程的总体，一般在行政上实行统一管理，经济上实行统一核算。建设项目按照建设管理和合理确定工程造价的需要，划分为建设项目、单项工程、单位工程、分部工程、分项工程五个项目层次。

建设项目一般是指具有设计任务书和总体规划、经济上实行独立核算、管理上具有独立组织形式的基本建设单位；单项工程指具有独立的设计文件，建成后可以独立发挥生产能力或使用效益的工程；单位工程指具有独立设计文件，可以独立组织施工，但建成后不能单独进行生产或发挥效益的工程，单位工程是单项工程的组成部分；分部工程指在一个单位工程中，按工程部位及使用的材料和工种进一步划分的工程。分部工程是单位工程的组成部分；分项工程指在一个分部工程中，按不同的施工方法、不同的材料和规格，对分部工程进一步划分的，用较为简单的施工过程就能完成，以适当的计量单位就可以计算其工程量的基本单元。分项工程是分部工程的组成部分。

5. 工程造价

工程造价通常是指工程建设预计或实际支出的费用。由于所处的角度不同，工程造价有两种不同的含义。

工程造价的第一种含义：从投资者（业主）的角度定义，工程造价是指建设一项工程预期开支或实际开支的全部固定资产投资费用。这里的"工程造价"强调的是"费用"的概念。投资者为了获得投资项目的预期效益，就需要对项目进行决策、设计及建设实施至竣工验收等一系列投资管理活动。在上述活动中所花费的全部费用，就构成了工程造价的第一种含义。从这个意义上讲，工程造价就是建设工程项目固定资产总投资。

工程造价的第二种含义：从市场交易的角度来分析，工程造价是指工程价格。即为建设一项工程，预计或实际在工程发承包交易活动中所形成的建筑安装工程价格或建设工程总价格。这里的"工程造价"强调的是"价格"的概念。显然，第二种含义是将建设工程这种特定的商品作为交易对象，通过招标投标或其他交易方式，在多次预估的基础上，最终通过市场形成价格。

工程造价按照工程项目所指范围的不同，可以是一个建设项目的工程造价，即建设项目所有建设费用的总和，如建设投资和建设期利息之和，也可以指建设费用中的组成部分，即一个或多个单项工程或单位工程的造价，如建筑安装工程造价、安装工程造价、幕墙工程造价等。

工程造价在工程建设的不同阶段有不同的称谓，在投资决策阶段依据投资估算指标编制投资估算，在初步设计阶段依据概算定额或概算指标编制设计概算，在施工图设计阶段依据预算定额编制施工图预算，招投标阶段招标人编制招标控制价，投标人依据招标工程量清单完成投标报价，通过招投标确定合同价，施工阶段办理工程结算，竣工验收阶段施工企业编制竣工结算等。建设项目各阶段的造价管理涵盖了不同种类工程造价文件的编制与审核。建设项目的建设程序与工程造价的关系如图 1-1 所示：

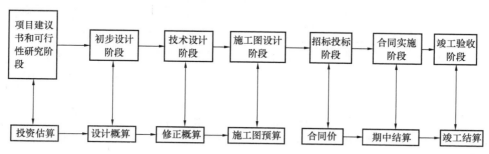

图 1-1　建设项目的程序与工程造价的关系

6. 建设投资

工程造价中的主要构成部分是建设投资，建设投资是为完成工程项目建设，在建设期内投入且形成现金流出的全部费用，它包括工程费用、工程建设其他费用和预备费三部分。工程费用是指建设期内直接用于工程建造、设备购置及其安装的建设投资，可以分为建筑安装工程费和设备及工器具购置费。工程建设其他费用是指建设期发生为项目建设或运营必须发生的但不包括在工程费用中的费用。预备费是在建设期内因各种不可预见因素的变化而预留的可能增加的费用，包括基本预备费和价差预备费。

**7. 建设期贷款利息**

建设期贷款利息是指为工程项目筹措债务资金的融资费用及债务资金在建设期内发生并按规定允许在投产后计入固定资产原值的利息，即资本化利息。它包括借款（或债券）利息及手续费、承诺费、管理费等。

**8. 流动资金**

流动资金是指为进行正常生产运营，用于购买原材料、燃料、支付工资及其他运营费用等所需的周转资金。在初步设计及以后阶段计为铺底流动资金。铺底流动资金是指生产经营性建设项目为保证投产后正常生产运营所需的流动资金。

# 模块 2　工程造价的构成

## 任务 2.1　概　　述

根据国家发改委和建设部发布的《建设项目经济评价方法与参数（第三版）》（发改投资〔2006〕1325 号）的规定，建设项目总投资的具体构成内容如图 2-1 所示：

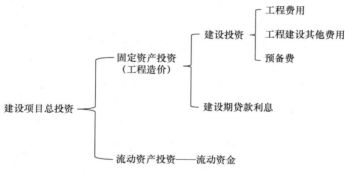

图 2-1　我国现行建设项目总投资构成

1. 建设项目总投资的构成

建设项目总投资是为完成工程项目建设并达到使用要求或生产条件，在建设期内预计或实际投入的全部费用总和。生产性建设项目总投资包括建设投资、建设期利息和流动资金三部分；非生产性建设项目总投资包括建设投资和建设期利息两部分。

2. 工程造价的构成

根据我国现行建设项目总投资构成，建设投资和建设期利息之和对应于固定资产投资，固定资产投资与建设项目的工程造价在量上相等。工程造价基本构成包括用于购买工程项目所含各种设备的费用，用于建筑施工和安装施工所需支出的费用，用于委托工程勘察设计应支付的费用，用于购置土地所需的费用，也包括用于建设单位自身进行项目筹建和项目管理所花费的费用等。总之，工程造价是指在建设期预计或实际支出的建设费用。

## 任务 2.2　设备及工、器具购置费用的构成和计算

### 2.2.1　设备购置费的构成和计算

设备及工、器具购置费用是由设备购置费和工具、器具及生产家具购置费组成的。它是固定资产投资中的积极部分。在生产性工程建设中，设备及工、器具购置费用占工程造价比重的增大，意味着生产技术的进步和资本有机构成的提高。

设备购置费是指购置或自制的达到固定资产标准的设备，工、器具及生产家具等所需的费用。它由设备原价和运杂费构成：

设备购置费＝设备原价（含备品备件费）＋设备运杂费

式中，设备原价指国内采购设备的出厂（场）价格，或国外采购设备的抵岸价格，常包含备品备件费在内，备品备件费指设备购置时随设备同时订货的首套备品备件的费用；运杂费指除设备原价之外的关于设备采购、运输、途中包装及仓库保管等方面支出费用的总和。

1. 国产设备原价的构成及计算

国产设备原价一般指的是设备制造厂的交货价或订货合同价，即出厂（场）价格，根据生产厂或供应商的询价、报价、合同价确定，或采用一定的方法计算确定。

国产设备原价分为国产标准设备原价、国产非标准设备原价。

（1）国产标准设备原价

国产标准设备是指按照主管部门颁布的标准图纸和技术要求，由国内设备生产厂批量生产的，符合国家质量检测标准的设备。国产标准设备一般有完善的设备交易市场，可通过查询相关交易市场价格或向设备生产厂家询价得到国产标准设备原价。

（2）国产非标准设备原价

国产非标准设备是指国家尚无定型标准，各设备生产厂不可能在工艺过程中采用批量生产，只能按订货要求并根据具体的设计图纸制造的设备。非标准设备由于单件生产，无定型标准，所以无法获取市场交易价格，只能按其成本构成或相关技术参数估算其价格。

非标准设备原价有多种不同的计算方法，如成本计算估价法、系列设备插入估价法、分部组合估价法、定额估价法等。但无论采用哪种方法都应该使非标准设备计价接近实际出厂价，并且计算方法要简便。常用的估算方法是成本计算估价法。按成本计算估价法，非标准设备的原价由以下各项组成：

1）材料费，其计算公式如下：

材料费 ＝ 材料净重×（1＋加工损耗系数）× 每吨材料综合价

2）加工费，包括生产工人工资和工资附加费、燃料动力费、设备折旧费、车间经费等。其计算公式如下：

加工费 ＝ 设备总重量(吨)× 设备每吨加工费

3）辅助材料费（简称辅材费），包括焊条、焊丝、氧气、氩气、氮气、油漆、电石等费用。其计算公式如下：

辅助材料费 ＝ 设备总重量×辅助材料费指标

4）专用工具费，按1）～3）项之和乘以一定百分比计算。

5）废品损失费，按1）～4）项之和乘以一定百分比计算。

6）外购配套费，按设备设计图纸所列的外购配套件的名称、型号、规格、数量、重量，根据相应的价格加运杂费计算。

7）包装费，按以上1）～6）项之和乘以一定百分比计算。

8）利润，可按1）～5）项加第7）项之和乘以一定利润率计算。

9）税金，主要指增值税，通常是指设备制造厂销售设备时向购入设备方收取的销项税额。计算公式为：

当期销项税额 ＝ 销售额×适用增值税率

其中，销售额为1）～8）项之和。

10）非标准设备设计费，按国家规定的设计费收费标准计算。

综上所述，单台非标准设备原价可用下面的公式表达：

单台非标准设备原价＝{［（材料费＋加工费＋辅助材料费）×（1＋专用工具费率）×（1＋废品损失费率）＋外购配套件费］×（1＋包装费率）－外购配套件费}×（1＋利润率）＋外购配套件费＋销项税额＋非标准设备设计费

（3）案例分析

**【例 2-1】**某工厂采购一台国产非标准设备，制造厂生产该台设备所用材料费 25 万元，加工费 1 万元，辅助材料费 1 万元，专用工具费率 2.5%，废品损失费率 10%，外购配套件费 10 万元，包装费率 1%，利润率 6%，增值税率 9%，非标准设备设计费 3 万元，求该国产非标准设备的原价。

**解：**专用工具费＝（25＋1＋1）×2.5%＝0.675 万元

废品损失费＝（25＋1＋1＋0.675）×10%＝2.7675 万元

包装费＝（25＋1＋1＋0.675＋2.7675＋10）×1%＝0.404 万元

利润＝（25＋1＋1＋0.675＋2.7675＋0.404）×6%＝1.85 万元

销项税额＝（25＋1＋1＋0.675＋2.7675＋10＋0.404＋1.85）×9%＝3.843 万元

该国产非标准设备的原价＝（25＋1＋1＋0.675＋2.7675＋10＋0.404＋1.85＋3.843）＝46.540 万元

2. 进口设备原价的构成及计算

进口设备的原价指进口设备的抵岸价，通常由进口设备到岸价（CIF）和进口从属费用构成。

进口设备的到岸价，即抵达买方边境港口或边境车站的价格。在国际贸易中，交易双方所使用的交货类别不同，则交易价格的构成内容也不同。

进口从属费用包括银行财务费、外贸手续费、进口关税、消费税、进口环节增值税等，进口车辆还需缴纳车辆购置税。

（1）进口设备的交易价格：在国际贸易中，较为广泛使用的交易价格有 FOB、CFR 和 CIF。

1）FOB（Free on Boat），意为装运港船上交货，也称为离岸价格。FOB 指当货物在指定的装运港越过船舷，卖方即完成交货义务。风险转移，以在指定的货物越过船舷时为分界点。费用划分与风险转移的分界点相一致。

2）CFR（Cost and Freight），意为成本加运费，或称为运费在内价。CFR 指在装运港货物越过船舷卖方即完成交货，卖方必须支付将货物运至指定的目的港所需的运费和费用，但交货后货物灭失或损坏的风险，以及由于各种事件造成的任何额外费用，即由卖方转移到买方。与 FOB 价格相比，CFR 的费用划分与风险转移的分界点是不一致的。

3）CIF（Cost Insurance and Freight），意为成本加保险费、运费，习惯称到岸价格。在 CIF 术语中，卖方除负有与 CFR 相同的义务外，还应办理货物在运输途中最低险别的海运保险，并应支付保险费。如买方需要更高的保险险别，则需要与卖方明确达成协议，或者自行做出额外的保险安排。除保险这项义务之外，买方的义务也与 CFR 相同。

（2）进口设备到岸价的构成及计算

在国际贸易中，最为广泛使用的交易价格是 FOB，以 FOB 为交易价格的进口设备到岸价的计算公式及构成内容如下所述。

计算公式：

$$进口设备到岸价CIF=离岸价格(FOB)+国际运费+运输保险费$$
$$=运费在内价(CFR)+运输保险费$$

1）离岸价格，一般指装运港船上交货价。设备货价分为原币货价和人民币货价。原币货价一律折算为美元表示，人民币货价按原币货价乘以外汇市场美元兑换人民币汇率中间价确定。进口设备货价按有关生产厂商询价、报价、订货合同价计算。

2）国际运费，即从装运港（站）到达我国目的港（站）的运费。我国进口设备大部分用海洋运输，小部分采用铁路运输，个别采用航空运输。进口设备国际运费计算公式为：

$$国际运费(海、陆、空)=原币货价(FOB)×运费率$$

或

$$国际运费(海、陆、空)=单位运价×运量$$

其中，运费率或单位运价参照有关部门或进出口公司的规定执行。

3）运输保险费。对外贸易货物运输保险是由保险人（保险公司）与被保险人（出口人或进口人）订立保险契约，在被保险人交付议定的保险费后，保险人根据保险契约的规定对货物在运输过程中发生的承保责任范围内的损失给予经济上的补偿。这是一种财产保险。计算公式为：

$$运输保险费=(原币货价+国外运费)/(1-保险费率)×保险费率$$
$$=到岸价×保险费率$$

其中，保险费率按保险公司规定的进口货物保险费率计算。

（3）进口从属费的构成及计算

进口从属费的计算公式如下：

进口从属费＝银行财务费+外贸手续费+关税+消费税+进口环节增值税+车辆购置税

1）银行财务费，一般指在国际贸易结算中，中国银行为进出口商提供金融结算服务所收取的费用，可按下式简化计算：

$$银行财务费=离岸价格(FOB)×人民币外汇汇率×银行财务费率$$

2）外贸手续费，指按规定的外贸手续费率计取的费用，外贸手续费率一般取1.5%。计算公式：

$$外贸手续费=到岸价格(CIF)×人民币外汇汇率×外贸手续费率$$

3）关税，由海关对进出国境或关境的货物和物品征收的一种税。计算公式：

$$关税=到岸价格(CIF)×人民币外汇汇率×进口关税税率$$

到岸价格作为关税的计征基数时，通常又可称为关税完税价格。进口关税税率分为优惠税率和普通税率两种。优惠税率适用于与我国签订关税互惠条款的贸易条约或协定的国家的进口设备；普通税率适用于与我国未签订关税互惠条款的贸易条约或协定的国家的进口设备。进口关税税率按我国海关总署发布的进口关税税率计算。

4）消费税，仅对部分进口设备（如轿车、摩托车等）征收，一般计算公式为：

$$应纳消费税税额=(到岸价格(CIF)×人民币外汇汇率+关税)/(1-消费税税率)$$

　　×消费税税率

　　　=（关税完税价格（到岸价）＋关税＋消费税）×消费税税率

消费税税率根据规定的税率计算。

5）进口环节增值税，指对从事进口贸易的单位和个人，在进口商品报关进口后征收的税种。我国增值税征收条例规定，进口应税产品均按组成计税价格和增值税税率直接计算应纳税额，即：

　　进口环节增值税额 ＝组成计税价格 × 增值税税率

　　　　　　　　＝［关税完税价格（到岸价）＋关税＋消费税］× 增值税税率

　　　　组成计税价格 ＝ 关税完税价格（到岸价）＋关税＋消费税

增值税税率根据规定的税率计算。

6）车辆购置税。进口车辆需缴纳进口车辆购置税，其计算公式如下：

　　　　进口车辆购置税 ＝（关税完税价格＋关税＋消费税）× 车辆购置税税率

（4）案例分析

**【例 2-2】** 从某国进口应纳消费税的设备，质量 1200t，装运港船上交货价为 600 万美元，工程建设项目位于我国国内某城市。如果国际运费标准为 200 美元/t，海上运输保险费率为 2‰，银行财务费率为 6‰，外贸手续费率为 2%，关税税率为 25%，增值税税率为 17%，消费税税率 10%，银行外汇牌价为 1 美元＝6.8 元人民币。试对该设备的原价进行估算。

　　**解：** 进口设备 $FOB$＝600×6.8＝4080 万元

　　　　　　国际运费 ＝ 200×1200×6.8 ＝ 163.2 万元

　　　　海运保险费 ＝（4080＋163.2）/（1－2‰）×2‰ ＝ 8.50 万元

　　　　　　$CIF$ ＝ 4080＋163.2＋8.50 ＝ 4251.70 万元

　　　　　银行财务费 ＝ 4080×6‰ ＝ 24.48 万元

　　　　　外贸手续费 ＝ 4251.70×2% ＝ 85.03 万元

　　　　　　关税 ＝ 4251.70×25% ＝ 1062.93 万元

　　消费税 ＝（4251.70＋1062.93）/（1－10%）×10% ＝ 590.51 万元

　　增值税 ＝（4251.70＋1062.93＋590.51）×17% ＝ 1003.87 万元

　　进口从属费 ＝ 24.48＋85.03＋1062.93＋590.51＋1003.87 ＝ 2766.82 万元

　　　　进口设备原价 ＝ 4251.70＋2766.82 ＝ 7018.52 万元

**3. 设备运杂费的构成及计算**

（1）设备运杂费的构成

设备运杂费是指国内采购设备自来源地、国外采购设备自到岸港运至工地仓库或指定堆放地点发生的采购、运输、运输保险、保管、装卸等费用。通常由下列各项构成：

1）运费和装卸费，指国产设备由设备制造厂交货地点起至工地仓库（或施工组织设计指定的需要安装设备的堆放地点）止所发生的运费和装卸费。

2）包装费，指设备原价中没有包含的，为运输而进行的包装支出的各种费用。

3）设备供销部门的手续费。按有关部门规定的统一费率计算。

4）采购与仓库保管费，指采购、验收、保管和收发设备所发生的各种费用，包括设备采购人员、保管人员和管理人员的工资、工资附加费、办公费、差旅交通费，设备供应部门办公和仓库所占固定资产使用费、工具用具使用费、劳动保护费、检验试验费等。这些费用可按主管部门规定的采购与保管费率计算。

（2）设备运杂费的计算

设备运杂费按设备原价乘以设备运杂费率计算，其公式为：

$$设备运杂费 = 设备原价 \times 设备运杂费率$$

其中，设备运杂费率按各部门及省、市有关规定计取。

**2.2.2　工具、器具及生产家具购置费的构成和计算**

工具、器具及生产家具购置费，是指新建或扩建项目初步设计规定的，保证初期正常生产必须购置的没有达到固定资产标准的设备、仪器、工卡模具、器具、生产家具和备品备件等的购置费用。一般以设备购置费为计算基数，按照部门或行业规定的工具、器具及生产家具费率计算，计算公式为：

$$工具、器具及生产家具购置费 = 设备购置费 \times 定额费率$$

# 任务2.3　建筑安装工程费用的构成与计算

**2.3.1　全国统一的建筑安装工程费用**

住房和城乡建设部财政部关于印发《建筑安装工程费用项目组成》（建标〔2013〕44号）的通知规定，建筑安装工程费有两种划分方式，即按照费用构成要素划分和按照工程造价形成划分。

1. 建筑安装工程费按费用构成要素划分

由人工费、材料费（包含工程设备，下同）、施工机具使用费、企业管理费、利润、规费和税金组成。其中人工费、材料费、施工机具使用费、企业管理费和利润包含在分部分项工程费、措施项目费、其他项目费中。

各费用构成要素参考计算方法如下：

（1）人工费

1）公式1：

$$人工费 = \Sigma(工日消耗量 \times 日工资单价)$$

$$日工资单价 = \frac{生产工人平均月工资（计时、计件） + 平均月（奖金 + 津贴补贴 + 特殊情况下支付的工资）}{年平均每月法定工作日}$$

注：公式1主要适用于施工企业投标报价时自主确定人工费，也是工程造价管理机构编制计价定额确定定额人工单价或发布人工成本信息的参考依据。

2）公式2：

$$人工费 = \Sigma(工程工日消耗量 \times 日工资单价)$$

日工资单价是指施工企业平均技术熟练程度的生产工人在每个工作日（国家法定工作

时间内）按规定从事施工作业应得的日工资总额。

工程造价管理机构确定日工资单价应通过市场调查、根据工程项目的技术要求，参考实物工程量人工单价综合分析确定，最低日工资单价不得低于工程所在地人力资源和社会保障部门所发布的最低工资标准的：普工 1.3 倍、一般技工 2 倍、高级技工 3 倍。

工程计价定额不可只列一个综合工日单价，应根据工程项目技术要求和工种差别适当划分多种日人工单价，确保各分部工程人工费的合理构成。

注：公式 2 适用于工程造价管理机构编制计价定额时确定定额人工费，是施工企业投标报价的参考依据。

（2）材料费

1）材料费＝∑（材料消耗量×材料单价）

材料单价＝[（材料原价＋运杂费）×[1＋运输损耗率（％）]]×[1＋采购保管费率（％）]

2）工程设备费

工程设备费＝∑（工程设备数量×工程设备单价）

工程设备单价＝（设备原价＋运杂费）×[1＋采购保管费率（％）]

（3）施工机具使用费

1）施工机械使用费

施工机械使用费＝∑（施工机械台班消耗量×机械台班单价）

机械台班单价＝台班折旧费＋台班大修费＋台班经常修理费＋台班安拆费及场外运费＋台班人工费＋台班燃料动力费＋台班车船税费

注：工程造价管理机构在确定计价定额中的施工机械使用费时，应根据《建筑施工机械台班费用计算规则》结合市场调查编制施工机械台班单价。施工企业可以参考工程造价管理机构发布的台班单价，自主确定施工机械使用费的报价，如租赁施工机械，计算公式为：

施工机械使用费＝∑（施工机械台班消耗量×机械台班租赁单价）

2）仪器仪表使用费

仪器仪表使用费 ＝ 工程使用的仪器仪表摊销费＋维修费

（4）企业管理费费率

1）以分部分项工程费为计算基础

$$企业管理费费率（\%）＝\frac{生产工人年平均管理费}{年有效施工天数×人工单价}×人工费占分部分项工程费比例（\%）$$

2）以人工费和机械费合计为计算基础

$$企业管理费费率（\%）＝\frac{生产工人年平均管理费}{年有效施工天数×（人工单价＋每一工日机械使用费）}×100\%$$

3）以人工费为计算基础

$$企业管理费费率（\%）＝\frac{生产工人年平均管理费}{年有效施工天数×人工单价}×100\%$$

注：上述公式适用于施工企业投标报价时自主确定管理费，是工程造价管理机构编制计价定额确定企业管理费的参考依据。

工程造价管理机构在确定计价定额中企业管理费时，应以定额人工费或（定额人工费＋定额机械费）作为计算基数，其费率根据历年工程造价积累的资料，辅以调查数据确定，列入分部分项工程和措施项目中。

（5）利润

施工企业根据企业自身需求并结合建筑市场实际自主确定，列入报价中。

工程造价管理机构在确定计价定额中利润时，应以定额人工费或（定额人工费＋定额机械费）作为计算基数，其费率根据历年工程造价积累的资料，并结合建筑市场实际确定，以单位（单项）工程测算，利润在税前建筑安装工程费的比重可按不低于5％且不高于7％的费率计算。利润应列入分部分项工程费和措施项目费中。

（6）规费

1）社会保险费和住房公积金

社会保险费和住房公积金应以定额人工费为计算基础，根据工程所在地省、自治区、直辖市或行业建设主管部门规定费率计算。

社会保险费和住房公积金 ＝ Σ（工程定额人工费 × 社会保险费和住房公积金费率）

式中：社会保险费和住房公积金费率可以每万元发承包价的生产工人人工费和管理人员工资含量与工程所在地规定的缴纳标准综合分析取定。

2）工程排污费

工程排污费等其他应列而未列入的规费应按工程所在地环境保护等部门规定的标准缴纳，按实计取列入。

（7）税金

实行营业税改增值税的，按纳税地点现行税率计算。

2. 建筑安装工程费按照工程造价形成划分

由分部分项工程费、措施项目费、其他项目费、规费、税金组成。其中分部分项工程费、措施项目费、其他项目费包含人工费、材料费、施工机具使用费、企业管理费和利润。

（1）分部分项工程费

分部分项工程费 ＝ Σ（分部分项工程量 × 相应综合单价）

式中：综合单价包括完成单位分部分项工程所需人工费、材料费、施工机具使用费、企业管理费和利润以及一定范围的风险费用（下同）。

（2）措施项目费

1）国家计量规范规定应予计量的措施项目，其计算公式为：

措施项目费 ＝ Σ（措施项目工程量 × 综合单价）

2）国家计量规范规定不宜计量的措施项目计算方法如下：

① 安全文明施工费

安全文明施工费 ＝ 计算基数 × 安全文明施工费费率（％）

计算基数应为定额基价（定额分部分项工程费＋定额中可以计量的措施项目费）、定额人工费或（定额人工费＋定额机械费），其费率由工程造价管理机构根据各专业工程的特点综合确定。

② 夜间施工增加费

夜间施工增加费 ＝ 计算基数 × 夜间施工增加费费率（％）

③ 二次搬运费

二次搬运费 ＝ 计算基数 × 二次搬运费费率（％）

④ 冬雨季施工增加费

　　　冬雨季施工增加费 ＝ 计算基数×冬雨季施工增加费费率(％)

⑤ 已完工程及设备保护费

　　　已完工程及设备保护费 ＝ 计算基数×已完工程及设备保护费费率(％)

上述①～⑤项措施项目的计费基数应为定额人工费或（定额人工费＋定额机械费），其费率由工程造价管理机构根据各专业工程特点和调查资料综合分析后确定。

（3）其他项目费

1）暂列金额由建设单位根据工程特点，按有关计价规定估算，施工过程中由建设单位掌握使用、扣除合同价款调整后如有余额，归建设单位。

2）计日工由建设单位和施工企业按施工过程中的签证计价。

3）总承包服务费由建设单位在招标控制价中根据总包服务范围和有关计价规定编制，施工企业投标时自主报价，施工过程中按签约合同价执行。

（4）规费和税金

建设单位和施工企业均应按照省、自治区、直辖市或行业建设主管部门发布标准计算规费和税金，不得作为竞争性费用。

（5）相关问题的说明

1）各专业工程计价定额的编制及其计价程序，均按建标〔2013〕44 号文相关规定实施。

2）各专业工程计价定额的使用周期原则上为 5 年。

3）工程造价管理机构在定额使用周期内，应及时发布人工、材料、机械台班价格信息，实行工程造价动态管理，如遇国家法律、法规、规章或相关政策变化以及建筑市场物价波动较大时，应适时调整定额人工费、定额机械费以及定额基价或规费费率，使建筑安装工程费能反映建筑市场实际。

4）建设单位在编制招标控制价时，应按照各专业工程的计量规范和计价定额以及工程造价信息编制。

5）施工企业在使用计价定额时除不可竞争费用外，其余仅作参考，由施工企业投标时自主报价。

### 2.3.2　湖南省规定的建安工程费用

根据湘建价〔2020〕56 号文，2020《湖南省建设工程计价办法》及《湖南省建设工程消耗量标准》自 2020 年 10 月 1 日开始施行。

建筑安装工程费有两种划分方式，即按照费用构成要素划分和按照工程造价形成划分。

1. 建筑安装工程费按费用构成要素划分

由人工费、材料费、施工机具使用费、企业管理费、利润和增值税组成。

2. 建筑安装工程费按工程造价形成划分

由分部分项工程费、措施项目费、其他项目费和增值税组成，其中分部分项工程费、措施项目费、其他项目费包含由人工费、材料费、施工机具使用费、企业管理费和利润。

3. 建筑安装工程费用标准

施工企业管理费及利润、绿色施工安全防护措施项目费、安全责任险及环境保护税、增值税各费用标准见表 2-1。直接费取费基数包含分部分项工程和单价措施项目中的人工费、材料费、机械费及人工、材料、机械价差调整（不包括绿色施工安全防护措施项目费中（结算）的直接费部分），但应扣除表2-1中计取其他管理费的取费基数；人工费取费基数包括分部分项工程和单价措施项目中的人工费及人工费调整部分。

市政工程的设备费，园林绿化工程中单株超过3万元的苗木不计入直接费取费基数，须计取其他管理费，其他管理费费率由双方协商，或参考表2-1中的费率。

安装工程不计取表2-1中的其他管理费。

设备与材料分类参考住房和城乡建设部公布的《建设工程计价设备材料划分标准》划分；为便于区分，市政工程设备详见表2-2（划分不一致的以表格列明设备为准）。其他相关税费见表2-3～表2-6。

管理费、利润　　　　　　　　　　　　　　　　表2-1

| 序号 | 项目名称 | 计费基础 | 费率标准（％） | |
| --- | --- | --- | --- | --- |
| | | | 企业管理费 | 利润 |
| 1 | 建筑工程 | 直接费 | 9.65 | 6 |
| 2 | 装饰、装修工程 | | 6.8 | |
| 3 | 安装工程 | 人工费 | 32.16 | 20 |
| 4 | 园林景观绿化工程 | | 8 | |
| 5 | 仿古建筑工程 | | 9.65 | |
| 6 | 市政工程道路、管网工程、市政排水设施维护、综合管廊、水处理 | 直接费 | 6.8 | 6 |
| 7 | 市政工程桥涵、隧道、生活垃圾处理 | | 9.65 | |
| 8 | 机械土石方（含强夯地基）工程 | | 9.65 | |
| 9 | 桩基工程、地基处理、基坑支护工程 | | 9.65 | |
| 10 | 其他管理费 | 设备费/其他 | 2 | — |

市政工程设备表　　　　　　　　　　　　　　表2-2

| 专业 | 设备名称 | 单位 | 专业 | 设备名称 | 单位 |
| --- | --- | --- | --- | --- | --- |
| 交通安全工程设备 | 摄像机 | 套 | 水处理设备 | 吸泥机 | 台 |
| | | | | 撇渣机 | 台 |
| 水处理设备 | 粗格栅机、细格栅机 | 台 | | 曝气机 | 台 |
| | 除污机、清污机 | 台 | | 滗水机 | 台 |
| | 压榨机 | 台 | | 生物转盘 | 台 |
| | 水泵 | 台 | | 药物搅拌机 | 台 |
| | 鼓风机 | 台 | | 潜水推进器 | 套 |
| | 刮砂机（含输送装置） | 台 | | 潜水搅拌器 | 套 |
| | 耙砂机 | 台 | | 溶药及投加设备 | 台 |
| | 吸砂机 | 台 | | 计量泵、计量槽 | 台 |
| | 沉砂器 | 台 | | 粉料投加机 | 台 |
| | 砂（泥）水分离器 | 台 | | 粉料计量输送机 | 台 |
| | 刮泥机 | 台 | | 二氧化氯输送机 | 台 |

续表

| 专业 | 设备名称 | 单位 | 专业 | 设备名称 | 单位 |
|---|---|---|---|---|---|
| 水处理设备 | 加氯机 | 套 | 水处理设备 | 膜生物反应器（MBR） | 套 |
| | 氯吸收装置 | 套 | | 转盘过滤器 | 台 |
| | 水射器 | 个 | 生活垃圾焚烧装置 | 氨吹脱塔 | 台 |
| | 管式混合器 | 个 | | 膜生物反应器 | 套 |
| | 压滤机 | 台 | | 膜组件与装置 | 套 |
| | 污泥脱水机 | 台 | | 自动感应洗车装置 | 套 |
| | 污泥浓缩机 | 台 | | 垃圾破碎机 | 台 |
| | 浓缩脱水一体机 | 台 | | 垃圾卸料门 | m² |
| | 闸门 | 座 | | 车辆感应器 | 套 |
| | 堰门 | 座 | | 桥式起重机 | 台 |
| | 拍门 | 个 | | 焚烧炉 | t |
| | 泥阀 | 座 | | 烟气净化处理设备 | t |
| | 平板盖闸 | 座 | | 除臭装置设备 | 台 |
| | 消毒设备 | 套 | 管网工程 | DN300mm 以外或 3 万元以上的水表阀门和成品调压柜 | 套 |
| | 除臭设备 | 台 | | | |
| | 膜组件与装置 | 套 | | | |

绿色施工安全防护措施项目费（总费率）　　　　　　　　　　　　　表 2-3

| 序号 | 工程 | 取费基数 | 绿色施工安全防护措施项目费总费率（%） | 其中安全生产费率（%） |
|---|---|---|---|---|
| 1 | 建筑工程 | 直接费 | 6.25 | 3.29 |
| 2 | 装饰工程 | 直接费 | 3.59 | 3.29 |
| 3 | 安装工程 | 人工费 | 11.5 | 10 |
| 4 | 园林景观绿化 | 直接费 | 2.93 | 2.63 |
| 5 | 仿古建筑 | 直接费 | 6.25 | 3.29 |
| 6 | 道路、管网工程、市政排水设施维护、综合管廊、水处理 | 直接费 | 3.37 | 2.63 |
| 7 | 桥涵、隧道工程、生活垃圾处理 | 直接费 | 4.13 | 2.63 |
| 8 | 机械土石方（强夯地基） | 直接费 | 5.25 | 3.29 |
| 9 | 桩基工程、地基处理、基坑支护 | 直接费 | 4.52 | 3.29 |

注：招标投标时，绿色施工安全防护措施项目费及安全生产费按本表费率计算。

绿色施工安全防护措施项目费（固定费率）　　　　　　　　　　　　表 2-4

| 序号 | 工程 | 取费基数 | 绿色施工安全防护措施项目费固定费率（%） |
|---|---|---|---|
| 1 | 建筑工程 | 直接费 | 4.05 |
| 2 | 装饰工程 | 直接费 | 2.46 |

续表

| 序号 | 工程 | 取费基数 | 绿色施工安全防护措施项目费固定费率（%） |
|---|---|---|---|
| 3 | 安装工程 | 人工费 | 7 |
| 4 | 园林景观绿化 | 直接费 | 1.14 |
| 5 | 仿古建筑 | 直接费 | 4.05 |
| 6 | 道路、管网工程、市政排水设施维护、综合管廊、水处理 | 直接费 | 2.4 |
| 7 | 桥涵、隧道工程、生活垃圾处理 | 直接费 | 2.67 |
| 8 | 机械土石方（强夯地基） | 直接费 | 3.61 |
| 9 | 桩基工程、地基处理、基坑支护 | 直接费 | 3.12 |

注：结算时，绿色施工安全文明防护措施费包含固定费率部分及按工程量计算部分；固定费率部分按本表计算。

安全责任险、环境保护税　　　　　　　　　表 2-5

| 序号 | 工程 | 取费基数 | 费率（%） |
|---|---|---|---|
| 1 | 建筑工程 | 分部分项工程费＋措施项目费 | 1 |
| 2 | 装饰工程 | | |
| 3 | 安装工程 | | |
| 4 | 园林景观绿化 | | |
| 5 | 仿古建筑 | | |
| 6 | 道路、管网工程、市政排水设施维护、综合管廊、水处理 | | |
| 7 | 桥涵、隧道工程、生活垃圾处理 | | |
| 8 | 机械土石方（强夯地基） | | |
| 9 | 桩基工程、地基处理、基坑支护 | | |

注：安全责任险、环境保护税合并取费，招标投标时按取费表计算，实际缴纳与取定不同时，可以按实调整。

增值税　　　　　　　　　表 2-6

| 项目名称 | 计算基础 | 费率（%） |
|---|---|---|
| 销项税额（一般计税法） | 税前造价 | 9 |
| 应纳税额（简易计税法） | 税前造价 | 3 |

4. 其他有关规定与说明

（1）单位工程取费相关规定

1）单位工程的取费，按分部分项工程所在单位工程的专业属性，执行相应的专业收费标准。当本专业工程需参照或借用其他专业工程消耗量标准子目时，其参照或借用子目应随本专业工程取费，但所参照或借用消耗量标准子目部分的工程造价大于本专业子目部分的工程造价时，分别按不同专业取费。

2）槽、坑土石方并入相应专业取费，一般土石方不分工程量大小均按机械土石方工程取费。

3）招标投标时，土石方清单工程量宜按照消耗量标准中土石方的工程量计算规则。

4）房屋修缮工程套用定额或"消耗量标准"、费用标准及计费程序，在新的房屋修缮工程定额未编制颁发之前按以下规定处理：

① 建筑、安装维修工程均执行原《湖南省房屋修缮工程计价定额》，缺项部分执行建设工程消耗量标准相应项目，其人工和机械乘以系数 1.15。

② 房屋修缮工程中的建筑（含拆除、装饰工程）均按建筑工程相应标准取费，安装工程（含拆除）按安装工程相应标准取费。

5）建设工程设计概算编制套用定额或"消耗量标准"，费用标准及计费程序，在新的概算定额未编制颁发之前按以下规定处理：

① 建筑面积计算规则按现行建筑面积计算规范规定计算；

② 直接工程费和施工措施费：建筑工程（含新建装饰装修工程）仍按 2001 年《湖南省建筑工程概算定额》计算，缺项部分套用消耗量标准；

③ 单独装饰工程、市政、安装、仿古建筑、园林景观绿化、机械土石方、地下综合管廊等工程按"消耗量标准"计算；

④ 材料预算价格按编制期建设工程造价主管部门发布的价格计取；

⑤ 人工费按市州建设工程造价主管部门发布的系数调整；

⑥ 机械费按市州建设工程造价主管部门发布的系数调整；

⑦ 总概算中的预备费按工程费用（即建筑工程费、设备及工器具购置费和安装工程费之和）和工程建设其他费两者之和乘以规定的费率计算，其中基本预备费和价差预备费分别按 5% 计取；

⑧ 单位工程概算费用计算程序及费率按附录 F 规定计算。

（2）工程费用相关规定

1）超过一定规模的危险性较大的分部分项工程，结算时应按照经专家论证或建设单位认可的专项施工方案进行结算。

2）本办法中绿色施工安全防护措施项目费，其费率由省级建设行政主管部门发布，其在招投标阶段和竣工结算阶段的计取具体要求如下：

① 招标投标文件、招标控制价及各类施工图预算编制时，绿色施工安全文明防护措施费均按《绿色施工安全防护措施项目费（总费率）》表中规定费率执行，不得作为竞争性费用。

② 竣工结算阶段，绿色施工安全防护措施项目费包含固定费率部分和按工程量计算部分。其中固定费率按《绿色施工安全防护措施项目费（固定费率）》表中规定费率执行，不得优惠；按工程量计算部分则依据实际发生的工作内容计算工程量，套用相应定额或按项计算，并根据专业工程取费表计算管理费、利润，不得优惠。

3）临时设施费仅包括离建筑物边沿 50m 以内的临时水源、电源、动力管线，超过者，另行计算。

4）市政道路工程其临时设施费以接入市政的水源电源以红线为界，红线以内的部分包括在临时设施费中，超出红线范围内属于建设单位"三通一平"费用，应按实另计。临时设施费不包括施工便道和便桥。

5）冬雨季施工增加费是指冬雨季施工时，为确保施工安全及工程质量所提供的防寒、防雨等施工条件的人工、材料增加费用，不包括构配件中使用材料：如混凝土中掺用外加剂。冬雨季施工增加费在施工措施项目费中列项。冬雨季施工增加费按分部分项工程费和单价措施项目费的1.60‰计取。

6）暂列金额应根据工程特点按有关规定估算，但不应超过分部分项工程费的15％。

7）发包人提供的材料（包括半成品、成品），其费用作为取费基数时不能扣除；在招标控制价或预算编制时，甲供材料按信息价或市场价计入综合单价，结算时依据实际成交价计入综合单价。

8）招投标阶段材料没有暂估的，应在招标工程量清单中列出其数量和单价明细表，投标人按要求填报。工程结算时，根据发承包双方确认的工程量和单价按实调整。

9）企业管理费中的自检试验费，不包括委托第三方检测机构进行检测的费用。招标人（工程项目建设单位）明确检验试验费在建筑安装工程造价中列支的，可按分部分项工程费的0.50％～1.00％计取，列入暂列金额内，具体金额可在招标文件中明确，同时要求投标人在投标报价中按照招标文件明确的金额填报计入工程总造价。强夯地基、加固工程等特殊工程的检测费用须根据现行检测费用标准增加暂列金额。

10）"总承包服务费"应根据招标文件列出的内容和要求在其他项目清单中计取，该费用由发包人向总承包人支付计入工程造价。其中，专业工程服务费可按分部分项工程费的2％计算。

11）"工程配套费"是指在建设单位依法分包的专业工程中，专业工程分包单位利用总包单位脚手架、施工及生活用水用电、临时设施等所发生的费用，应由专业工程分包单位与总承包单位自行协商，并由分包单位支付给总承包单位，不应在各阶段工程造价列项。工程配套费按分部分项工程费为计算基础；参考费率：空调专业3％，其他专业2％。

12）建设工程产品质量标准是按合格产品考虑的，如发包方要求且经评定其质量达到优良工程或鲁班工程者，发包单位与承包单位双方应在合同中就奖励费用予以约定。费用标准可参照以下规定计取：优质工程奖或年度项目考评优良工地按分部分项工程费与措施项目费总额的1.60％；芙蓉奖按分部分项工程费与措施项目费总额的2.20％；鲁班工程奖按分部分项工程费与措施项目费总额的3.0％。同时获得多项的按最高奖项计取。

13）除合同另有约定外，消耗量标准中所列材料均为可调整价差的材料。

14）人工费调整系数由各市州建设行政主管部门根据人工费调整办法发布调整系数。

15）市州建设行政主管部门根据机械租赁市场行情、燃油涨跌、人工费变化或专业分包单价变化情况调查测算机械费调整系数，报省站发布该地区机械费调整系数。

16）消耗量标准中脚手架架管等按租赁考虑的材料价格由市州建设行政主管部门根据市场行情发布租赁价格或调整系数。

17）在工程发承包阶段，工程量清单和招标控制价应结合拟建工程实际情况考虑具体可行的初步施工方案进行编制；危险较大的分部分项工程，应依据招标人确定的专项施工方案计取相关费用；招标阶段未考虑的，在工程实施阶段应根据批准的专项施工方案计取相关费用。

18）压缩工期措施增加费的计取：建设工程招标阶段确定的工期，按照工期定额（TY01—89—2016建筑安装工程工期定额）标准压缩工期在5％内（含5％）不计算压缩工期措施增加费。压缩工期超过工期定额的5％者，发包单位与承包单位双方应在合同中明确压缩工期措施增加费的计费标准。其计费标准可按分部分项工程费与单价措施项目费中的人工费和机械费分别乘以系数确定，参考系数如下：

①　压缩工期在 5％以上 10％内（含 10％）者，乘系数 1.05；

②　压缩工期在 15％内（含 15％）者，乘系数 1.10；

③　压缩工期在 20％内（含 20％）者，乘系数 1.15；

④　当招标人要求压缩工期超过 20％者，招标人应组织相关专业的专家对施工方案进行可行性论证，并承担保证工程质量和安全的责任，压缩工期所增加的人工、材料、机械用量依据专家论证的施工方案计算计入工程造价。

19）提前竣工措施增加费的计取：工程承包合同签订后在履约过程中，承包人应发包人的要求而采取加快工程进度措施，使合同工程工期缩短所发生的费用，其计算方式和标准应由发承包双方在合同中具体约定或根据实际实施情况协商确定。

20）发生不可抗力情形后，建设工程确因需要应复工的，应加强防护措施，保证人、财、物安全，并符合工程所在地政府有关规定，因此而导致工程费用变化，承发包双方应根据合同约定及有关规定，本着实事求是的原则协商解决或按以下规定另行签订补充协议：

①　防护费：政府或行业主管部门对不可抗力情形未解控期间（下简称"未解控期间"），复工需增加的防护物资费用和防护人员费用，由承发包双方按实签证，进入结算，防护费应及时足额支付。

②　人工费：受不可抗力因素的影响，导致建筑工人人力资源短缺，工资变化幅度较大，承发包双方应本着实事求是的原则，及时做好建筑工人实名登记和市场工资的调查，未解控期间完成的工程量，其人工费可由承发包双方签证确认并按实调整。

③　材料价格：受不可抗力因素的影响，导致材料价格异常波动，承发包双方应根据实际情况及时签证并按实调整。

④　在未解控期间，人工费、材料价格、防护措施费用等未进行签证的可按各市州建设主管部门发布的人工费调整系数、材料价格、防护措施费用等各类建设工程造价信息及相关文件规定执行。

**2.3.3　全国统一的建筑安装工程费用与湖南省规定的建安工程费用对比**

**1. 建筑安装工程费用的构成（按费用构成要素）见表 2-7**

建筑安装工程费用的构成（按费用构成要素）

表 2-7

| 序号 | 费用名称 | 湘建价〔2020〕56 号 | 建标〔2013〕44 号 |
|---|---|---|---|
| 1 | 人工费 | 计时工资或计件工资、奖金、津贴补贴、加班加点工资、特殊情况下支付的工资、五险一金 | 计时工资或计件工资、奖金、津贴补贴、加班加点工资、特殊情况下支付的工资 |
| 2 | 材料费 | 材料原价、运杂费、运输损耗费、采购及保管费 | 材料原价、运杂费、运输损耗费、采购及保管费 |
| 3 | 施工机具使用费 | 简称机械费，包括：施工机械使用费（折旧费、检修费、维护费、安拆费及场外运费、人工费、燃料动力费、其他费用）、仪器仪表使用费 | 施工机械使用费（折旧费、大修理费、经常修理费、安拆费及场外运费、人工费、燃料动力费、税费）、仪器仪表使用费 |

| 序号 | 费用名称 | 湘建价〔2020〕56 号 | 建标〔2013〕44 号 |
|---|---|---|---|
| 4 | 企业管理费 | 管理人员工资、办公费、差旅交通费、固定资产使用费、工具用具使用费、劳动保险和职工福利费、劳动保护费、自检试验费、工会经费、职工教育经费、财产保险费、财务费、税金及附加（企业按规定缴纳的房产税、车船使用税、土地使用税、印花税以及城市维护建设税、教育费附加和地方教育附加）、其他 | 管理人员工资、办公费、差旅交通费、固定资产使用费、工具用具使用费、劳动保险和职工福利费、劳动保护费、检验试验费、工会经费、职工教育经费、财产保险费、财务费、税金（指企业按规定缴纳的房产税、车船使用税、土地使用税、印花税等）、其他 |
| 5 | 利润 | 承包人完成合同工程获得的盈利 | 施工企业完成所承包工程获得的盈利 |
| 6 | 规费 | 已被分解到其他费用项目中 | 社会保险费（养老保险费、失业保险费、医疗保险费、生育保险费、工伤保险费）、住房公积金、工程排污费 |
| 7 | 税金/增值税 | 增值税 | 税金，包括：营业税、城市维护建设税、教育费附加以及地方教育附加 |

注：营业税和增值税，是我国两大主体税种。营改增在全国的推开，大致经历了以下三个阶段：①2011 年，经国务院批准，财政部、国家税务总局联合下发营业税改增值税试点方案。从 2012 年 8 月 1 日起，在上海交通运输业和部分现代服务业开展营业税改增值税试点。自 2012 年 8 月 1 日起至年底，国务院将扩大营改增试点至 10 省市。②2013 年 8 月 1 日，"营改增"范围已推广到全国试行，将广播影视服务业纳入试点范围。2014 年 1 月 1 日起，将铁路运输和邮政服务业纳入营业税改征增值税试点，至此交通运输业已全部纳入营改增范围。③2016 年 3 月 18 日召开的国务院常务会议决定，自 2016 年 5 月 1 日起，中国将全面推开营改增试点，将建筑业、房地产业、金融业、生活服务业全部纳入营改增试点，至此，营业税退出历史舞台，增值税制度将更加规范。

## 2. 建筑安装工程费用的构成（按造价形成）见表 2-8

建筑安装工程费用的构成（按造价形成）　　　　　　　　　　表 2-8

| 序号 | 费用名称 | 湘建价〔2020〕56 号 | 建标〔2013〕44 号 |
|---|---|---|---|
| 1 | 分部分项工程费 | 是指各专业工程（或单位工程）的分部分项工程应予列支的各项费用。<br>（1）专业工程：专业工程，是指按现行国家计量规范划分的房屋建筑与装饰工程、仿古建筑工程、通用安装工程、市政工程、园林绿化工程、矿山工程、构筑物工程、城市轨道交通工程、爆破工程等各类工程。<br>（2）分部工程：是指按工程的部位、结构形式的不同等划分的工程，是单位工程的组成部分，可分为多个分项工程。分部工程按现行国家计量规范划分，如房屋建筑与装饰工程划分的土石方工程、地基处理与桩基工程、砌筑工程、钢筋及钢筋混凝土工程等。<br>（3）分项工程：是指根据工种、构件类别、设备类别、使用材料不同划分的工程项目，是分部工程的组成部分。分项工程按国家计量规范划分，工程量清单项目设置原则与其保持一致 | 是指各专业工程的分部分项工程应予列支的各项费用。<br>（1）专业工程：是指按现行国家计量规范划分的房屋建筑与装饰工程、仿古建筑工程、通用安装工程、市政工程、园林绿化工程、矿山工程、构筑物工程、城市轨道交通工程、爆破工程等各类工程。<br>（2）分部分项工程：指按现行国家计量规范对各专业工程划分的项目。如房屋建筑与装饰工程划分的土石方工程、地基处理与桩基工程、砌筑工程、钢筋及钢筋混凝土工程等。<br>各类专业工程的分部分项工程划分见现行国家或行业计量规范 |

| 序号 | 费用名称 | 湘建价〔2020〕56 号 | 建标〔2013〕44 号 |
|---|---|---|---|
| 2 | 措施项目费 | 是指为完成工程项目施工，发生于该工程施工准备和施工过程中的技术、生活、安全、绿色施工（节能、节地、节水、节材、环境保护）等方面的费用。内容包括：<br>（1）单价措施项目<br>大型机械设备进出场及安拆费、大型机械设备基础、脚手架工程费、二次搬运费、排水降水费、各专业工程措施项目及其包含的内容详见国家工程量计算规范。<br>（2）总价措施项目<br>夜间施工增加费、冬雨季施工增加费、压缩工期措施增加费、已完工程及设备保护费、工程定位复测费、专业工程中的有关措施项目费<br>（3）绿色施工安全防护措施项目费<br>安全文明施工费（环境保护费、文明施工费、安全施工费、临时设施费）、绿色施工措施费 | 为完成建设工程施工，发生于该工程施工前和施工过程中的技术、生活、安全、环境保护等方面的费用。内容包括：安全文明施工费（环境保护费、文明施工费、安全施工费、临时设施费）、夜间施工增加费、已完工程及设备保护费、工程定位复测费、特殊地区施工增加费、大型机械设备进出场及安拆费、脚手架工程费 |
| 3 | 其他项目费 | 暂列金额、暂估价（材料暂估价、分部分项工程暂估价、专业工程暂估价）、计日工、总承包服务费、优质工程增加费、安全生产责任险、环境保护税、提前竣工措施增加费、索赔签证项目费 | 暂列金额、计日工、总承包服务费等 |
| 4 | 规费 | 已被分解到其他费用项目中 | 社会保险费（养老保险费、失业保险费、医疗保险费、医疗保险费、生育保险费、工伤保险费）、住房公积金、工程排污费 |
| 5 | 税金/增值税 | 增值税 | 税金，包括：营业税、城市维护建设税、教育费附加以及地方教育附加 |

### 3. 绿色施工安全防护措施项目费（表 2-9）

绿色施工安全防护措施项目费　　　　　　　　　　　　　　　　表 2-9

| 安全文明施工费（固定费率） | 安全生产费 | （1）完善、改造和维护安全防护设施设备费用，配备、维护、保养应急救援器材、设备费用和应急演练费用 |
|---|---|---|
| | | （2）配备和更新安全帽、安全绳等现场作业人员安全防护用品及用具费用 |
| | | （3）安全施工专项方案及安全资料的编制费用 |
| | | （4）建筑工地安全设施及起重机械等设备的特种检测检验费用 |
| | | （5）开展重大危险源和事故隐患评估、监控和整改及远程监控设施安装、使用及设施摊销等费用 |
| | | （6）安全生产检查、评价、咨询和标准化建设费用，安全生产培训、教育、宣传费用，安全生产适用的新技术、新标准、新工艺、新装备的推广应用费用，治安秩序管理费用及其他安全生产费用 |

| | | |
|---|---|---|
| 安全文明施工费（固定费率） | 文明施工及环境保护费 | （1）五牌一图；（2）现场施工机械设备降低噪声、防扰民措施；（3）现场厕所内部美化，建筑物内临时便溺设施；（4）符合卫生要求的饮水设备、淋浴、消毒等设施；（5）生活用洁净燃料；（6）防蚊虫、四害措施；（7）现场配备医药保健器材、物品费用和急救人员培训，防煤气中毒，治安综合治理措施；（8）现场工人的防暑降温、电风扇、空调等设备及用电；（9）现场污染源的控制、生活垃圾清理外运、建筑垃圾外运（不含土石方及拆除垃圾）、其他环境保护费；（10）扬尘控制设备用水、用电；（11）裸土覆盖 |
| | 临时设施费 | （1）施工现场临时建筑物、构筑物的搭设、维修、拆除，如临时宿舍、办公室、食堂、厨房、厕所、诊疗所、临时文化福利用房、临时仓库、加工场、搅拌台、临时简易水塔、水池等 |
| | | （2）施工现场临时设施的搭设、维修、拆除，如临时供水管道、临时供电管线、小型临时设施等 |
| | | （3）其他临时设施的搭设、维修、拆除 |
| 绿色施工措施费（按工程量计量） | 扬尘控制措施费 | 施工场地硬化、扬尘喷淋系统、雾炮机、扬尘在线监测系统、场地绿化 |
| | 场内道路 | 施工道路 |
| | 排水 | 临时排水沟、管网，以及其相连的构筑物 |
| | 施工围挡（墙） | 围挡或围墙 |
| | 智慧管理设备及系统 | 施工人员实名制管理设备及系统 |
| | | 施工场地视频监控设备及系统 |
| | | 人工智能、传感技术、虚拟现实等高科技设备及系统 |

注：扬尘控制及智慧管理建设的费用，一年工期及以内按 60% 计算摊销费用；两年工期及以内的按 80% 计算摊销费用；两年工期以上的按 100% 计算摊销费用。

## 任务 2.4　工程建设其他费用的构成和计算

### 2.4.1　建设用地费

工程建设其他费用是指建设期发生的与土地使用权取得、全部工程项目建设以及未来生产经营有关的，除工程费用、预备费、增值税、建设期融资费用、流动资金以外的费用。工程建设其他费用分为三类：第一类指土地使用权购置或取得的费用；第二类指与整个工程建设有关的各类其他费用；第三类指与未来企业生产经营有关的其他费用。

根据国家发展改革委《关于〈进一步放开建设项目专业服务价格〉的通知》（发改价格〔2015〕299 号）的规定，政府有关部门对建设项目实施审批、核准或备案管理，需委托专业服务机构等中介提供评估评审等服务的，有关评估评审费用等由委托评估评审的项目审批、核准或备案机关承担，评估评审机构不得向项目单位收取费用。

政府有关部门对建设项目管理监督所发生的，并由财政支出的费用，不得列入相应建设项目的工程造价。

任何一个建设项目都固定于一定地点与地面相连接，必须占用一定量的土地，也就必然要发生为获得建设用地而支付的费用，这就是建设用地费，是指为获得工程项目建设土地的使用权而在建设期内发生的各项费用。包括通过划拨方式取得土地使用权而支付的土地征用及迁移补偿费，或者通过土地使用权出让方式取得土地使用权而支付的土地使用权出让金。

1. 建设用地取得的基本方式

建设用地的取得，实质是依法获取国有土地的使用权。根据《中华人民共和国城市房地产管理法》的规定，获取国有土地使用权的基本方法有两种：一种是出让方式；另一种是划拨方式。建设土地取得的基本方式还包括租赁和转让方式。

（1）通过出让方式获取国有土地使用权

国有土地使用权出让，是指国家将国有土地使用权在一定年限内出让给土地使用者，由土地使用者向国家支付土地使用权出让金的行为。土地使用权出让最高年限按下列用途确定：①居住用地 70 年；②工业用地 50 年；③教育、科技、文化、卫生、体育用地 50 年；④商业、旅游、娱乐用地 40 年；⑤综合或者其他用地 50 年。

通过出让方式获取土地使用权又可以分成两种具体方式：一种是竞争出让；另一种是协议出让。

通过竞争出让方式获取国有土地使用权。按照国家相关规定，工业（包括仓储用地，但不包括采矿用地）、商业、旅游、娱乐和商品住宅等各类经营性用地，必须以招标、拍卖或者挂牌方式出让；上述规定以外用途的土地的供地计划公布后，同一宗地有两个以上意向用地者的，也应当采用招标、拍卖或者挂牌方式出让。

通过协议出让方式获取国有土地使用权。按照国家相关规定，出让国有土地使用权除依照法律、法规和规章的规定应当采用招标、拍卖或者挂牌方式外，方可采取协议方式。以协议方式出让国有土地使用权的出让金不得低于按国家规定所确定的最低价。协议出让底价不得低于拟出让地块所在区域的协议出让最低价。

（2）通过划拨方式获取国有土地使用权

国有土地使用权划拨，是指县级以上人民政府依法批准，在土地使用者缴纳补偿、安置等费用后将该幅土地交付其使用。或者将土地使用权无偿交付给土地使用者使用的行为。

国家对划拨用地有着严格的规定，下列建设用地，经县级以上人民政府依法批准，可以以划拨方式取得：①国家机关用地和军事用地；②城市基础设施用地和公益事业用地；③国家重点扶持的能源、交通、水利等基础设施用地；④法律、行政法规规定的其他用地。

依法以划拨方式取得土地使用权的，除法律、行政法规另有规定外，没有使用期限的限制。因企业改制、土地使用权转让或者改变土地用途等不再符合目录要求的，应当实行有偿使用。

2. 建设用地取得的费用

建设用地如通过行政划拨方式取得，则须承担征地补偿费用或对原用地单位或个人的拆迁补偿费用；若通过市场机制取得，则不但承担以上费用，还须向土地所有者支付有偿使用费，即土地出让金。

（1）征地补偿费。建设征用土地费用由以下几个部分构成：

1）土地补偿费。土地补偿费是对农村集体经济组织因土地被征用而造成的经济损失的一种补偿。征用其他土地的补偿费标准由省、自治区、直辖市参照征用耕地的土地补偿费制定。土地补偿费归农村集体经济组织所有。

2）青苗补偿费和地上附着物补偿费。青苗补偿费是因征地时对其正在生长的农作物受到损害而做出的一种赔偿。在农村实行承包责任制后，农民自行承包土地的青苗补偿费应付给本人，属于集体种植的青苗补偿费可纳入当年集体收益。凡在协商征地方案后抢种的农作物、树木等，一律不予补偿。地方附着物是指房屋、水井、树木、涵洞、桥梁、公路、水利设施、林木等地面建筑物、构筑物、附着物等。视协商征地方案前地上附着物价值与折旧情况确定，应根据"拆什么、补什么；拆多少，补多少，不低于原来水平"的原则确定。如附着物产权属个人，则该项补助费付给个人。地上附着物的补偿标准，由省、自治区、直辖市规定。

3）安置补助费。安置补助费应支付给被征地单位和安置劳动力的单位，作为劳动力安置与培训的支出，以及作为不能就业人员的生活补助。征收耕地的安置补助费，按照需要安置的农业人口数计算。需要安置的农业人口数，按照被征收的耕地数量除以征地前被征收单位平均每人占有耕地的数量计算。每一个需要安置的农业人口的安置补助费标准为该耕地被征收前三年平均年产值的4～6倍。但是，每公顷被征收耕地的安置补助费，最高不得超过被征收前三年平均年产值的15倍。土地补偿费和安置补助费，尚不能使需要安置的农民保持原有生活水平的，经省、自治区、直辖市人民政府批准，可以增加安置补助费。但是，土地补偿费和安置补助费的总和不得超过土地被征收前三年平均年产值的30倍。

4）新菜地开发建设基金。新菜地开发建设基金指征用城市郊区商品菜地时支付的费用。这项费用交给地方财政，作为开发建设新菜地的投资。菜地是指城市郊区为供应城市居民蔬菜，连续三年以上常年种菜地或者养殖鱼、虾等的商品菜地和精养鱼塘。一年只种一茬或因调整茬口安排种植蔬菜的，均不作为需要收取开发基金的菜地。征用尚未开发的规划菜地，不缴纳新菜地开发建设基金。在蔬菜产销放开，能够满足供应，不再需要开发新菜地的城市，不收取新菜地开发基金。

5）耕地占用税。耕地占用税是对占用耕地建房或者从事其他非农业建设的单位和个人征收的一种税收，目的是合理利用土地资源、节约用地，保护农用耕地。耕地占用税征收范围，不仅包括占用耕地，还包括占用鱼塘、园地、菜地及其农业用地建房或者从事其他非农业建设，均按实际占用的面积和规定的税额一次性征收。其中，耕地是指用于种植农作物的土地。占用前三年曾用于种植农作物的土地也视为耕地。

6）土地管理费。土地管理费主要作为征地工作中所发生的办公、会议、培训、宣传、差旅、借用人员工资等必要的费用。土地管理费的收取标准，一般是在土地补偿费、青苗费、地面附着物补偿费、安置补助费四项费用之和的基础上提取2％～4％。如果是征地包干，还应在四项费用之和后再加上粮食价差、副食补贴、不可预见费等费用，在此基础上提取2％～4％作为土地管理费。

（2）拆迁补偿费用

在城市规划区内国有土地上实施房屋拆迁，拆迁人应当对被拆迁人给予补偿、安置。

1）拆迁补偿。拆迁补偿的方式可以实行货币补偿，也可以实行房屋产权调换。

货币补偿的金额根据被拆迁房屋的区位、用途、建筑面积等因素，以房地产市场评估价确定。具体办法由省、自治区、直辖市人民政府制定。

实行房屋产权调换的，拆迁人与被拆迁人按照计算得到的被拆迁房屋的补偿金额和所调换房屋的价格，结清产权调换的差价。

2）搬迁、安置补助费。包括征用土地上的房屋及附属构筑物、城市公共设施等拆除、迁建补偿费、搬迁运输费，企业单位因搬迁造成的减产、停工损失补贴费，拆迁管理费等。

拆迁人应当对被拆迁人或者房屋承租人支付搬迁补助费，对于在规定的搬迁期限届满前搬迁的，拆迁人可以付给提前搬家奖励费；在过渡期限内，被拆迁人或者房屋承租人自行安排住处的，拆迁人应当支付临时安置补助费；被拆迁人或者房屋承租人使用拆迁人提供的周转房的，拆迁人不支付临时安置补助费。

拆迁补助费和临时安置补助费的标准，由省、自治区、直辖市人民政府规定。有些地区规定，拆除非住宅房屋，造成停产、停业引起经济损失的，拆迁人可以根据被拆除房屋的区位和使用性质，按照一定标准给予一次性停产停业综合补助费。迁移补偿费的标准，由省、自治区、直辖市人民政府规定。

（3）出让金、土地转让金

土地使用权出让金为用地单位向国家支付的土地所有权收益，出让金标准一般参考城市基准地价并结合其他因素制定。基准地价由市土地管理局会同市物价局、市国有资产管理局、市房地产管理局等部门综合平衡后报市级人民政府审定通过，它以城市土地综合定级为基础，用某一地价或地价幅度表示某一类别用地在某一土地级别范围的地价，以此作为土地使用权出让价格的基础。

在有偿出让和转让土地时，政府对地价不作统一规定，但应坚持以下原则：即地价对目前的投资环境不产生大的影响；地价与当地的社会经济承受能力相适应；地价要考虑已投入的土地开发费用、土地市场供求关系、土地用途、所在区类、容积率和使用年限等。有偿出让和转让使用权，要向土地受让者征收契税；转让土地如有增值，要向转让者征收土地增值税；土地使用者每年应按规定的标准缴纳土地使用费。土地使用权出让或转让，应先由地价评估机构进行价格评估后，再签订土地使用权出让和转让合同。

土地使用权出让合同约定的使用年限届满，土地使用者需要继续使用土地的，应当至迟于届满前一年申请续期，除根据社会公共利益需要收回该幅土地的，应当予以批准。经批准准予续期的，应当重新签订土地使用权出让合同，依照规定支付土地使用权出让金。

### 2.4.2　与项目建设有关的其他费用

#### 1. 建设管理费

建设管理费是指建设单位为组织完成工程项目建设，在建设期内发生的各类管理性费用。

（1）建设管理费的内容

1）建设单位管理费。建设单位管理费是指项目建设单位从项目筹建之日起至办理竣工财务决算之日止发生的管理性质的支出。包括工作人员薪酬及相关费用、办公费、办公场地租用费、差旅交通费、劳动保护费、工具用具使用费、固定资产使用费、招募生产工人费、技术图书资料费（含软件）、业务招待费、竣工验收费和其他管理性质开支。实行代建制管理的项目，计列代建管理费等同建设单位管理费，不得同时计列建设单位管理费。

建设单位管理费一般是以工程费用为基数乘以建设单位管理费费率的乘积作建设单位管理费。

$$建设单位管理费 = 工程费用 \times 建设单位管理费费率$$

2）工程监理费。工程监理费是指建设单位委托工程监理单位实施工程监理的费用。按照《国家发展改革委关于进一步放开建设项目专业服务价格的通知》（发改价格〔2015〕299号）规定，此项费用实行市场调节价。

（2）建设单位管理费的计算

建设单位管理费按照工程费用之和（包括设备及工器具购置费和建筑安装工程费用之和）乘以建设单位管理费费率计算。

建设单位管理费费率按照建设项目的不同性质、不同规模确定。有的建设项目按照建设工期和规定的金额计算建设单位管理费。如采用监理，建设单位部分管理工作量转移至监理单位。监理费应根据委托的监理工作范围和监理深度在监理合同中商定或按当地或所属行业部门有关规定计算；如建设单位采用工程总承包方式，其总包管理费由建设单位与总包单位根据总包工作范围在合同中商定，从建设管理费中支出。

2. 可行性研究费

可行性研究费是指在工程项目投资决策阶段，对有关建设方案、技术方案或生产经营方案进行的技术经济论证，以及编制、评审可行性研究报告等所需的费用。包括项目建议书、预可行性研究、可行性研究费等。此项费用应依据前期研究委托合同计列，按照《国家发展改革委关于进一步放开建设项目专业服务价格的通知》（发改价格〔2015〕299号）规定，此项费用实行市场调节价。

3. 研究试验费

研究试验费是指为建设项目提供或验证设计数据、资料等进行必要的研究试验及按照相关规定在建设过程中必须进行试验、验证所需的费用。包括自行或委托其他部门研究试验所需人工费、材料费、试验设备及仪器使用费等。这项费用按设计单位根据本工程项目的需要提出的研究试验内容和要求计算。在计算时要注意不应包括以下项目：

（1）应由科技三项费用（即新产品试制费、中间试验费和重要科学研究补助费）开支的项目。

（2）应在建筑安装费用中列支的施工企业对建筑材料、构件和建筑物进行一般鉴定、检查所发生的费用及技术革新的研究试验费。

（3）应由勘察设计费或工程费用中开支的项目。

4. 勘察费

勘察费是指勘察人根据发包人的委托，收集已有资料、现场踏勘、制定勘察纲要，进行勘察作业，以及编制工程勘察文件和岩土工程设计文件等收取的费用。按照《国家发展改革委关于进一步放开建设项目专业服务价格的通知》（发改价格〔2015〕299号）的规定，此项费用实行市场调节价。

5. 设计费

设计费是指设计人根据发包人的委托，提供编制建设项目初步设计文件、施工图设计文件、非标准设备设计文件、竣工图文件等服务所收取的费用。按照《国家发展改革委关于进一步放开建设项目专业服务价格的通知》（发改价格〔2015〕299 号）的规定，此项费用实行市场调节价。

6. 专项评价费

专项评价费是指建设单位按照国家规定委托相关单位开展专项评价及有关验收工作发生的费用。具体建设项目应按实际发生的专项评价项目计列，不得虚列项目费用。专项评价费包括环境影响评价费、安全预评价费、职业病危害预评价费、地震安全性评价费、地质灾害危险性评价费、水土保持评价费、压覆矿产资源评价费、节能评估费、危险与可操作性分析及安全完整性评价费以及其他专项评价费。按照《国家发展改革委关于进一步放开建设项目专业服务价格的通知》（发改价格〔2015〕299 号）的规定，这些专项评价及验收费用均实行市场调节价。

（1）环境影响评价费：是指为全面、详细评价建设项目对环境可能产生的污染或造成的重大影响，而编制环境影响报告书（含大纲）、环境影响报告表和评估等所需的费用。此项费用包括编制环境影响报告书（含大纲）、环境影响报告表以及对环境影响报告书（含大纲）、环境影响报告表进行评估等所需的费用。

（2）安全预评价费：是指为预测和分析建设项目存在的危害因素种类和危险危害程度，提出先进、科学、合理可行的安全技术和管理对策，而编制评价大纲、安全评价报告书和评估等所需的费用。

（3）职业病危害预评价费：是指建设项目因可能产生职业病危害，而编制职业病危害预评价书、职业病危害控制效果评价书和评估所需的费用。

（4）地震安全性评价费：是指通过对建设场地和场地周围的地震活动与地震、地质环境的分析，而进行的地震活动环境评价、地震地质构造评价、地震地质灾害评价，编制地震安全评价报告书和评估所需的费用。

（5）地质灾害危险性评价费：是指在灾害易发区对建设项目可能诱发的地质灾害和建设项目本身可能遭受的地质灾害危险程度的预测评价，编制评价报告书和评估所需的费用。

（6）水土保持评价评估费：是指对建设项目在生产建设过程中可能造成水土流失进行预测，编制水土保持方案和评估所需的费用。

（7）压覆矿产资源评价费：是指对需要压覆重要矿产资源的建设项目，编制压覆重要矿床评价和评估所需的费用。

（8）节能评估费：是指对建设项目的能源利用是否科学合理进行分析评估，并编制节能评估报告以及评估所发生的费用。

（9）危险与可操作性分析及安全完整性评价费：是指危险与可操作性分析及安全完整性评价费是指对应用于生产具有流程性工艺特征的新、改、扩建项目进行工艺危害分析和对安全仪表系统的设置水平及可靠性进行定量评估所发生的费用。

（10）其他专项评价费：是指除以上 9 项评价费外，根据国家法律法规、建设项目所在省（直辖市、自治区）人民政府有关规定，以及行业规定需进行的其他专项评价、评估、咨询（如重大投资项目社会稳定风险评估、防洪评价、交通影响评价费、消防性能化设计评估费等）所需的费用。

7. 场地准备及临时设施费

（1）场地准备及临时设施费的内容

1）场地准备费是指为使工程项目的建设场地达到开工条件，由建设单位组织进行的场地平整等准备工作而发生的费用。

建设项目为达到工程开工条件所发生的、未列入工程费用的场地平整以及对建设场地余留的有碍于施工建设的设施进行拆除清理所发生的费用。改扩建项目一般只计拆除清理费。

2）临时设施费是指建设单位为满足施工建设需要而提供的未列入工程费用的临时水、电、路、信、气、热等工程和临时仓库等建（构）筑物的建设、维修、拆除、摊销费用或租赁费用，以及货场、码头租赁等费用。

（2）场地准备及临时设施费的计算

1）场地准备及临时设施应尽量与永久性工程统一考虑。建设场地的大型土石方工程应计入工程费用中的总图运输费用中。

2）新建项目的场地准备和临时设施费应根据实际工程量估算，或按工程费用的比例计算。改扩建项目一般只计拆除清理费。

$$场地准备和临时设施费 = 工程费用 \times 费率 + 拆除清理费$$

3）发生拆除清理费时可按新建同类工程造价或主材费、设备费的比例计算。凡可回收材料的拆除工程采用"以料抵工"方式冲抵拆除清理费。

4）此项费用不包括已列入建筑安装工程费用中的施工单位临时设施费用。

8. 工程保险费

工程保险费是指在建设期内对建筑工程、安装工程和设备等进行投保而发生的费用。工程保险费包括建筑安装工程一切险、工程质量保险、进口设备财产保险和人身意外伤害险等。

工程保险费是为转移工程项目建设的意外风险而发生费用，不同的建设项目可根据工程特点选择投保险种。

9. 特殊设备安全监督检验费

特殊设备安全监督检验费是指对在施工现场安装的列入国家特种设备范围内的设备（设施）检验检测和监督检查所发生的应列入项目开支的费用。

特殊设备监造费的特殊设备包括锅炉及压力容器、消防设备、燃气设备、起重设备、电梯、安全阀等特殊设备和设施。

此项费用按照建设项目所在省（市、自治区）安全监察部门的规定标准计算。无具体规定的，在编制投资估算和概算时可按受检设备现场安装费的比例估算。

10. 市政公用设施费

市政公用配套设施费是指使用市政公用设施的工程项目，按照项目所在地政府有关规定建设或缴纳的市政公用设施建设配套费用。

市政公用配套设施可以是界区外配套的水、电、路、信等，包括绿化、人防等缴纳的费用。

此项费用按工程所在地人民政府规定标准计列。

2.4.3　与未来生产经营有关的其他费用

1. 联合试运转费

联合试运转费是指新建或新增加生产能力的工程项目，在交付生产前按照设计文件规定的工程质量标准和技术要求，对整个生产线或装置进行负荷联合试运转所发生的费用净支出（试运转支出大于收入的差额部分费用）。试运转支出包括试运转所需原材料、燃料及动力消耗、低值易耗品、其他物料消耗、工具用具使用费、机械使用费、保险金、施工单位参加试运转人员工资，以及专家指导费等；试运转收入包括试运转期间的产品销售收入和其他收入。联合试运转费不包应由设备安装工程费用开支的调试及试车费用，以及在试运转中暴露出来的因施工原因或设备缺陷等发生的处理费用。

2. 专利及专有技术使用费

（1）专利及专有技术使用费的主要内容

1）国外设计及技术资料费、引进有效专利、专有技术使用费和技术保密费。

2）国内有效专利、专有技术使用费用。

3）商标权、商誉和特许经营权费等。

（2）专利及专有技术使用费的计算

在专利及专有技术使用费的计算时应注意以下问题：

1）按专利使用许可协议和专有技术使用合同的规定计列。

2）专有技术的界定应以省、部级鉴定批准为依据。

3）项目投资中只计需在建设期支付的专利及专有技术使用费。协议或合同规定在生产期支付的使用费应在生产成本中核算。

4）一次性支付的商标权、商誉及特许经营权费按协议或合同规定计列。协议或合同规定在生产期支付的商标权或特许经营权费应在生产成本中核算。

5）为项目配套的专用设施投资，包括专用铁路线、专用公路、专用通信设施、送电站、地下管道、专用码头等，如由项目建设单位负责投资但产权不归属本单位的应作无形资产处理。

3. 生产准备费

（1）生产准备费的内容

在建设期内，建设单位为保证项目正常生产而发生的人员培训费、提前进厂费以及投产使用必备的办公、生活家具用具等的购置费用，包括：

1）人员培训费及提前进厂费。包括自行组织培训或委托其他单位培训的人员工资、工资性补贴、职工福利费、差旅交通费、劳动保护费、学习资料费等。

2）为保证初期正常生产（或营业、使用）所必需的办公、生活家具用具购置费。

（2）生产准备费的计算

1）新建项目按设计定员为基数计算，改扩建项目按新增设计定员为基数计算：

$$生产准备费 = 设计定员 \times 生产准备费指标(元／人)$$

2）可采用综合的生产准备费指标进行计算，也可以按费用内容的分类指标计算。

## 任务 2.5　预备费和建设期贷款利息的构成与计算

### 2.5.1　预备费

预备费是指在建设期内因各种不可预见因素的变化而预留的可能增加的费用，包括基本预备费和价差预备费。

1. 基本预备费

（1）基本预备费的内容

基本预备费是指投资估算或工程概算阶段预留的，由于工程实施中不可预见的工程变更及洽商、一般自然灾害处理、地下障碍物处理、超规超限设备运输等而可能增加的费用，亦可称为工程建设不可预见费。基本预备费一般由以下四部分构成：

1）工程变更及洽商。在批准的初步设计范围内，技术设计、施工图设计及施工过程中所增加的工程费用；设计变更、工程变更、材料代用、局部地基处理等增加的费用。

2）一般自然灾害处理。一般自然灾害造成的损失和预防自然灾害所采取的措施费用。实行工程保险的工程项目，该费用应适当降低。

3）不可预见的地下障碍物处理的费用。

4）超规超限设备运输增加的费用。

（2）基本预备费的计算

基本预备费是按工程费用和工程建设其他费用二者之和为计取基础，乘以基本预备费费率进行计算。

$$基本预备费 = （工程费用 + 工程建设其他费用） \times 基本预备费费率$$

基本预备费费率的取值应执行国家及有关部门的规定。

2. 价差预备费

（1）价差预备费的内容

价差预备费是指为在建设期内利率、汇率或价格等因素的变化而预留的可能增加的费用，亦称为涨价预备费。价差预备费的内容包括：人工、设备、材料、施工机具的价差费，建筑安装工程费及工程建设其他费用调整，利率、汇率调整等增加的费用。

（2）价差预备费的测算方法

价差预备费一般根据国家规定的投资综合价格指数，按估算年份价格水平的投资额为基数，采用复利方法计算。计算公式为：

$$PF = \sum_{t=1}^{n} I_t \left[ (1+f)^m (1+f)^{0.5} (1+f)^{t-1} - 1 \right]$$

式中　$PF$——价差预备费；

　　　　$n$——建设期年份数；

　　　　$I_t$——建设期中第 $t$ 年的静态投资计划额，包括工程费用、工程建设其他费用及基本预备费（基数取自于《建设项目投资估算编审规程》ECA/GCI—2015，单位：年）；

　　　　$f$——年涨价率；

　　　　$m$——建设前期年限（从编制估算到开工建设，单位：年）。

年涨价率，政府部门有规定的按规定执行，没有规定的由可行性研究人员预测。

（3）案例

【例2-3】某建设项目建安工程费5000万元，设备购置费2000万元，工程建设其他费用3000万元，已知基本预备费率5%，项目建设前期年限为1年，建设期为3年，各年静态投资计划额为：第一年完成投资 20％，第二年 60％，第三年 20％。年均投资价格上涨率为 6％，求建设项目建设期间的基本预备费和价差预备费。

**解：**

基本预备费＝（5000＋2000＋3000）×5％＝500 万元

静态投资＝5000＋2000＋3000＋500＝10500 万元

建设期第一年完成投资＝10500×20％＝2100 万元

第一年涨价预备费为：$PF_1 = I_1[(1+f)(1+f)^{0.5}-1] = 2100 \times [(1+6％) \times (1+6％)^{0.5}-1] = 191.8$ 万元

第二年完成投资＝10500×60％＝6300 万元

第二年涨价预备费为：$PF_2 = I_2[(1+f)(1+f)^{0.5}(1+f)-1] = 6300 \times [(1+6％) \times (1+6％)^{0.5} \times (1+6％)-1] = 987.9$ 万元

第三年完成投资＝10500×20％＝2100 万元

第三年涨价预备费为：$PF_3 = I_3[(1+f)(1+f)^{0.5}(1+f)^2-1] = 2100 \times [(1+6％) \times (1+6％)^{0.5} \times (1+6％)^2-1] = 475.1$ 万元

所以，建设期的涨价预备费为：

$$PF = 191.8 + 987.9 + 475.1 = 1654.8 \text{ 万元}$$

### 2.5.2　建设期利息

建设期利息主要是指在建设期内发生的为工程项目筹措资金的融资费用及债务资金利息。建设期利息的计算，根据建设期资金用款计划，在总贷款分年均衡发放前提下，可按当年借款在年中支用考虑，即当年借款按半年计息，上年借款按全年计息。计算公式为：

$$q_j = (P_{j-1} + 1/2A_j) \times i$$

式中　$q_j$——建设期第 $j$ 年应计利息；

$P_{j-1}$——建设期第（$j-1$）年末累计贷款本金与利息之和；

$A_j$——建设期第 $j$ 年贷款金额；

$i$——年利率。

利用国外贷款的利息计算中，年利率应综合考虑贷款协议中向贷款方加收的手续费、管理费、承诺费，以及国内代理机构向贷款方收取的转贷费、担保费和管理费等。

**【例 2-4】** 某新建项目，建设期为 3 年，分年均衡进行贷款，第一年贷款 500 万元，第二年贷款 200 万元，第三年贷款 800 万元，年利率为 12％，建设期内利息只计息不支付，求建设期利息。

**解：**

在建设期，各年利息计算如下：

$$q_1 = 1/2A_j \cdot i = 500 \times 12％ \times 1/2 = 30 \text{ 万元}$$

$$q_2 = (P_1 + 1/2A_2) \cdot i = (500 + 30 + 200 \times 1/2) \times 12％ = 75.6 \text{ 万元}$$

$$q_3 = (P_2 + 1/2A_3) \cdot i = (500 + 30 + 200 + 75.6 + 800 \times 1/2) \times 12％ = 144.67 \text{ 万元}$$

所以，建设期利息＝$q_1 + q_2 + q_3$＝30＋75.6＋144.67＝250.27 万元

# 任务 2.6　案　例　分　析

## 2.6.1　背景资料

A 企业拟建一工厂，计划建设期 3 年，第 4 年工厂投产，投产当年的生产负荷达到设计生产能力的 60%，第 5 年达到设计生产能力的 85%，第 6 年达到设计生产能力。项目运营期 20 年。

该项目所需设备分为进口设备与国产设备两部分。

进口设备重 1000t，其装运港船上交货价为 600 万美元，海运费为 300 美元/t，海运保险费和银行手续费分别为货价的 2‰和 5‰，外贸手续费费率为 1.5%，增值税率为 17%，关税税率为 25%，美元对人民币汇率按 1∶6.8 计。设备从到货口岸至安装现场运距 500km，运输费为 0.5 元人民币/（t·km），装卸费为 50 元人民币/t，国内运输保险费率为抵岸价的 1‰，设备的现场保管费费率为抵岸价的 2‰。

国产设备均为标准设备，其带有备件的订货合同价为 9500 万元人民币。国产标准设备的设备运杂费费率为 3‰。

该项目的工器具及生产家具购置费费率为 4%。

该项目建筑安装工程费用估计为 5000 万元人民币，工程建设其他费用估计为 3100 万元人民币。建设期间的基本预备费率为 5%，涨价预备费为 2000 万元人民币，流动资金估计为 5000 万元人民币。

项目的资金来源分为自有资金与贷款。其贷款计划为：建设期第 1 年贷款 2500 万元人民币、350 万美元；建设期第 2 年贷款 4000 万元人民币、250 万美元；建设期第 3 年贷款 2000 万元人民币。贷款的人民币部分从中国建设银行获得，年利率为 10%（每半年计息一次）；贷款的外汇部分从中国银行获得，年利率为 8%（按年计息）。

问题：

（1）估算设备及工器具购置费用。

（2）估算建设期贷款利息。

（3）估算该工厂建设的总投资。

## 2.6.2　案例解析

**解：**（1）设备及工器具购置费用：

依题意可得：

① 进口设备购置费：

离岸价格 $FOB$＝600 万美元

国际运费＝$300 \times 1000 \times 10^{-4}$＝30 万美元

依题意：运输保险费＝$600 \times 2‰$＝1.2 万美元

银行财务费＝$600 \times 5‰$＝3 万美元

外贸手续费＝$CIF \times 1.5\%$＝$(600+30+1.2) \times 1.5\%$＝9.468 万美元

关税＝$CIF \times 25\%$＝$(600+30+1.2) \times 25\%$＝157.8 万美元

增值税＝$(CIF＋关税＋消费税) \times 17\%$

　　　＝$(600+30+1.2+157.8+0) \times 17\%$＝134.13 万美元

抵岸价＝600＋30＋1.2＋3＋9.468＋157.8＋134.13＝935.598 万美元

$\qquad$ ＝935.598×6.8＝6362.0664 万元

所以进口设备的抵岸价为 6362.0664 万元。

运输费＝0.5×500×1000×$10^{-4}$＝25 万元

装卸费＝50×1000×$10^{-4}$＝5 万元

保险费＝6362.0664×1‰＝6.3621 万元

保管费＝6362.0644×2‰＝12.7241 万元

6362.0664＋25＋5＋6.3621＋12.7241＝6411.1526 万元

所以进口设备的购置费为 6411.1526 万元。

② 国产标准设备购置费：

设备原价＝9500 万元

运杂费＝9500×3‰＝28.5 万元

9500＋28.5＝9528.5 万元

国产标准设备购置费为 9528.5 万元。

6411.1526＋9528.5＝15939.6526 万元

设备购置费为 15939.6526 万元。

③ 工器具购置费：

15939.6526×4%＝637.5862 万元

工器具购置费为 637.5862 万元。

15939.6526＋637.5862＝16577.2388 万元

即：设备及工器具购置费为 16577.2388 万元。

（2）建设期贷款利息

依题意可得：

人民币有效利率：$i = (1+r/m)^m - 1 = (1+0.1/2)^2 - 1 = 10.25\%$

第一年：人民币＝1/2×2500×10.25%＝128.125 万元

$\qquad$ 美元 ＝ 1/2×350×8% ＝ 14 万元

第二年：人民币＝1/2×4000×10.25%＋（128.25＋2500）×10.25%

$\qquad$ ＝474.3828 万元

$\qquad$ 美元＝1/2×250×8%＋（14＋350）×8%＝39.12 万元

第三年：人民币 ＝ 1/2×2000×10.25%＋（128.125＋2500＋474.3828＋4000）

$\qquad$ ×10.25%

$\qquad$ ＝830.507 万元

$\qquad$ 美元＝（14＋350＋39.12＋250）×8%＝52.2496 万元

$\qquad$ （14＋39.12＋52.2496）×6.8＝716.5133 万元

$\qquad$ 128.125＋474.3828＋830.507＋716.5133＝2149.5282 万元

即：建设期贷款利息为 2149.5282 万元。

（3）建设项目的总投资

依题意可得：

① 设备及工器具购置费＝16577.2388 万元

② 建筑安装工程费＝5000 万元

③ 工程建设其他费＝3100 万元

④ 基本预备费＝(16577.2388＋5000＋3100)×5％＝1233.862 万元

⑤ 涨价预备费＝2000 万元

⑥ 建设期贷款利息＝2149.5282 万元

⑦ 流动资产＝5000 万元

16577.2388＋5000＋3100＋1233.862＋2000＋2149.5282＋5000＝35060.629 万元

即：该工厂建设的总投资为 35060.629 万元。

# 思 政 案 例

敬业专业：随着科技不断发展，新工艺、新技术、新材料层出不穷，这就要求造价工程师与时俱进，在不同的阶段编制好各类不同的造价文件。如初步设计阶段设计深度不够，设计人员提供的资料一般都比较粗略，这就要求造价工程师根据自己掌握的业务知识和丰富经验综合考虑工程项目概算所要发生的费用，严格按照初步设计概算要求，计算工程量正确套用定额。反之，没有敬业精神、缺乏认真负责的工作态度，就会产生漏项少算或多算重算的现象。

如某一个工程图纸中标注用深基础做人防工程，但编制人员没有认真查阅图纸、设计说明等资料，又在其他费中重复计算了一项人防费，造成费用的重复计算。又如，在某工程项目结算中的砖石工程外墙工程量计算中，施工单位计算的工程量为 750m³，但审核人员计算的结果则是 695m³，原因是施工单位的编制人员，没有按照工程量计算规则的规定，扣除单个面积在 0.3m² 以上的孔洞和嵌入墙身混凝土构件的体积。由此可见，造价工程师的专业素质直接影响各阶段工程造价准确程度，提高造价工程师专业素质是非常必要的。

职业道德：对于造价员及造价工程师而言，工作直接涉及建设工程中各方的经济利益，且通常资金数额巨大。这就要求其具有良好的职业道德，不得做出恶意损伤委托方利益的行为以及不符合社会伦理的行为，例如行贿、篡改计量计价文件等。

# 第2篇　建设工程发承包阶段工程造价管理

## 一、学习目标

1. 素质目标：培养学生好学深思的探究态度，收集整理工程信息的能力；培养学生养成精益求精、严谨务实的工匠精神；培养学生养成良好的工作习惯；培养学生树立正确的人生观和价值观及团队合作精神。

2. 知识目标：了解2013计价规范体系的组成、湖南省建设工程计价办法的规定；了解建筑与装饰工程工程量清单、最高投标限价、投标报价的基本概念和编制相关规定。

3. 能力目标：能正确识读招标工程量清单、最高投标限价和投标报价文件。

## 二、思政目标

1. 宣传国家减费降税政策和建设行业绿色节能环保理念。

2. 在编制工程量清单时，严格遵照2013计价规范体系，树立坚持标准、行为规范的计量理念。

3. 在编制投标报价时，积极响应招标文件要求，科学自主报价，保守商业机密，遵守公平竞争、诚实信用的原则。

4. 在计量和取费时，严格按照规范要求保留小数，培养学生严谨细致、精益求精的工作精神。

## 三、知识拓展

读者可扫描下方二维码阅读相关数字资源，配合篇知识学习及拓展学习。

# 模块 3　建设工程发承包阶段造价文件编制

## 任务 3.1　招标工程量清单的编制

### 3.1.1　建设工程工程量清单计价概述

按照《建设工程工程量清单计价规范》GB 50500—2013（以下简称 13 计价规范）的规定，工程量清单是指载明建设工程分部分项工程、措施项目、其他项目的名称和相应数量以及规费项目、税金项目等内容的明细清单。

工程量清单是工程量清单计价的基础，应作为编制招标控制价、投标报价、计算工程量、支付工程款、调整合同价款、办理竣工结算以及工程索赔等的依据之一，贯穿于整个施工过程中。采用工程量清单计价方式招标发包，工程量清单必须作为招标文件的组成部分，招标人应将工程量清单连同招标文件的其他内容一并发（或发售）给投标人。

招标工程量清单是指招标人依据国家标准、招标文件、设计文件以及施工现场实际情况编制的，随招标文件发布供投标报价的工程量清单。在建筑工程工程量清单编制过程中，主要是编制招标工程量清单。招标人对编制的工程量清单的准确性和完整性负责。投标人依据招标工程量清单进行投标报价，但对工程量清单不负有核实的义务，更不具有修改和调整的权力。

1. 工程量清单的编制依据

（1）相关规范和相关工程的国家计量规范；

（2）国家或省级、行业建设主管部门颁发的计价定额和办法；

（3）建设工程设计文件及相关资料；

（4）与建设工程有关的标准、规范、技术资料；

（5）拟定的招标文件；

（6）施工现场情况、地勘水文资料、工程特点及常规施工方案；

（7）其他相关资料。

2. 招标工程量清单的组成内容

招标投标阶段，由招标人或受其委托的造价咨询人根据招标文件要求、工程图纸、计价与计量规范、计价办法及常规施工方案等资料列出拟建工程项目所有的清单项目，分部分项工程和单价措施项目还需计算出相应工程量，编制成工程量清单作为招标文件的一部分发给所有投标人。

"13 计价规范"规定：招标工程量清单应以单位（项）工程为单位编制，由分部分项工程项目清单、措施项目清单、其他项目清单、规费和税金项目清单组成。

根据《湖南省建设工程计价办法》（湘建价〔2020〕56 号文）规定，工程量清单项目由分部分项工程项目清单、措施项目清单、其他项目清单、增值税组成。

上述表格的具体表式详见招标工程量清单编制实例。

3. 招标工程量清单编制要求

（1）招标工程量清单封面

招标工程量清单封面应填写招标工程立项时批准的具体工程名称，招标人应加盖单位公章。如果招标工程量清单是招标人委托工程造价咨询人编制的，工程造价咨询人也应加盖单位公章。

（2）招标工程量清单扉页

招标人委托工程造价咨询人编制工程量清单时，除招标人加盖单位公章及其法定签字或盖章，参与编制的招标人的造价人员也应签字并盖专用章。注意复核人应是招标人单位注册的造价工程师。招标人委托工程造价咨询人编制工程量清单时，除招标人加盖单位公章及其法定代表人或其授权人签字或盖章外，工程造价咨询人应盖单位资质专用章，其法定代表人或者其授权人应签字或盖章，由工程造价咨询人注册的造价工程师签字盖专用章。按照相关规定，凡工程造价咨询人出具的工程造价成果文件，必须由其注册的造价工程师签字。

（3）工程量清单总说明

总说明的内容应包括工程概况，如建设地址、建设规模、工程特征、交通状况等；工程发包、分包范围；工程量清单编制依据；工程质量、材料、施工等的特殊要求以及其他需要说明的问题。作为招标工程量清单，主要作用是用于招标投标，所以在"其他需要说明的问题"中，应重点对投标人提出或明示投标报价的规定和要求。如综合单价的组成及填报、合价与总价的规定、措施项目报价要求，人工费的调整要求，材料价格的调整要求，报价风险的考虑等。

### 3.1.2　分部分项工程工程量清单的编制

分部分项工程工程量清单是指各专业工程（或单位工程）的分部分项工程应予列支的各项内容明细。

分部分项工程项目清单必须载明项目编码、项目名称、项目特征、计量单位和工程量。分部分项工程项目清单必须根据各专业工程现行国家计量规范规定的项目编码、项目名称、项目特征、计量单位和工程量计算规则进行编制。其格式见表3-1，在分部分项工程项目清单的编制过程中，由招标人负责前六项内容填列，金额部分在编制招标控制价或投标报价时填列。

分部分项工程项目清单与措施项目清单计价表　　　　表3-1

工程名称：×××办公楼建筑工程　　　标段：　　　第1页　共1页

| 序号 | 项目编码 | 项目名称 | 项目特征描述 | 计量单位 | 工程量 | 金额（元） | | |
| --- | --- | --- | --- | --- | --- | --- | --- | --- |
| | | | | | | 综合单价 | 合价 | 其中：暂估价 |
| | | | | | | | | |
| 本页小计 | | | | | | | | |
| 合计 | | | | | | | | |

注：1. 本表工程量清单项目综合的消耗量标准与E.19综合单价分析表综合的内容应相同；
　　2. 此表用于竣工结算时无暂估价栏。

### 1. 项目编码

项目编码是分部分项工程和措施项目清单名称的阿拉伯数字标识。清单项目编码以五级编码设置，用十二位阿拉伯数字表示。一、二、三、四级编码为全国统一，即一至九位应按工程量计算规范附录的规定设置；第五级，即十至十二位为清单项目编码，应根据拟建工程的工程量清单项目名称设置，不得有重号，这三位清单项目编码由招标人针对招标工程项目实际情况设置，并应自 001 起按顺序编制（表 3-2）。

项目编码规则　　　　　　　　　　　　表 3-2

| 编码 | 1、2 位（××） | 3、4 位（××） | 5、6 位（××） | 7、8、9 位（×××） | 10～12 位（×××） |
|---|---|---|---|---|---|
| 级 | 一级 | 二级 | 三级 | 四级 | 五级 |
| 含义 | 专业工程代码 | 专业工程附录分类码 | 分部工程顺序码 | 分项工程项目名称顺序码 | 清单项目名称顺序码 |

### 2. 项目名称

项目名称栏应按相关工程国家计量规范规定根据拟建工程实际确定填写。如："挖基础土方""实心砖墙""块料楼地面""钢网架"。

清单规范实施近十年来，在"项目名称"上如何填写存在两种情况：一种是完全按照规范的项目名称不变；另一种是根据工程实际在计价规范项目名称下另定详细名称。这两种情况均是可行的，主要应针对具体项目而定。

### 3. 项目特征

分部分项工程量清单项目特征是构成分部分项工程量清单项目、措施项目自身价值的本质特征，是确定一个清单项目综合单价不可缺少的重要依据，在编制的工程量清单中必须对其项目特征进行准确和全面地描述。但在实际的工程量清单项目特征描述中有些项目特征用文字往往又难以准确和全面地予以描述，因此为达到规范、统一、简捷、准确、全面描述项目特征的要求，必须注意工程量清单项目特征描述的原则、意义、技巧及方法。

### 4. 计量单位

分部分项工程量清单的计量单位应按附录中规定的计量单位确定，有"$m^3$""$m^2$""m""t""个""项"等，不使用扩大单位（如 10m、$10m^3$、$100m^2$、100t）。例如，实心砖墙的计量单位为"$m^3$"，墙面一般抹灰的计量单位为"$m^2$"，石材窗台板的计量单位为"m"，现浇混凝土钢筋的计量单位为"t"，镶板木门的计量单位为"樘/$m^2$"。

当计量单位有两个或两个以上时，应根据所编工程量清单项目的特征要求，选择最适宜表现该项目特征并方便计量的单位。例如，"计算规范"对门窗工程的计量单位为"樘/$m^2$"两个单位，实际工作中，就应选择最适宜、最方便的一个计量的单位来表示。

### 5. 工程数量

分部分项工程量清单中所列工程量应按相关规范中规定的工程量计算规则计算。工程数量的有效位数应遵守下列规定：

（1）以"t"为单位，应保留小数点后三位数字，第四位四舍五入，如"5.578t"。

（2）以"$m^3$""$m^2$""m"为单位，应保留小数点后两位数字，第三位四舍五入，如"5.64$m^3$""80.45$m^2$""103.29m"。

（3）以"个""项"等为单位，应取整数，如"10 个""60 项"。

## 6. 分部分项工程量清单的编制程序

分部分项工程量清单编制程序见图 3-1。

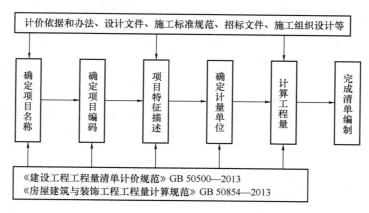

图 3-1　分部分项工程量清单编制程序

分部分项工程清单编制示例见表 3-3。

E.18：分部分项工程项目清单与措施项目清单计价表　　　　表 3-3

工程名称：×××办公楼建筑工程　　　　　标段：　　　　　第 1 页　共 2 页

| 序号 | 项目编码 | 项目名称 | 项目特征描述 | 计量单位 | 工程量 | 金额（元） | | |
| --- | --- | --- | --- | --- | --- | --- | --- | --- |
| | | | | | | 综合单价 | 合价 | 其中：暂估价 |
| 1 | 010101001001 | 平整场地 | 1. 土壤类别：一、二类土<br>2. 弃土运距：300m 以内 | m² | 540.12 | | | |
| 2 | 010401004001 | 多孔砖墙 | 1. 砖品种、规格、强度等级：多孔砖<br>2. 砂浆强度等级、配合比：水泥砂浆 M7.5 | m³ | 216.12 | | | |
| 3 | 010501005001 | 桩承台基础 | 1. 混凝土种类：预拌<br>2. 混凝土强度等级：C30 | m³ | 31.06 | | | |
| 4 | 010502001001 | 矩形柱 | 1. 混凝土种类：预拌<br>2. 混凝土强度等级：C30 | m³ | 32.18 | | | |
| 5 | 010515001001 | 现浇构件钢筋 | 1. 钢筋种类、规格：Φ10～Φ20 | t | 0.616 | | | |
| 6 | 010904001001 | 楼（地）面卷材防水 | 1. 卷材品种、规格、厚度：三元乙丙烯<br>2. 防水层数：1 | m² | 104.21 | | | |
| 7 | 011001003001 | 保温隔热墙面 | 1. 保温隔热部位：墙体<br>2. 保温隔热方式：外保温 | m² | 760.18 | | | |
| 8 | 011702001002 | 现浇桩承台基础模板 | 1. 基础类型：桩承台 | m² | 71 | | | |
| | | | 本页小计 | | | | | |

注：1. 本表工程量清单项目综合的消耗量标准与 E.19 综合单价分析表综合的内容应相同；

　　2. 此表用于竣工结算时无暂估价栏。

### 3.1.3　措施项目清单的编制

措施项目清单包括单价措施项目清单、总价措施项目清单、绿色施工安全防护措施项目清单，应根据拟建工程的实际情况列项。其中：

（1）单价措施项目清单应结合施工方案列出项目编码、项目名称、项目特征、计量单位和工程量；

（2）总价措施项目清单应结合施工方案明确其包含的内容、要求及计算公式；

（3）绿色施工安全防护措施项目清单应根据省市行业主管部门的管理要求和拟建工程的实际情况单独列项，其组成的单价措施项目清单和总价措施项目清单按上述规定列项编制。

1. 措施项目列项

措施项目是指为完成工程项目施工，发生于该工程施工准备和施工过程中的技术、生活、安全、环境保护等方面的项目。

措施项目清单应根据相关专业现行工程量计算规范的规定编制，并应根据报建工程的实际情况列项。

2. 措施项目清单的类别

（1）单价措施项目费

1）大型机械设备进出场及安拆费：是指机械整体或分体自停放场地运至施工现场或由一个施工地点运至另一个施工地点，所发生的机械进出场运输及转移费用及机械在施工现场进行安装、拆卸所需的人工费、材料费、机械费、试运转费和安装所需的辅助设施的费用。

2）大型机械设备基础费：包括塔式起重机、施工电梯、龙门起重机、架桥机等大型机械设备基础的费用，如桩基础、固定式基础制安等费用。

3）脚手架工程费：是指施工需要的各种脚手架搭、拆、运输费用以及脚手架购置费的摊销（或租赁）费用，以及建筑物四周垂直、水平的安全防护费用。

4）二次搬运费：是指因施工场地条件限制而发生的材料、构配件、半成品运输不能到达堆放地点必须进行二次或多次搬运所发生的费用。

5）排水降水费：除冬雨期施工增加费以外的降水费用。

6）各专业工程措施项目及其包含的内容详见国家工程量计算规范。

（2）总价措施项目费

1）夜间施工增加费：是指因夜间施工所发生的夜班补助费、夜间施工降效、夜间施工照明设备摊销及照明用电等费用。

2）冬雨季施工增加费：是指在冬期或雨期施工需增加的临时设施、防滑、排除雨雪人工及施工机械效率降低等费用。

3）压缩工期措施增加费：是指在工程招投标时，压缩定额工期采取措施所增加的相关费用。

4）已完工程及设备保护费：是指竣工验收前，对已完工程及设备采取的必要保护措施所发生的费用。

5）工程定位复测费：是指工程施工过程中进行全部施工测量放线和复测工作的费用。

6）各专业工程中的有关措施项目费。

措施项目清单参见表 3-4 **总价措施项目清单计费表**。

**总价措施项目清单计费表**　　　　　　　　　　　　表 3-4

工程名称：×××办公楼建筑工程　　　　　标段：　　　　　第 1 页　共 1 页

| 序号 | 项目编号 | 项目名称 | 计算基础 | 费率（%） | 金额（元） | 备注 |
|---|---|---|---|---|---|---|
| 1 | 011707002001 | 夜间施工增加费 | 按招标文件规定或合同约定 | | | |
| 2 | 01B001 | 压缩工期措施增加费（招投标） | 附录 D 相关规定 | 0 | | |
| 3 | 011707005001 | 冬雨季施工增加费 | 附录 D 相关规定 | 0.16 | | |
| 4 | 011707007001 | 已完工程及设备保护费 | 按招标文件规定或合同约定 | | | |
| 5 | 01B002 | 工程定位复测费 | 按招标文件规定或合同约定 | | | |
| 6 | 01B003 | 专业工程中的有关措施项目费 | 按各专业工程中的相关规定及招标文件规定或合同约定 | | | |
| | | | | | | |
| 合　计 | | | | | | |

注：按施工方案计算的措施费，若无"计算基础"和"费率"的数值，也可只填"金额"数值，但应在备注栏说明施工方案出处或计算方法。

（3）绿色施工安全防护措施费

1）安全文明施工费

**安全生产费**：是指施工现场安全施工所需要的各项费用。

**文明施工费**：是指施工现场文明施工所需要的各项费用。

**环境保护费**：是指施工现场为达到环保部门要求所需要的，除绿色施工措施项目以外的各项费用。

**临时设施费**：是指施工企业为进行建设工程施工所应搭设的生活和生产用的临时建筑物、构筑物和其他临时设施费用，包括临时设施的搭设、维修、拆除、清理费或摊销费等。

2）绿色施工措施费

是指施工现场为达到环保部门绿色施工要求所需要的费用，包括扬尘控制措施（场地硬化、扬尘喷淋、雾炮机、扬尘监控和场地绿化）、施工人员实名制管理及施工场地视频监控系统、场内道路、排水沟及临时管网、施工围挡等费用。绿色施工安全防护措施项目费计价表见表 3-5。

E.21：绿色施工安全防护措施项目费计价表（招标投标）　　　　表 3-5

工程名称：×××办公楼建筑工程　　　　　标段：　　　　　第 1 页　共 1 页

| 序号 | 工程内容 | 计算基数 | 费率（%） | 金额（元） | 备注 |
|---|---|---|---|---|---|
| 一 | 绿色施工安全防护措施项目费 | 直接费 | 6.25 | | |
| | 安全生产费 | 直接费 | 3.29 | | |
| | | | | | |

注：安装工程取费基数按人工费，其他工程取费基数按直接费（不含其他管理费的计费基数，详附录 C 说明）计算。

### 3. 措施项目清单的编制依据

措施项目清单的编制须考虑多种因素，除工程本身的因素外，还涉及水文、气象、环境、安全等因素。措施项目清单应根据拟建工程的实际情况列项。若出现工程量计算规范中未列的项目，可根据工程实际情况补充。

措施项目清单的编制依据主要有：

（1）施工现场情况、地勘水文资料、工程特点；

（2）常规施工方案；

（3）与建设工程有关的标准、规范、技术资料；

（4）拟定的招标文件；

（5）建设工程设计文件及相关资料。

#### 3.1.4　其他项目清单的编制

其他项目清单是指分部分项工程项目清单、措施项目清单所包含的内容以外，因招标人的特殊要求而发生的与拟建工程有关的其他费用项目和相应数量的清单。工程建设标准的高低、工程的复杂程度、工程的工期长短、工程的组成内容、发包人对工程管理的要求等都直接影响其他项目清单的具体内容。其他项目清单包括暂列金额、材料暂估价、专业工程暂估价、分部分项工程暂估价、计日工、总承包服务费、优质工程增加费、安全责任险、环境保护税、提前竣工措施增加费、索赔签证等项目组成。其他项目清单与计价汇总表详见表3-6。

其他项目清单与计价汇总表　　　　　　　　　　　　　　　　　　表3-6

工程名称：×××办公楼建筑工程　　　　　　标段：　　　　　　　第1页　共1页

| 序号 | 项目名称 | 计费基础/单价 | 费率/数量 | 合计金额（元） | 备注 |
|---|---|---|---|---|---|
| 1 | 暂列金额 | | | 55000 | 明细详见 E.24 表 |
| 2 | 暂估价 | | | | |
| 2.1 | 材料暂估价 | | | | |
| 2.2 | 专业工程暂估价 | | | 10000 | 明细详见 E.26 表 |
| 2.3 | 分部分项工程暂估价 | | | | 按招标文件规定或合同约定明细详见 E.26 表 |
| 3 | 计日工 | | | | 明细详见 E.27 表 |
| 4 | 总承包服务费 | | | | 明细详见 E.28 表 |
| 5 | 优质工程增加费 | | | | 明细详见 E.29 表 |
| 6 | 安全责任险、环境保护税 | | 1% | | 明细详见 E.29 表 |
| 7 | 提前竣工措施增加费 | | | | 明细详见 E.29 表 |
| 8 | 索赔签证 | | | | |
| 9 | 其他项目费合计 | | | | |

注：材料暂估单价进入清单项目综合单价，此处不汇总。

#### 3.1.5　建筑工程工程量清单编制实例

1. 招标工程量清单实例编制的有关说明

（1）本实例工程概况

本实例工程为长沙某公司办公楼。项目位于长沙市天心区，本工程结构形式为钢筋混凝土框架结构，檐口距室外地面 6.7m，建筑面积为 494.19m²，占地面积 283.88m²。

（2）本实例的工程量计算过程中，由于篇幅的原因，未将全部计算式列出。

2. 招标工程量清单编制实例

招标工程量清单节选见表 3-7、表 3-8。

E.18：分部分项工程项目清单与措施项目清单计价表（节选）　　　　　　表 3-7

工程名称：××公司办公大楼　　　　　　　标段：　　　　　　　　第 1 页　共 13 页

| 序号 | 项目编码 | 项目名称 | 项目特征描述 | 计量单位 | 工程量 | 金额（元） | | |
| --- | --- | --- | --- | --- | --- | --- | --- | --- |
| | | | | | | 综合单价 | 合价 | 其中：暂估价 |
| | A.1 | 土石方工程 | | | | | | |
| 1 | 010101001001 | 平整场地 | 1. 土壤类别：普通土<br>2. 弃土运距：500m | m² | 285.22 | | | |
| 2 | 010101003001 | 挖沟槽土方 | 1. 土壤类别：普通土<br>2. 挖土深度：0.4m<br>3. 弃土运距：500m | m³ | 27.32 | | | |
| 3 | 010101004001 | 挖基坑土方 | 1. 土壤类别：普通土<br>2. 挖土深度：1.3m<br>3. 弃土运距：500m | m³ | 204.82 | | | |
| | | 本 页 小 计 | | | | | | |

注：1. 本表工程量清单项目综合的消耗量标准与 E.19 综合单价分析表综合的内容应相同；

　　2. 此表用于竣工结算时无暂估价栏。

E.20：总价措施项目清单计费表　　　　　　　　　　表 3-8

工程名称：××公司办公大楼　　　　　　　标段：　　　　　　　　第 1 页　共 1 页

| 序号 | 项目编号 | 项目名称 | 计算基础 | 费率（%） | 金额（元） | 备注 |
| --- | --- | --- | --- | --- | --- | --- |
| 1 | 011707002001 | 夜间施工增加费 | 按招标文件规定或合同约定 | | | |
| 2 | 01B001 | 压缩工期措施增加费（招投标） | 附录 D 相关规定 | 0 | | |
| 3 | 011707005001 | 冬雨季施工增加费 | 附录 D 相关规定 | 0.16 | | |
| 4 | 011707007001 | 已完工程及设备保护费 | 按招标文件规定或合同约定 | | | |
| 5 | 01B002 | 工程定位复测费 | 按招标文件规定或合同约定 | | | |
| 6 | 01B003 | 专业工程中的有关措施项目费 | 按各专业工程中的相关规定及招标文件规定或合同约定 | | | |
| | | | | | | |
| | | | | | | |
| | | | | | | |
| | | | | | | |
| | | | | | | |

续表

| 序号 | 项目编号 | 项目名称 | 计算基础 | 费率<br>(%) | 金额<br>(元) | 备注 |
|------|----------|----------|----------|------------|------------|------|
|      |          |          |          |            |            |      |
|      |          |          |          |            |            |      |
|      |          |          |          |            |            |      |
| 合　　计 ||||          |            |      |

注：按施工方案计算的措施费，若无"计算基础"和"费率"的数值，也可只填"金额"数值，但应在备注栏说明施工方案出处或计算方法。

## 任务 3.2　最高投标限价的编制

### 3.2.1　最高投标限价的概念

最高投标限价是指招标投标中招标人在招标文件中明确的投标人的最高报价，也就是招标人组织编制的招标控制价，投标价高于该价格的投标文件将被否决。

《建筑工程施工发包与承包计价管理办法》（住房和城乡建设部令第 16 号）中规定：国有资金投资的建设工程招标的，应当设有最高投标限价；非国有资金投资的建设工程招标的，可以设有最高投标限价或者招标标底。

### 3.2.2　最高投标限价的编制

**1. 编制依据**

（1）国家或省级、行业建设主管部门及建设行政主管部门颁发的消耗量标准和计价办法；

（2）建设行政主管部门发布的工程造价信息，当工程造价信息没有发布时，参照市场价；

（3）合理可行的初步施工方案，对危险性较大的分部分项工程应依据专家论证的施工方案进行编制；

（4）拟定的招标文件及补充通知、招标工程量清单；

（5）建设工程设计文件及相关资料；

（6）与建设工程有关的标准、规范、技术资料；

（7）其他相关资料。

**2. 编制一般规定**

（1）最高投标限价的综合单价应包括一定范围和幅度内的风险费用，并说明其包括的人工费、材料费、施工机具使用费、企业管理费、利润。

（2）分部分项工程应根据拟定的招标文件和招标工程量清单中的特征描述及有关要求，按照国家、省级、行业建设主管部门颁发的计价文件及其计价办法，缺项按照市场定价方法或类似工程的计价方法确定综合单价计算。

（3）甲供材料应按招标文件载明的单价计入综合单价。

（4）材料暂估价应按招标文件载明的单价计入综合单价，并单独列出暂估价材料明细表和暂估单价。

（5）措施项目费应根据拟定的招标文件、工程特点及常规施工方案，按照国家、省级、行业建设主部门颁发的计价文件及其计价办法或市场定价方法、类似工程计价方法确定，其中，总价措施项目金额应根据招标文件和工程量清单结合工程实际编制；绿色施工安全防护措施项目费应按照《湖南省建设工程计价办法》（湘建价〔2020〕56 号）第 3.2.7 条及附录 C 相关的规定计算。

（6）其他项目清单应按照下列内容列项：

1）暂列金额应按招标工程量清单中列出的金额填写；

2）暂估价项目应按招标工程量清单中列出的金额填写；

3）计日工应按招标工程量清单中列出的项目，参考国家、省级、行业建设主管部门颁发的计价文件及其计价办法或市场定价方法或类似工程计价方法确定综合单价计算；

4）总承包服务费、优质工程增加费应按招标工程量清单中列出的项目，按照国家、省级、行业建设主管部门颁发的计价文件及其计价办法或市场定价方法或类似工程计价方法计算；

5）安全责任险、环境保护税应按招标工程量清单中列出的项目，应按国家或省级、行业建设主部门的规定计算。

（7）应按政府有关主管部门的规定计算费用。

3. 综合单价分析实例

【例 3-1】以多孔砖墙为例，某行政办公楼建筑工程分部分项工程量清单招标控制价综合单价编制过程：

招标工程量为 125.31m³，招标文件对各项费率没有特别的规定，按照《湖南省现行计价办法》（湘建价〔2020〕56 号）和湘建价市〔2020〕46 号文，建筑工程管理费率为 9.65%，利润率为 6%，机械费调整系数取 0.92（图 3-2），材料价格按长沙市 2021 年 6 月信息价（图 3-3）。

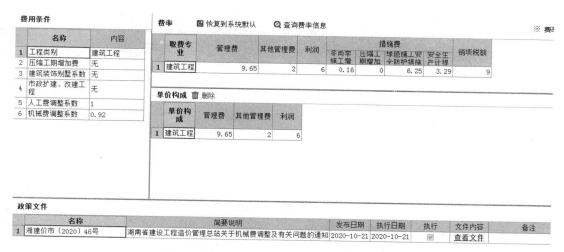

图 3-2　管理费率、利润率及机械费调整系数

湖南省 2020 消耗量标准 A4-25 见图 3-4。

材料市场价为：页岩烧结多孔砖 240×115×90，342.19 元/m³，水 4.4 元/t，预拌

| 编码 | 类别 | 名称 | 项目特征 | 单位 | 工程量表达式 |
|---|---|---|---|---|---|
| ⊟ 010401004001 | 项 | 多孔砖墙 | 1. 砖品种、规格、强度等级：多孔砖<br>2. 砂浆强度等级、配合比：干混砌筑砂浆DMM5 | m³ | 125.31 |
| └ A4-25 | 定 | 页岩多孔砖　厚240mm | | 10m³ | QDL |

图 3-3　清单组价

工作内容：1. 砖墙：调、运、铺砂浆、运砖。
　　　　　2. 砖砌：窗台虎头砖、腰线、门窗套，安放木砖、铁件等。

计量单位：10m³

| 编　号 | | | A4-22 | A4-23 | A4-24 | A4-25 | A4-26 |
|---|---|---|---|---|---|---|---|
| 项　目 | | | 页岩多孔砖 | | | | |
| | | | 厚90mm | 厚115mm | 厚190mm | 厚240mm | 零星砌体 |
| 基　价（元） | | | **6726.45** | **6858.90** | **6759.58** | **6763.16** | **7885.49** |
| 其中 | 人　工　费 | | 2680.12 | 2672.92 | 2536.00 | 2465.00 | 3489.88 |
| | 材　料　费 | | 4015.85 | 4150.54 | 4178.92 | 4253.50 | 4351.90 |
| | 机　械　费 | | 30.48 | 35.44 | 44.66 | 44.66 | 43.71 |
| 名　称 | 单位 | 单价 | 数　　　量 | | | | |
| 材料 | 页岩烧结多孔砖240×115×90 | m³ | 356.42 | — | 8.813 | — | 8.438 | 8.776 |
| | 页岩烧结多孔砖240×190×90 | m³ | 347.65 | 9.009 | — | 8.446 | — | — |
| | 预拌干混砌筑砂浆DM M10.0 | m³ | 590.38 | 1.290 | 1.496 | 1.890 | 1.892 | 1.850 |
| | 水 | t | 4.39 | 1.210 | 1.210 | 1.170 | 1.170 | 1.140 |
| | 其他材料费 | 元 | 1.00 | 116.966 | 120.890 | 121.716 | 123.888 | 126.755 |
| 机械 | 干混砂浆罐式搅拌机200L | 台班 | 236.27 | 0.129 | 0.150 | 0.189 | 0.189 | 0.185 |

图 3-4　湖南省 2020 消耗量标准 A4-25

干混砌筑砂浆 DM M10.0，590.38 元/m³。

综合单价分析表外计算过程：

1）计算人、材、机单价，及直接费单价合计

人工费：由图 3-4 可知，2465 元

材料费：8.438×342.19＋1.892×590.38＋1.17×4.4＋123.888＝4133.43 元

机械费：44.66×0.92＝41.09 元

直接费单价合计：2465＋4133.43＋41.09＝6639.52 元

2）计算人、材、机及直接费累计值

人工费：2465×125.31/10＝30888.92 元

材料费：4133.43×125.31/10＝51796.01 元

机械费：41.09×125.31/10＝514.90 元

直接费累计：30888.92＋51796.01＋514.90＝83199.83 元

　　3）计算管理费和利润

　　管理费＝83199.83×9.65/100＝8028.78 元

　　利润＝83199.83×6/100＝4991.99 元

　　4）计算合价

　　83199.83＋8028.78＋4991.99＝96220.60 元

　　5）计算综合单价

　　96220.60/125.31＝767.86 元/m³

　　综合单价分析表填写见表 3-9。需要说明的是：手工计算与软件计算有微小误差。材料明细表部分的数量是工程量与消耗量标准中的用量之积。

E.19：综合单价分析表　　　　　　　　　　　表 3-9

工程名称：建筑工程　　　　　　　　　　标段：　　　　　　　第 16 页　共 60 页

| 清单编码 | 010401004001 | 项目名称 | 多孔砖墙 | 计量单位 | m³ | 数量 | 125.31 | 综合单价 | 767.86 |
|---|---|---|---|---|---|---|---|---|---|

| 消耗量标准编号 | 项目名称 | 单位 | 数量 | 单价（元） | | | | 管理费 9.65% | 其他管理费 2% | 利润 6% | 合价（元） |
|---|---|---|---|---|---|---|---|---|---|---|---|
| | | | | 合计（直接费） | 人工费 | 材料费 | 机械费 | | | | |
| A4-25 | 页岩多孔砖厚 240mm | 10m³ | 12.531 | 6639.51 | 2465.00 | 4133.43 | 41.08 | 8028.74 | | 4991.97 | 96220.41 |
| 累计（元） | | | | 83199.70 | 30888.92 | 51796.01 | 514.77 | 8028.74 | | 4991.97 | 96220.41 |
| 材料费明细表 | 材料、名称、规格、型号 | | 单位 | 数量 | 单价 | 合价 | | 暂估单价 | | 暂估合价 | |
| | 水 | | t | 14.661 | 4.40 | 64.51 | | | | | |
| | 其他材料费 | | 元 | 1552.441 | 1.00 | 1552.44 | | | | | |
| | 预拌干混砌筑砂浆 DM M10.0 | | m³ | 23.709 | 590.38 | 13997.32 | | | | | |
| | 页岩烧结多孔砖 240×115×90 | | m³ | 105.737 | 342.19 | 36182.14 | | | | | |
| | 材料费合计 | | 元 | | — | 51796.01 | | | | | |

　　注：表中的其他管理费 2% 与建筑工程无关，所以在这里不需要填入数据。

### 3.2.3　最高投标限价（招标控制价）编制实例

　　读者可扫描二维码查看最高投标限价（招标控制价）编制实例。

# 任务 3.3　投标报价的编制

### 3.3.1　投标报价的概述

　　根据《建筑工程施工发包与承包计价管理办法》（住房和城乡建设部第 16 号令）第三条规定，建筑工程施工发包与承包价在政府宏观调控下，由市场竞争形成。工程发承包计价应当遵循公平、合法和诚实信用的原则。

投标价是指在工程招标发包过程中，由投标人按照招标文件的要求，根据工程特点，并结合自身的施工技术、装备和管理水平，依据有关计价规定自主确定的工程造价，即投标人投标时响应招标文件要求所报出的，在已标价工程量清单中标明的总价。它是投标人希望达成工程承包交易的期望价格，不能高于招标人设定的招标控制价。为使得投标报价更加合理并具有竞争性，通常投标报价的编制遵循一定的流程。

### 3.3.2　投标报价的流程

任何一个施工项目的投标报价都是一项复杂的系统工程，需要周密思考，统筹安排。在取得招标信息后，投标人首先要决定是否参加投标，如果参加投标，即进行一系列前期工作，然后进入询价与编制阶段。整个投标过程需遵循一定的程序，如图3-5所示。

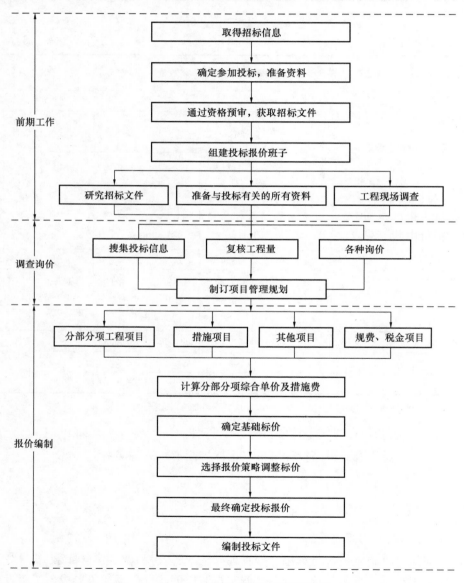

图3-5　投标报价编制流程图

### 3.3.3　投标报价的编制

1. 编制依据

（1）企业消耗量指标和企业数据；

（2）招标文件及招标工程量清单，以及发布的最高投标限价；

（3）招标人提供的建设工程设计文件及相关资料；

（4）招标过程中的答疑纪要；

（5）现行国家标准《建设工程工程量清单计价规范》GB 50500—2013 与专业工程量计算规范；

（6）现行《××省建设工程计价办法》和相关文件；

（7）国家或省级、行业建设主管部门及建设行政主管部门颁发的现行消耗量标准；

（8）施工现场情况、地勘水文资料及工程特点；

（9）与建设工程有关的标准、规范、技术资料；

（10）参考建设行政主管部门发布的工程造价信息，市场询价、企业自主定价；

（11）合理、可行的初步施工方案以及企业优选施工方案，对危险性较大的分部分项工程施工方案应依据专家论证的施工方案进行编制；

（12）其他相关资料。

2. 投标报价的编制原则

报价是投标的关键性工作，报价是否合理不仅直接关系到投标的成败，还关系到中标后企业的盈亏。投标报价的编制原则如下：

（1）自主报价原则

投标报价由投标人自主确定，但必须执行《建设工程工程量清单计价规范》GB 50500—2013 的强制性规定。投标报价应由投标人或受其委托具有相应资质的工程造价咨询人员编制，如要委托工程造价咨询人员编制，其责任仍由投标人承担。

（2）不低于成本原则

《中华人民共和国招标投标法》第四十一条规定："中标人的投标应当符合下列条件……（二）能够满足招标文件的实质性要求，并且经评审的投标价格最低；但是投标价格低于成本的除外。"有下列情形之一的，应当判定为以低于成本报价竞争。（一）经评审论证，认定该投标人的报价低于企业成本的；（二）投标报价明显低于其他投标报价，有可能低于企业成本的，应当要求投标人做出书面说明并提供相关材料。（三）投标人不能合理说明或者不能提供相关证明材料的，评标委员会应将成本评审过程中，认定投标人以低于成本报价竞争等情况做出详细说明并记录在案。以低于成本报价竞争的，其报价为无效报价，应当否决其投标。2020 年《湖南省建设工程计价办法》中也规定：投标人应当自主确定投标报价，但投标报价不得低于工程成本。

（3）风险分担原则

投标报价要以招标文件中设定的承发包双方责任划分，作为设定投标报价费用项目和费用计算的基础。承发包双方的责任划分不同，会导致合同风险分摊不同，从而导致投标人报价不同；不同的工程承发包模式会直接影响工程项目投标报价的费用内容和计算深度。

（4）发挥自身优势原则

应该以施工方案、技术措施等作为投标报价计算的基本条件。企业定额反映企业技术和管理水平，是计算人工、材料和机械台班消耗量的基本依据；更要充分利用现场考察、调研成果、市场价格信息和行情资料等编制基础标价。

（5）报价方法科学原则

报价计算方法要科学严谨，简明适用，符合招标文件要求和现行计价规范。

3．投标报价编制注意事项

（1）综合单价中应包括招标文件中划分的应由投标人承担的风险范围及其费用，招标文件中没有明确的，应提请招标人明确。

（2）分部分项工程和施工技术措施项目应根据招标文件和招标工程量清单项目中的特征描述计算综合单价。对危险性较大的分部分项工程，投标报价应体现投标人提供的安全专项施工方案费用。

（3）施工组织措施项目金额（除安全文明施工费外）应按招标文件及投标时拟定的施工组织设计或施工方案自主确定。

（4）其他项目应按下列规定计价：

1）暂列金额应按招标工程量清单中列出的金额填写；

2）材料、工程设备暂估价应按招标工程量清单中列出的单价计入综合单价；

3）专业工程暂估价应按招标工程量清单中列出的金额填写；

4）计日工应按招标工程量清单中列出的项目和数量，自主确定综合单价并计算计日工金额；

5）施工总承包服务费应根据招标工程量清单中列出的内容和提出的要求自主确定。

（5）规费和税金应按相关计价规范及省、市有关规定确定。

（6）招标工程量清单与计价表中列明的所有需要填写单价和合价的项目，投标人均应填写且只允许填写一个报价。未填写单价和合价的项目，可视为此项费用已包含在已标价工程量清单中其他项目的单价和合价之中。

（7）投标总价应当与分部分项工程费、措施项目费、其他项目费和规费、税金的合计金额一致。

4．分部分项工程量清单与措施项目清单报价表的编制要点

投标报价中的分部分项工程费和以单价计算的措施项目费应按招标文件中分部分项工程量清单与措施项目清单计价表的特征描述确定综合单价。因此，确定投标综合单价是分部分项工程量清单与措施项目清单报价表编制过程中最主要的内容。

投标综合单价包括完成一个规定工程量清单项目的全部工作任务所需的人工费、材料费、施工机具使用费和企业管理费、利润，并考虑风险费用的分摊。考虑一定风险因素的投标综合单价＝企业人工费＋材料费和工程设备费＋施工机具使用费＋企业管理费＋合理利润。

确定综合单价时的注意事项如下：

（1）以项目特征描述为依据。分部分项工程应根据招标文件和招标工程量清单中的特征描述及有关要求，按照国家、省级、行业建设主管部门颁发的计价文件及其计价办法确定综合单价，缺项按照市场定价方法或类似工程的计价方法确定综合单价。

在招标投标过程中，当出现招标工程量清单项目特征描述与设计图纸不符时，投标人应以招标工程量清单的项目特征描述为准，确定投标报价的综合单价。在施工过程中，当施工图纸或设计变更与招标工程量清单的项目特征描述不一致时，发承包双方应按实际施

工的项目特征，依据合同约定重新确定综合单价并及时签证。

（2）材料暂估价应按招标文件载明的单价计入综合单价，并单独列出暂估价材料明细表和暂估单价，不要进行改动。

**【例 3-2】** 以多孔砖墙为例，××公司办公楼建筑工程分部分项工程量清单投标报价过程：

××建筑公司投标小组仔细研究招标文件后，采用公司相似工程消耗量指标，以及公司在当地对劳务、材料单价的竞价结果，报价小组决定考虑合理的风险，管理费率（9.65%）和利润率（6%）采用下浮 20%进行投标定价（图 3-6、图 3-7），分别是：管理费率取 7.72%，利润率取 4.8%。

招标工程量和复核工程量均为 216.12m³。

费用条件

| | 名称 | 内容 |
|---|---|---|
| 1 | 工程类别 | 建筑工程 |
| 2 | 压缩工期增加费 | 无 |
| 3 | 建筑装饰别墅系数 | 无 |
| 4 | 市政扩建、改建工程 | 无 |
| 5 | 人工费调整系数 | 1 |
| 6 | 机械费调整系数 | 0.92 |

费率　恢复到系统默认　查询费率信息　※ 费

| | 取费专业 | 管理费 | 其他管理费 | 利润 | 措施费 | | | | 销项税额 |
|---|---|---|---|---|---|---|---|---|---|
| | | | | | 冬雨季施工增 | 压缩工期增加 | 绿色施工安全防护措施 | 安全生产计提 | |
| 1 | 建筑工程 | 9.65 | 2 | 6 | 0.16 | 0 | 6.25 | 3.29 | 9 |

单价构成　删除

| | 单价构成 | 管理费 | 其他管理费 | 利润 |
|---|---|---|---|---|
| 1 | 建筑工程 | 9.65 | 2 | 6 |

政策文件

| | 名称 | 简要说明 | 发布日期 | 执行日期 | 执行 | 文件内容 | 备注 |
|---|---|---|---|---|---|---|---|
| 1 | 湘建价市〔2020〕46号 | 湖南省建设工程造价管理总站关于机械费调整及有关问题的通知 | 2020-10-21 | 2020-10-21 | ☑ | 查看文件 | |

图 3-6　调整前管理费率（9.65%）和利润率（6%）

| | 名称 | 内容 |
|---|---|---|
| 1 | 工程类别 | 建筑工程 |
| 2 | 压缩工期增加费 | 无 |
| 3 | 建筑装饰别墅系数 | 无 |
| 4 | 市政扩建、改建工程 | 无 |
| 5 | 人工费调整系数 | 1 |
| 6 | 机械费调整系数 | 0.92 |

| | 取费专业 | 管理费 | 其他管理费 | 利润 | 措施费 | | | | 销项税额 |
|---|---|---|---|---|---|---|---|---|---|
| | | | | | 冬雨季施工增 | 压缩工期增加 | 绿色施工安全防护措施 | 安全生产计提 | |
| 1 | 建筑工程 | 7.72 | 2 | 4.8 | 0.16 | 0 | 6.25 | 3.29 | 9 |

单价构成　删除

| | 单价构成 | 管理费 | 其他管理费 | 利润 |
|---|---|---|---|---|
| 1 | 建筑工程 | 7.72 | 2 | 4.8 |
| 2 | 建筑工程-单价措施 | 7.72 | | 4.8 |

图 3-7　调整后管理费率（7.72%）和利润率（4.8%）

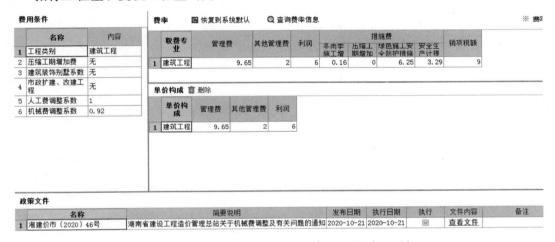

综合单价分析表见表 3-10。

E.19：综合单价分析表　　　　　　　　　　　　　　　表 3-10

工程名称：××公司办公楼建筑工程　　　　　　标段：　　　　　　　第 1 页　共 1 页

| 清单编码 | 010401004001 | | 项目名称 | 多孔砖墙 | 计量单位 | m³ | 数量 | 216.12 | 综合单价 | | 760.18 |
|---|---|---|---|---|---|---|---|---|---|---|---|
| 消耗量标准编号 | 项目名称 | 单位 | 数量 | 单价（元） | | | | 管理费 7.72% | 其他管理费 2% | 利润 4.8% | 合价（元） |
| | | | | 合计（直接费） | 人工费 | 材料费 | 机械费 | | | | |
| A4-24 | 页岩多孔砖厚190mm | 10m³ | 21.612 | 6756 | 2536 | 4178.92 | 41.08 | 11271.95 | | 7008.56 | 164291.18 |
| 累计（元） | | | | 146010.67 | 54808.03 | 90315.08 | 887.82 | 11271.95 | | 7008.56 | 164291.18 |
| 材料费明细表 | 材料、名称、规格、型号 | | 单位 | 数量 | 单价 | 合价 | 暂估单价 | | 暂估合价 | | |
| | 预拌干混砌筑砂浆 DM M10.0 | | m³ | 40.847 | 590.38 | 24115.25 | | | | | |
| | 水 | | t | 25.286 | 4.39 | 111.01 | | | | | |
| | 其他材料费 | | 元 | 2630.526 | 1 | 2630.53 | | | | | |
| | 页岩烧结多孔砖 240×190×90 | | m³ | 182.535 | 347.65 | 63458.29 | | | | | |
| | 材料费合计 | | 元 | | — | 90315.08 | | — | | | |

注：1. 本表用于编制招投标综合单价时，招标文件提供了暂估单价的材料，应按暂估的单价填入表内"暂估单价"栏及"暂估合价"栏。

　　2. 本表用于编制工程竣工结算时，其材料单价应按双方约定的（结算单价）填写。

　　3. 其他管理费的计算按附录 C 建筑安装工程费用标准说明第 2 条规定计取。

### 3.3.4　投标报价的编制策略

投标报价的编制策略，即考虑如何编制投标报价文件，按照怎样的思路确定投标报价。下面就从工程项目属性、评标办法、工程量清单项目、报价思路、编制报价过程和定价策略等方面进行简单分析。

1. 工程项目属性

进行投标报价，必须首先确定工程项目的属性。通过认真阅读招标文件、设计图纸，并对现场进行充分的调查，认真考虑施工方案的合理性、施工周期的长短等会直接影响报价的因素。

2. 评标办法

（1）经评审的最低投标价法。指在评标委员会对所有投标人的质量和进度目标、技术标以及资信情况等进行评审以后，然后对其中评审合格者的投标报价进行比较，将报价最低者确定为中标者的评标办法。通过大量实践，人们发现报价过低往往会导致中标人忽视质量和进度，因此，招标人开始更加认同合理低价中标的做法。这种评标办法也就被修正为"经评审的合理低价法"。

（2）综合评估法。综合评分法，也称打分法，是指评标委员会按招标文件中规定的评分标准，对各个评审要素进行量化、评审计分，以标书综合分的高低确定中标单位的方法。

3. 工程量清单项目

首先要核对清单工程量，如发现建设单位提供的工程量清单中项目和数量存在错误或漏项，投标单位不得自己更改或补充项目，以防止招标单位在评标时不便统一掌握而失去可比性。工程量清单上的错误或漏项问题，应留待中标后签订施工承包合同时提出来加以纠正，或留待工程竣工结算时作为调整承包价格处理，但必须是非固定总价包干合同形式。

4. 报价思路

投标报价应当基于项目特性和企业的市场战略考虑，遵循一定的思路进行编制，故应抓住影响中标的决定性因素。对于不同的评标办法，影响中标的因素不同。经评审的最低价投标报价法评标的决定性因素就在于报价的竞争性，如企业投标的主要目标在于开拓市场而不是盈利的时候，可以考虑按成本来确定报价的思路；而综合评估法就在于最大限度地满足招标文件中规定的各项综合评价标准。

5. 编制报价过程

在招标人给定的工程量清单的基础上，应首先确定报价是按照企业定额还是以统一定额结合企业实际编制。考虑到对经评审的最低投标价法的适应性，可采用一种简单易行的报价方法，即先确定成本再加上利润和不可预见费的报价法。

运用这种方法，投标人在投标时，首先通过企业拟投入的劳动力、机械设备、材料进行分析，结合地方定额和企业定额，以及已完工类似工程的有关资料和投标工程的特点，预测投标工程成本，然后再选取适当的其他费用的水平以确定投标报价。此法中的核心内容是工程成本的编制和其他费用水平的确定。企业注重建立自己的工程资料库对于工程成本的预测是有利的，而其他费用的确定可采用决策模型进行分析确定，如基于概率统计的模型、基于决策分析技术的模型、基于知识专家系统的决策模型及模糊综合评价模型。

6. 定价策略

定价的策略在前面一节的内容进行了详细阐述，这里不再展开。只是在运用定价策略的时候一定要做好事前分析，防止招标文件中规定的废标情形出现，恰当地运用不同的策略，特别是不平衡报价的运用。工程结算时，一般调量不调价，即对综合单价不做调整，因此在评标时评标委员会会特别注意对结算调整数量大的子项进行综合单价审核。如某投标报价总价报价得分最高，最低报价和次低报价相差不多，但对结算可调整的项目，如商品混凝土、钢筋混凝土等报价都比较高，其他不调整或调较小项目报价都普遍较低，出现主要工程项目单价和招标控制价单价相差太大，则易导致低分。因此要善于合理运用不平衡报价。

7. 投标报价策略——不平衡报价法

所谓不平衡报价，就是在不影响投标总报价的前提下，将某些分部分项工程的单价定得比正常水平高一些，某些分部分项工程的单价定得比正常水平低一些。这种报价方法的意义在于，既不提高总价影响中标，又能在结算时得到更理想的经济效益。巧妙地使用不平衡报价有利于提前资金回笼时间和转移风险。一般可以考虑在以下几方面采用不平衡报价：

（1）在总报价不变的前提下，对能早期得到结算付款的分部分项工程（如土方工程、基础工程等）提高单价，对后期的施工分项（如粉刷、油漆、电气设备安装等）适当降低单价。该报价策略有利于资金周转。

（2）估计施工中可能变更或增加工程量的项目，可适当提高单价；对可能减少工程数量的项目，则相应降低其单价。

（3）设计图不明确或有误的项目，应估计其完善后该项工程的增减，决定单价的提高或降低。

（4）清单中合价包干的措施项目，要对照施工方案，有目的地提高或降低其单价。

（5）零星的用工和机械台班一般不计入总报价，可相对提高单价。

（6）对于暂定数额（或工程），分析今后实施可能性大的，价格可定高些；估计不一定实施的，价格可定低些。

【例 3-3】某工程中 A、B 两分项工程，清单工程量及初始估算单价见表 3-11。报价时经过分析得知，分项工程 A 在施工中可能会增加，而分项工程 B 在施工中可能会减少。分析后决定进行不平衡报价，后经施工验收实际工程量的确发生了变化，实际工程量见表 3-11。试分析用不平衡报价与常规平衡报价所增加的收益额。

常规平衡报价单 表 3-11

| 工程项目名称 | 清单工程量（m³） | 实际工程量（m³） | 单价（元/m³） |
|---|---|---|---|
| A | 5000 | 7000 | 100 |
| B | 4000 | 2500 | 90 |

**解：**

（1）常规平衡报价

常规平衡报价两分项工程的总报价为＝5000×100＋4000×90＝860000 元

（2）不平衡报价

若 A、B 两个分项工程的单价分别增减 20%，则 A 项工程的单价增至 120 元；B 项工程的单价减至 72 元。

调整后 A、B 两分项工程的总报价为＝5000×120＋4000×72＝888000 元

即比用常规平衡报价时增加了 28000 元。但是，为了保持合同总价不变，这种形式上的增加应予以消除，即将增值调回到零。

调零的方法是将上面调整的单价之一固定，在总价不变的条件下，再对另一个单价进行修正。

若 A 项工程的单价维持不变，设调整后 B 项工程的单价为 $x$。

则：$5000×120＋4000x＝860000$，$x＝65$ 元/m³

即 B 项工程的单价调整为 65 元/m³。

此时，A、B 两个分项工程的总报价为＝5000×120＋4000×65＝860000 元，即调整后仍维持总报价不变。同理，若将 B 分项工程的单价维持在 72 元/m³ 不变，也可求出调零后 A 分项工程的单价。

承包商在综合比较后，通常提高预计实际工程数量发生概率较高的那些分项工程的单价，并对其他分项工程进行调零修正。表 3-12 就是 A、B 两个分项工程在不平衡报价时填报的报价单。

不平衡报价单　　　　　　　　　　　　　　　　　表 3-12

| 分项工程名称 | 清单工程量（m³） | 实际工程量（m³） | 单价（元/m³） |
|---|---|---|---|
| A | 5000 | 7000 | 120 |
| B | 4000 | 2500 | 65 |

这样，投标在递交标书时，纸面填报的单中，保持了不平衡报价的总报价与常规平衡报价的总报价完全相等。但是，承包商在执行合同的过程中，A、B 两个分项工程验工计价的实际结果却不同：

当使用常规平衡报价时，总收入为：$7000 \times 100 + 2500 \times 90 = 925000$ 元；

改用不平衡报价后，总收入为：$7000 \times 120 + 2500 \times 65 = 1002500$ 元；

不平衡报价比原常规平衡报价实际上多收入：$1002500 - 925000 = 77500$ 元。

如果 A 分项工程再涉及早期完工，工程款早回收，则不平衡报价与常规平衡报价还可形成相应的利息差。

总之，承包商应该认真对待不平衡报价的分析和复核工作，绝不能冒险"乱下赌注"，而必须切实把握工程数量的实际变化趋势，测准效益。否则由于某些原因，实际情况没能像投标时预测的那样发生变化，则承包商就达不到原预期的收益，甚至可能造成亏损。另外不平衡报价过多和过于明显，也会引起业主反对，甚至导致废标。

### 3.3.5　投标报价工程实例

××建筑有限公司编制《××公司办公楼工程投标价》文件。

响应招标文件有关约定而编制的投标报价装订必须符合 2020 年《湖南省建设工程计价办法》要求的标准格式。

**一、投标概况**

1. 工程名称：湖南××公司办公楼工程。

2. 建设单位：湖南××公司。

3. 建设地点：××市××区书院路 8 号。

4. 工程概况：框架结构，独立基础，层高 3.9m，建筑高度 6.7m，总建筑面积 494.19m² 等。

5. 工期要求：240d（日历天）。

6. 质量要求：招标文件中约定工程达到优质工程奖或年度项目考评优良工地。

**二、投标范围**

湖南××公司办公楼工程为工程总承包，包括但不限于基础工程、主体建筑工程、室内外装饰工程、安装工程。具体以施工图纸和工程量清单（含编制说明）为准。

**三、编制依据**

1. 企业消耗量指标和企业数据；

2. 招标文件及招标工程量清单，以及发布的最高投标限价；

3. 招标人提供的建设工程设计文件及相关资料；

4. ××年××月××日招标答疑纪要；

5. 《建设工程工程量清单计价规范》GB 50500—2013 与专业工程工程量计算规范；

6. 2020 年《湖南省建设工程计价办法》和相关文件；

7. 2020 年《湖南省建设工程消耗量标准》；

8. 施工现场情况、地勘水文资料、工程特点；

9. 与建设工程有关的标准、规范、技术资料；

10. 参考建设行政主管部门发布的工程造价信息，市场询价、企业定价；

11. 企业优选施工方案，危险性较大的分部分项工程施工方案已依据专家论证的施工方案进行编制；

12. 其他相关资料。

**四、其他说明：（若无可以不写）**

**五、投标报价：**

小写：×××××元

大写：××××元

投标人：××建筑有限公司（单位盖章）

法定代表人：（签章或盖章）

编制人：（造价工程师签字并盖专用章）

编制日期：2021 年 7 月 12 日

投标报价节选见表 3-13。

E.14：单位工程投标报价汇总表                    表 3-13

工程名称：××公司办公楼工程　　　　　　标段：　　　　　　第 1 页　共 1 页

| 序号 | 工程内容 | 计费基础说明 | 费率（%） | 金额 | 其中：暂估价（元） |
|---|---|---|---|---|---|
| 一 | 分部分项工程费 | 分部分项费用合计 | | 751827.81 | |
| 1 | 直接费 | | | 655962.5 | |
| 1.1 | 人工费 | | | 248001.08 | |
| 1.2 | 材料费 | | | 397726.71 | |
| 1.2.1 | 其中：工程设备费/其他 | （详见附录 C 说明第 2 条规定计算） | | | |
| 1.3 | 机械费 | | | 10234.71 | |
| 2 | 管理费 | | | 56499.91 | |
| 3 | 其他管理费 | （详见附录 C 说明第 2 条规定计算） | | | |
| 4 | 利润 | | | 39357.89 | |
| 二 | 措施项目费 | 1+2+3 | | 180170.72 | |
| 1 | 单价措施项目费 | 单价措施项目费合计 | | 136710.29 | |
| 1.1 | 直接费 | | | 118212.65 | |
| 1.1.1 | 人工费 | | | 69782.78 | |
| 1.1.2 | 材料费 | | | 32269.97 | |
| 1.1.3 | 机械费 | | | 16159.9 | |
| 1.2 | 管理费 | | | 11407.59 | |
| 1.3 | 利润 | | | 7092.82 | |

续表

| 序号 | 工程内容 | 计费基础说明 | 费率（%） | 金额 | 其中：暂估价（元） |
|---|---|---|---|---|---|
| 2 | 总价措施项目费 | （按 E.20 总价措施项目计价表计算） | | 1421.66 | |
| 3 | 绿色施工安全防护措施项目费 | （按 E.21 绿色施工安全防护措施费计价表计算） | | 42038.77 | |
| 3.1 | 其中安全生产费 | （按 E.21 绿色施工安全防护措施费计价表计算） | | 25470.37 | |
| 三 | 其他项目费 | （按 E.23 其他项目计价汇总表计算） | | 9319.98 | |
| 四 | 税前造价 | 一+二+三 | | 941318.51 | |
| 五 | 销项税额 | 四 | | 84718.67 | |
| | 建设项目工程建安造价 | 四+五 | | 1026037.18 | |

思 政 案 例 一

遵纪守法、恪守职业道德：职业道德是工程造价从业人员安身立命的根本，而工程造价咨询公司造价工程师职业道德健康与否，直接关系到工程造价咨询公司生存发展和造价工程师信誉。如，某省一咨询公司造价工程师违法利用标底换取利益回报，后获刑 6 年。众所周知，在工程招标过程中，谁的报价更接近标底，谁中标的可能就更大，标底是作为判断中标结果的重要标准之一，必须严格保密。然而，有些从业人员却丧失职业道德利用职务之便将标底泄露给投标单位，从中谋取不当利益，上述事例是一起明显的违反职业道德违法事件，广大工程造价从业人员应引以为戒，警钟长鸣。

思 政 案 例 二

诚信公平：《中华人民共和国民法典》第七条规定，民事主体从事民事活动，应当遵循诚信原则，秉持诚实，恪守承诺。如：在某项目中工程量清单漏项漏量占比达到56.55%，应如何处理？采用工程量清单计价作为招标方式属现行招标的主要形式，鉴于工程量清单确定的复杂性和专业性，招标人确定的工程量清单难免会出现漏项漏量的情形，招标人和投标人可以对这种漏项漏量的风险通过合同的方式进行分配。但这种漏项漏量应控制在合理范围之内，发包人和承包人在招投标过程中应本着诚信原则，尽量减少漏项漏量的发生，以维护建筑市场的正常交易秩序。发包人未履行其作为招标人编制工程量清单的审慎义务，将超过合理范围之外的漏项漏量责任全部归由承包人承担，不仅有违《建设工程工程量清单计价规范》的规定，也有违诚信原则。承包人作为专业的建筑公司，亦应审慎核实招标人编制的工程量清单，及时指出工程量清单中的漏项漏量情况，如果对于超过合理范围之外的漏项漏量未能发现和指出，不仅与其专业建筑公司的能力水平不符，也有违诚信原则。

案例项目中工程量清单漏项漏量达到56.55%，显然已超出了建设项目漏项漏量的合理范围，表明双方在涉案工程招标中不仅存在过错，也未遵循诚信原则参与招标投标。

# 第3篇　施工阶段工程造价管理

## 一、学习目标

1. 素质目标：培养学生良好的工作习惯，培养学生精益求精、精准完成造价管理的专业态度。能在社会发展的大背景下，认识到自主学习和终身学习的必要性。具有自主学习和终身学习的意识，有不断学习和适应行业与社会发展需求变化的能力。

2. 知识目标：了解合同价款的调整类型。熟悉法律法规变化类、工程变更类、物价变化类、工程索赔类合同价款调整方法。熟悉《湖南省建设工程计价办法》《建设工程施工合同示范文本》，熟悉工程计量与支付的程序、方法，熟悉进度款结算、竣工结算的程序、方法。掌握计量与支付相关软件的应用。

3. 能力目标：能够基于工程背景，综合运用《湖南省建设工程计价办法》《建设工程施工合同示范文本》等相关规范，具有计算调整合同价款的能力；能依据合同约定进行工程预付款、工程进度款、工程竣工价款结算的能力，能辅助运用计量与支付软件编制造价管理文件的能力。

## 二、思政目标

1. 理解诚实公正、诚信守则的工程职业道德和规范，并能在工程造价管理实践中自觉遵守。

2. 引导学生树立正确使用知识和技能为国家服务的观念。

3. 具有正确的人生观、价值观和世界观，理解个人与社会的关系，了解中国国情。

4. 能在团队中合作开展工作。

5. 能够就本专业问题，通过口头、文稿、图表等形式，准确表达自己的观点，回应质疑，并能理解和业界同行与社会公众交流的差异性。

6. 能够理解工程师对公众的安全、健康、福祉以及环境保护的社会责任，并在造价管理实践中自觉履行责任。

## 三、知识拓展

读者可扫描下方二维码阅读相关数字资源，配合篇知识学习及拓展学习。

# 模块 4　合同价款调整

发承包双方按照合同约定调整合同价款的若干事项可以分为五类：①法规变化类，主要包括法律法规变化事件；②工程变更类，主要包括工程变更、项目特征不符、工程量清单缺项、工程量偏差、计日工等事件；③物价变化类，主要包括物价波动，暂估价事件；④工程索赔类，主要包括不可抗力，提前竣工（赶工补偿）误期赔偿，索赔等事件；⑤其他类，主要包括现场签证以及发承包双方约定的其他调整事项，现场签证根据签证内容，有的纳入工程变更类，有的纳入索赔类，有的可能不涉及合同价款调整。

经发承包双方确认调整的合同价款作为追加（减）合同价款，应与工程进度款或结算款同期支付。

## 任务 4.1　法律法规变化

基准日期后，法律变化导致承包人在合同履行过程中所需要的费用发生除"市场价格波动引起的调整"约定以外的增加时，由发包人承担由此增加的费用；减少时，应从合同价格中予以扣减。基准日期后，因法律变化造成工期延误时，工期应予以顺延。

因法律变化引起的合同价格和工期调整，合同当事人无法达成一致的，由总监理工程师按"商定或确定"的约定处理。

由承包人原因造成工期延误，在工期延误期间出现法律变化的，由此增加的费用和（或）延误的工期由承包人承担。

**【例 4-1】**"法律法规变化事件"——某水利工程汇率税率变化引起的合同价格调整

（1）案例背景

某中亚国家水利枢纽工程项目，是由我国某央企集团公司承建的工程，工程建设总工期 46 个月，主要建筑物包括大坝及水电站，工程用途是供水和发电，其中供水为主要用途合同总价约为 14900 万美元，其中包括约 2030 万美元的机电设备、金属结构、大坝观测仪器及实验设备供货。根据招标文件规定，在该国境内外的任何进出口环节的税费都将由承包商承担，业主协助承包商办理进出口有关手续。该工程于 2018 年 2 月 1 日颁发招标文件，2018 年 5 月 29 日为提交投标书的截止时间。由此可计算出基准日期为 2018 年 5 月 1 日。

（2）争议事件

2019 年 3 月 15 日，工程正式开工，此时承包商发现：根据该国海关总署最新下发的规定，从 2019 年 4 月 1 日起，以前各部委关于减免税的文件一律作废，所有进口物资全部按最新颁布的海关税表上分项设定的税率计征关税和商业利润税。对比招标文件中规定的税率，按此新规定征税的税率将从原来的 2% 上升到 20%，并且从 2019 年 4 月 1 日起计税的美元兑换该国货币的汇率也从 1∶1755 上升至 1∶4261。经计算，由于该国海关进出口法律以及汇率的改变，承包商将面临高达近 200 万美元的损失。对此承包商提出价款调整，要求业主补偿税率及汇率损失。

（3）争议焦点

本案例争议的焦点在于：由于工程所在国的税率和汇率发生了重大改变，税率和汇率导致的合同价格变化是否都予以调整。

（4）争议分析

根据背景介绍可知，基准日期为 2018 年 5 月 1 日，汇率变化日期与税率变化日期都在基准日期之后，税率变化属于法律法规变化，而汇率变化则不属于法律法规的范畴，属于商业风险，应由承包人承担。因此，承包商要求税率导致合同价格变化的调整应予以支持，而汇率变化则不应进行调整。

（5）解决方案

经过谈判，双方仔细研究了合同条款和承包商提供的各种书面证据，最后业主同意税率因法律改变应进行调整，并书面通知同意进行补偿，但汇率调整不予认可，初步估算，业主将补偿 150 万美元以上。

# 任务 4.2　工　程　变　更　类

### 4.2.1　工程变更

1. 工程变更的范围

以《建设工程施工合同示范文本》GF—2017—0201 为依据，除专用合同条款另有约定外，合同履行过程中发生以下情形的，应按照本条约定进行变更：

（1）增加或减少合同中任何工作，或追加额外的工作；

（2）取消合同中任何工作，但转由他人实施的工作除外；

（3）改变合同中任何工作的质量标准或其他特性；

（4）改变工程的基线、标高、位置和尺寸；

（5）改变工程的时间安排或实施顺序。

2. 变更估价原则

除专用合同条款另有约定外，变更估价按照以下约定处理：

（1）已标价工程量清单或预算书有相同项目的，按照相同项目单价认定；

（2）已标价工程量清单或预算书中无相同项目，但有类似项目的，参照类似项目的单价认定；

（3）变更导致实际完成的变更工程量与已标价工程量清单或预算书中列明的该项目工程量的变化幅度超过 15% 的，或已标价工程量清单或预算书中无相同项目及类似项目单价的，按照合理的成本与利润构成的原则，由合同当事人商定或确定变更工作的单价。

3. 变更估价程序

承包人应在收到变更指示后 14 天内，向监理人提交变更估价申请。监理人应在收到承包人提交的变更估价申请后 7 天内审查完毕并报送发包人，监理人对变更估价申请有异议，通知承包人修改后重新提交。发包人应在承包人提交变更估价申请后 14 天内审批完毕。发包人逾期未完成审批或未提出异议的，视为认可承包人提交的变更估价申请。因变更引起的价格调整应计入最近一期的进度款中支付。

**【例 4-2】** 某混凝土工程招标清单工程量为 200m³，综合单价为 300 元/m³。在施工过程中，由于工程变更导致实际完成工程量为 160m³。合同约定当实际工程量减少超过 15% 时可调整单价，调价系数为 1.1。试计算该混凝土工程的实际工程费用。

**解：** 本混凝土工程的工程量偏差减少超过 15%，其综合单价应予调高。

则该混凝土工程的实际工程费用 =160×300×1.1=52800 元

**【例 4-3】** 某工程项目招标工程量清单数量为 1520m³，施工中由于设计变更调增为 1824m³，该项目招标控制价综合单价为 350 元，投标报价为 406 元，应如何调整？

**解：**

1824/1520=120%，工程量增加超过 15%，需对单价做调整。

$$P_2(1+15\%)=350×(1+15\%)=402.50 \text{ 元} < 406 \text{ 元}$$

该项目变更后的综合单价应调整为 402.50 元。

$$S=1520(1+15\%)×406+(1824-1520×1.15)×402.50$$
$$=709688+76×402.50=740278 \text{ 元}$$

**【例 4-4】** "工程变更"——某教学楼项目因设计变更导致综合单价重新确定

（1）案例背景

某教学楼项目，2018 年 8 月开工，2020 年 9 月竣工验收交付使用。建筑面积 18356m²，地上 16 层，地下 2 层。钢筋混凝土灌注桩基础，框架-剪力墙结构，水暖电消防齐全，地砖地面，外墙聚苯乙烯泡沫塑料板保温，喷仿石涂料。采用单价合同，建设单位为某中学。

招标工程量清单描述的外墙保温隔热层做法为：①20mm 厚 1:3 水泥砂浆找平；②30mm 厚 1:1（重量比）水泥专用胶粘剂刮于板背面；③50mm 厚聚苯乙烯泡沫塑料板加压粘牢，板背面打磨成细麻面；④1.5mm 厚专用胶贴加强网布于需加强部位；⑤1.5mm 厚专用胶粘贴耐碱网格布于整个墙面并用抹刀将网压入胶泥中；⑥基层整修平整，不露网纹及麻面痕。

（2）争议事件

该项目中外墙保温隔热层子目的中标综合单价为 40.6 元/m²。在实际施工过程中由于地质环境等问题，发规原设计中的 50mm 厚聚苯乙烯泡沫塑料板不能够满足质量要求，为了更好地保证质量，建设单位按相应的工程建设管理程序向施工单位出具了设计变更，聚苯乙烯泡沫塑料板厚度由 50mm 变更为 70mm，其他做法不变。

施工单位接到设计变更后，在规定的时间内核算人员套用《湖南省房屋建筑与装饰装修工程消耗量标准》进行重新组价，提出了变更后的综合单价为 62.3 元/m²，要求追加工程造价 24.96 万元。

但评审单位认为保温板厚度变化，其他做法不变，应适用《建设工程工程量清单计价规范》GB 50500—2013 中规定的合同中有类似的综合单价，参照类似的综合单价确定，而不应重新组价。

（3）争议焦点

施工单位认为变更项目与工程量清单中的项目特征描述不符，应重新组价；而评审单位则认为此设计变更子目在原工程量清单中有类似的清单子目，可参考原综合单价。针对该争议事件，焦点问题可以归结为：

此设计变更是否属于变更估价三原则中的有类似综合单价的情形？如果不属于，是否重新组价？

（4）争议分析

此项设计变更属于非承包人原因，由建设单位承担变更的风险责任。

施工单位执行变更之前要对变更后的综合单价进行估价。根据《建设工程工程量清单计价规范》GB 50500—2013 的规定，本案例的矛盾焦点在于选择哪一种变更项目综合单价确定原则。从以下两方面分析：

首先，类似综合单价的确定原则是以已标价工程量清单为依据的情形的表现形式，适用的前提是其采用的材料、施工工艺和方法基本相似，不增加关键线路上工程的施工时间，可仅就其变更后的差异部分，参考类似的项目单价由发承包双方协商新的项目单价。本项目中，50mm 厚的聚苯乙烯泡沫塑料板保温隔热墙变更为 70mm 厚，应是其采用的材料、施工工艺和方法基本相似，不增加关键线路上工程的施工时间，属于有类似综合单价的情形。所以可仅就其变更为 70mm 厚的聚苯乙烯泡沫塑料板，参考类似的 50mm 厚的综合单价，确定其综合单价。

（5）解决方案

针对该争议，施工单位和评审单位最终决定根据《建设工程工程量清单计价规范》GB 50500—2013 规定，参照类似的 50mm 厚的聚苯乙烯泡沫塑料板保温隔热墙综合单价分析表，重组变更为 70mm 厚的综合单价为 46.77 元/m²。

评审人员在评审工程变更项目时，要严格按《建设工程工程量清单计价规范》GB 50500—2013 规定确定变更后的项目综合单价，纠正施工单位一有工程变更就重新套用定额获取高额利润的习惯做法；对工程变更影响综合单价变化的情况，要严格区分"已有适用""有类似""没有适用或类似"三种情况，合理确定变更后的项目综合单价。

### 4.2.2　项目特征不符

#### 1. 项目特征描述

项目特征描述是确定综合单价的重要依据之一，承包人在投标报价时应依据发包人提供的招标工程清单中的项目特征描述确定其清单项目的综合单价，发包人在招标工程量清单中，对项目特征的描述，应被认为是准确的和全面的，并且与实际施工要求相符合，承包人按照发包人提供的招标工程清单，根据其项目特征描述的内容及有关要求实施合同工程，直到其被改变为止。

#### 2. 合同价款的调整方法

承包人应按照发包人提供的设计图纸实施合同工程，若在合同履行期间出现设计图纸和设计变更与招标工程量清单中项目特征描述不符，且该变化引起该项目的工程造价增减变化的，发承包双方应当按照实际施工的项目特征，重新确定相应工程量清单项目的综合单价，调整合同价款。

【例 4-5】"项目特征不符"——某办公楼项目因项目特征不符引起材料变化的合同价款调整

（1）案例背景

A 单位办公楼工程经过公开招标由 B 公司中标承建。该办公楼的建设时间为 2018 年 2 月至 2019 年 3 月，建筑面积 7874.56m²，主体 10 层，局部 9 层。该工程采用的合同方式为以工程量清单为基础的固定单价合同。工程结算评审时，发承包双方因外窗材料价格调整的问题始终不能达成一致意见。按照办公楼施工图的设计要求应采用隔热断桥铝型材，但工程量清单的项目特征描述为普通铝合金材料，与设计图纸不符。B公司的投标报价按照工程量清单的项目特征进行组价，但在施工中为办公楼安装了隔热断桥铝型材外窗。

（2）争议事件

B公司认为，在进行工程结算时，要按照其实际使用材料调整材料价格，计入结算总价。

A单位认为，其认可工程量清单，如有遗漏或者错误，则由投标人自行负责，履行合同过程中不会因此调整合同价款。据此，A单位认为不应对材料价格进行调整。

（3）争议焦点

针对该争议事件，焦点问题可以归结如下：

1）在招标工程量清单中对项目特征的描述与施工图设计描述不符时，应由哪一方来承担责任？

2）能否予以调整合同价款？

（4）争议分析

1）《建设工程工程量清单计价规范》GB 50500—2013中明确了招标人应该对所提供的招标工程量清单的准确性和完整性负责。那么工程量清单中项目特征与图样不符的情况，应该由招标人承担责任，并将之纳入工程变更的管理范畴。但是这并不意味着，如果遇到项目特征不符的情况，承包人可以自行变更。正确的做法是，承包人应按照发包人提供的招标工程量清单，根据其项目特征描述的内容及有关要求实施合同工程，直到其被改变为止。

2）发包人在招标工程量清单中对项目特征的描述，应被认为是准确的和全面的，并且与实际施工要求相符合。在本案例中，外窗材料的项目特征描述为普通铝合金材料，但施工图的设计要求为隔热断桥铝型材，项目特征描述不准确，发包人应为此负责。

3）承包人应按照发包人提供的招标工程量清单，根据其项目特征描述的内容及有关要求实施工程，直到其被改变为止。"被改变"是指承包人应告知发包人项目特征描述不准确，应由发包人发出变更指令进行变更。在本案例中，承包人并没有按照合同中约定，先向发包人反映图样与工程量清单不符的问题，等到发包人的指示后再施工。而是直接按照图样施工，没有向发包人提出变更申请，擅自为办公楼安装了隔热断桥铝型材外窗，这属于承包人擅自变更的行为，承包人应为此产生的费用负责。

（5）解决方案

在合同履行期间，出现设计图（含设计变更）与招标工程量清单任一项目的特征描述不符，且该变化引起该项目的工程造价增减变化的，应按照实际施工的项目特征遵循工程变更规定重新确定相应工程量清单项目的综合单价，调整合同价款。所以应该按照实际完成的隔热断桥铝型材来结算。需要注意的是，承包人不应进行擅自变更，直接按照图样施工。承包人应先提交变更申请，征得发包人批准，否则擅自变更很可能与发包人产生结算纠纷。

### 4.2.3　工程量清单缺项

#### 1. 清单缺项漏项的责任

招标工程量清单必须作为招标文件的组成部分，其准确性和完整性由招标人负责。因此，招标工程量清单是否准确和完整，其责任应当由提供工程量清单的发包人负责，作为投标人的承包人不应承担因工程量清单的缺项、漏项以及计算错误带来的风险与损失。

#### 2. 合同价款的调整方法

（1）分部分项工程费的调整。施工合同履行期间，由于招标工程量清单中分部分项工程出现缺项漏项，造成新增工程量清单项目的，应按照工程变更事件中关于分部分项工程费的调整方法，调整合同价款。

（2）措施项目费的调整。新增分部分项工程项目清单项目后，引起措施项目发生变化的，应当按照工程变更事件中关于措施项目费的调整方法，在承包人提交的实施方案被发包人批准后，调整合同价款，由于招标工程量清单中措施项目缺项，承包人应将新增措施项目实施方案提交发包人批准后，按照工程变更事件中的有关规定调整合同价款。

【例 4-6】"工程量清单缺项"——某学院应急通道工程招标工程量清单措施项目缺项引起的合同价款调整。

（1）案例背景

某市政工程公司承建的某学院南北校区下穿人行应急通道工程于 2018 年 3 月 28 日开工建设，2018 年 5 月 10 日竣工验收，评为合格工程，已投入使用。施工单位进场后，发现无专项深基坑支护施工方案，无法进行施工作业，经与建设单位联系，发现原设计单位无深基坑支护设计资质，导致没有进行深基坑支护方案设计，故设计单位在施工图中已明确规定应由具有相应资质的设计单位进行深基坑支护方案设计。

（2）争议事件

施工单位投标报价时，由于无具体的施工图及招标工程量清单中没有深基坑施工要求，故在已标价工程量清单中没有增补深基坑项目报价。2018 年 11 月经审计部门审核，意见为：该深基坑项目应为措施项目费，投标单位在投标时应已考虑该费用，不同意支付该笔工程价款。由于目前深基坑项目费用为 72 万余元，建设单位、施工单位均认为此次深基坑支护工程主要是钢筋混凝土挡墙和土钉喷锚等，属于实体工程，不应计入措施项目结算。原因是下穿通道工程的招标工程量清单中对此部分实体工程未列出相应的分部分项，应属于清单漏项，需按照相关程序进行工程量变更增减。

（3）争议焦点

针对该争议事件，焦点问题可以归结为：

1）该深基坑支护是否构成实体项目？

2）若此深基坑项目属于措施项目，那么工程量清单中措施项目缺项是谁的责任？能否给承包人调整此项措施项目的合同价款？

（4）争议分析

因招标工程量清单缺项引起新增分部分项工程项目，并引起措施项目发生变化的，承包人提出调整措施项目费，应事先将拟实施的方案提交监理工程师确认，并详细说明与原方案措施项目的变化情况，拟实施的方案经监理工程师认可，并报发包人批准后，按照工程变更估价三原则以及措施项目费的调整原则调整合同价款。

1）依据 2020 年《湖南省房屋建筑与装饰装修工程消耗量标准》（以下简称《计价定额》）土建定额说明及计算规则中对土方工程的相关规定；深基础的支护结构，如钢板桩、H 钢桩、预制钢筋混凝土板桩、钻孔灌注混凝土排桩挡墙、预制钢筋混凝土排桩挡墙、人工挖孔灌注混凝土排桩挡墙、旋喷桩地下连续墙和基坑内的水平钢支撑、水平钢筋混凝土支撑、锚杆拉固、基坑外锚、排桩的圈梁、H 钢桩之间的木挡土板以及施工降水等，应按有关措施项目计算。可见，某学院南北校区下穿人行应急通道深基坑支护属于措施项目。

2）根据 2020 年《湖南省建设工程工程量清单计价管理办法》第十三条的规定，措施项目清单是指为完成工程项目施工，发生于该工程施工前和施工过程中的技术、生活、安全等方面的非工程实体项目的清单。措施项目清单由发包人根据拟建工程的具体情况及拟定的施工方案或施工组织设计参照《房屋建筑与装饰工程工程量计算规范》GB 50854—2013 和《计价办法》编制。《房屋建筑与装饰工程工程量计算规范》GB 50854—2013 和《计价办法》未列出的项目，发包人可做补充。发包人招标时未列的措施项目，实际施工发生时另行计算。

在确定了深基坑支护属于措施项目的基础上，根据措施项目费调整的原则判断其缺项责任，进而判断此缺项是否可调。某学院南北校区下穿人行应急通道工程在招标时，由于没有专项基坑支护的图样，并且在招标文件及清单中均未涉及深基坑支护方案项目，施工单位在进行投标报价时，由于无具体的施工图及清单，所以也未对其进行报价，造成了措施项目缺项。这属于设计文件缺陷导致措施项目缺项，应由发包人承担责任，所以应对措施项目费进行调整。针对本案例，处理方法适用《湖南省建设工程工程量清单计价管理办法》第十三条，即发包人招标时未列的措施项目，实际施工发生时另行计算。

（5）解决方案

根据以上分析，给出处理建议，认定某学院南北校区下穿人行应急通道深基坑支护属于措施项目。依据《建设工程工程量清单计价规范》GB 50500—2013 对措施项目缺项的规定，由于招标工程量清单中措施项目缺项，承包人应将新增措施项目实施方案提交发包人批准后，按照工程变更相关规定调整合同价款。并且依据《湖南省建设工程工程量清单计价管理办法》第十三条应对该项目深基坑支护费用（72 万余元）予以支付。

措施项目清单项目可由投标人自行依据拟建工程的施工组织设计、施工技术方案、施工规范、工程验收规范以及招标文件和设计文件来增补。若因承包人自身原因导致施工方案的改变，进而导致措施项目缺项的情况不能被招标人认可。但是招标文件以及设计文件等也是编制措施项目的重要依据，应该由招标人提供，如果因发包人原因或招标文件和设计文件的缺陷导致措施项目漏项，则给予调整。

### 4.2.4　工程量偏差

1. 工程量偏差的概念

工程量偏差是指承包人根据发包人提供的图纸（包括由承包人提供经发包人批准的图纸）进行施工，按照现行国家工程量计算规范规定的工程量计算规则，计算得到的完成合同工程项目应予计量的工程量与相应的招标工程量清单项目列出的工程量之间出现的量差。

2. 合同价款的调整方法

施工合同履行期间，若应予计算的实际工程量与招标工程量清单列出的工程量出现偏差，或者因工程变更等非承包人原因导致工程量偏差，该偏差对工程量清单项目的综合单价将产生影响，是否调整综合单价以及如何调整，发承包双方应当在施工合同中约定。

如果合同中没有约定或约定不明的，可以按以下原则办理：

（1）综合单价的调整原则。当应予计算的实际工程量与招标工程量清单出现偏差（包括因工程变更等原因导致的工程量偏差）超过15％时，对综合单价的调整原则为：当工程量增加15％以上时，其增加部分的工程量的综合单价应予调低；当工程量减少15％以上时，减少后剩余部分的工程量的综合单价应予调高。至于具体的调整方法，可参见式（4-1）和式（4-2）。

1）当 $Q_1 > 1.15Q_0$ 时：

$$S = 1.15Q_0P_0 + (Q_1 - 1.15Q_0)P_1 \tag{4-1}$$

2）当 $Q_1 < 0.85Q_0$ 时：

$$S = Q_1P_1 \tag{4-2}$$

式中　$S$——调整后的某一分部分项工程费结算价；

$Q_0$——招标工程量清单中列出的工程量；

$P_1$——按照最终完成工程量重新调整后的综合单价；

$P_0$——承包人在工程量清单中填报的综合单价。

（2）新综合单价 $P_1$ 的确定方法。当工程量偏差项目出现承包人在工程量清单中填报的综合单价与发包人招标控制价相应清单项目的综合单价偏差超过15％时，工程量偏差项目综合单价的调整可参考式（4-3）和式（4-4）：

① 当 $Q_1 > 1.15Q_0$ 时，

若 $P_0 > P_2(1+15\%)$，该类项目的综合单价：$P_1$ 按照 $P_2(1+15\%)$ 调整

若 $P_0 \leqslant P_2(1+15\%)$，$P_1 = P_2$ $\qquad$ (4-3)

② 当 $Q_1 < 0.85Q_0$ 时，

若 $P_0 < P_2(1-L)(1-15\%)$，该类项目的综合单价：

$P_1$ 按照 $P_2(1-L)(1-15\%)$ 调整

若 $P_0 \geqslant P_2(1-L)(1-15\%)$，$P_1 = P_2$ $\qquad$ (4-4)

式中　$P_0$——承包人在工程量清单中填报的综合单价；

$P_2$——发包人招标控制价相应项目的综合单价；

$L$——承包人报价浮动率。

### 4.2.5　计日工

**1. 计日工费用的产生**

发包人通知承包人以计日工方式实施的零星工作，承包人应予执行。采用计日工计价的任何一项变更工作，承包人应在该项变更的实施过程中，按合同约定提交以下报表和有关凭证送发包人复核：

1）工作名称、内容和数量；

2）投入该工作所有人员的姓名、工种、级别和耗用工时；

3）投入该工作的材料名称、类别和数量；

4）投入该工作的施工设备型号、台数和耗用台时；

5）发包人要求提交的其他资料和凭证。

2. 计日工费用的确认和支付

任一计日工项目实施结束，承包人应按照确认的计日工现场签证报告核实该类项目的工程数量，并根据核实的工程数量和承包人已标价工程量清单中的计日工单价计算，提出应付价款；已标价工程量清单中没有该类计日工单价的，由发承包双方按工程变更的有关规定商定计日工单价计算。

每个支付期末，承包人应与进度款同期向发包人提交本期间所有计日工记录的签证汇总表，以说明本期间自己认为有权得到的计日工金额，调整合同价款，列入进度款支付。

【例 4-7】"计日工"——某体育馆项目施工中因抢修而未能及时签证

（1）案例背景

某大学体育馆，建筑面积为 25800m²，主体建筑地上 3 层，看台 2 层，设备用房 4 层，地下 1 层；层高 5m；工期 581 日历天；约定于 2018 年 9 月 1 日开工，合同价款总额为 198683962.3 元。

（2）争议事件

工程施工过程中，项目顶层网架因暴雨导致变形，发包人指令承包人进行抢修并说明就该项费用进行签证，因考虑工期问题，承包人先行完成抢修工作，未能及时签证。后承包人要求进行补签，但发包人对此表示拒绝。在当期进度款结算中，承包人将该部分费用列入进度款支付申请表中，但被发包人驳回。

（3）争议焦点

承包人认为其所完成工程已得到发包人指令，发包人应当承认其合理性及工程量，而发包人认为该部分工程已过 7 天的签证有效时限，所以对该部分工作的合理性及工程量均不予确认。因此，在施工过程中，因抢修而未能及时签证的工作，在当期进度款结算中是否予以支付成为本案例争议的焦点。

（4）争议分析

《建设工程工程量清单计价规范》GB 50500—2013 第 8.2.1 款规定，工程量必须以承包人完成合同工程应予计量的工程量确定。因此，该项工程的工程计量应依据合同约定的计量规则和方法对承包商实际完成的工程数量进行确认和计算。第 8.2.2 款规定，施工中进行工程计量，当发现招标工程量清单中出现缺项、工程量偏差，或因工程变更引起工程量增减时，应按承包人履行合同义务中完成的工程量计算。

然而，《建设工程工程量清单计价规范》GB 50500—2013 第 9.14.2 款规定，承包人应在收到发包人指令后的 7 天内向发包人提交现场签证报告，发包人应在 48 小时内对报告内容进行核实，予以确认或提出修改意见。发包人在收到承包人现场签证报告后的 48 小时内未确认也未提出修改意见的，应视为承包人提交的现场签证报告已被发包人认可。并且，第 9.14.4 款规定，合同工程发生现场签证事项，未经发包人签证确认，承包人便擅自施工的，除非征得发包人书面同意，否则发生的费用应由承包人承担。

因此，尽管根据《建设工程工程量清单计价规范》GB 50500—2013 的相关条款规定，该现场签证内容为承包人履行合同义务完成的工程量，属于应予计量的范畴，若得到发包人认可即能得到该项签证费用，但是因其签证程序不符合规定要求，发包人有权对其不予认可。

（5）解决方案

在本案例中，虽然承包人完成的工作是在发包人指令下进行的，得到了签证的认可，但因程序不合规，由此造成的损失由承包人自行承担，在当期进度款支付中不予支付。这说明对没有按照规定的程序进行申请及办理手续的工程量，即使属于承包人履行合同义务的工程量也不予计量。因此，在结算与支付中，发承包双方一定要重视程序合规。

# 任务 4.3　物价变化类

### 4.3.1　物价波动

除专用合同条款另有约定外，市场价格波动超过合同当事人约定的范围，合同价格应当调整。合同当事人可以在专用合同条款中约定选择以下一种方式对合同价格进行调整：

1. 第 1 种方式：采用价格指数进行价格调整

（1）价格调整公式

因人工、材料和设备等价格波动影响合同价格时，根据专用合同条款中约定的数据，按以下公式计算差额并调整合同价格：

$$\Delta P = P_0 \Big[ A + \Big( B_1 \times \frac{F_{t1}}{F_{01}} + B_2 \times \frac{F_{t2}}{F_{02}} + B_3 \times \frac{F_{t3}}{F_{03}} + \cdots, + B_n \times \frac{F_{tn}}{F_{0n}} \Big) - 1 \Big]$$

式中　　　　　　　　$\Delta P$——需调整的价格差额；

$\quad\quad\quad\quad\quad\quad\quad\quad P_0$——约定的付款证书中承包人应得到的已完成工程量的金额。此项金额应不包括价格调整、不计质量保证金的扣留和支付、预付款的支付和扣回。约定的变更及其他金额已按现行价格计价的，也不计在内；

$\quad\quad\quad\quad\quad\quad\quad\quad A$——定值权重（即不调部分的权重）；

$B_1$，$B_2$，$B_3$，$\cdots$，$B_n$——各可调因子的变值权重（即可调部分的权重），为各可调因子在签约合同价中所占的比例；

$F_{t1}$，$F_{t2}$，$F_{t3}$，$\cdots$，$F_{tn}$——各可调因子的现行价格指数，指约定的付款证书相关周期最后一天的前 42 天的各可调因子的价格指数；

$F_{01}$，$F_{02}$，$F_{03}$，$\cdots$，$F_{0n}$——各可调因子的基本价格指数，指基准日期的各可调因子的价格指数。

以上价格调整公式中的各可调因子、定值和变值权重，以及基本价格指数及其来源在投标函附录价格指数和权重表中约定，非招标订立的合同，由合同当事人在专用合同条款中约定。价格指数应首先采用工程造价管理机构发布的价格指数，无前述价格指数时，可采用工程造价管理机构发布的价格代替。

（2）暂时确定调整差额

在计算调整差额时无现行价格指数的，合同当事人同意暂用前次价格指数计算。实际价格指数有调整的，合同当事人进行相应调整。

（3）权重的调整

因变更导致合同约定的权重不合理时，按照第 4.4 款〔商定或确定〕执行。

（4）因承包人原因工期延误后的价格调整

因承包人原因未按期竣工的，对合同约定的竣工日期后继续施工的工程，在使用价格调整公式时，应采用计划竣工日期与实际竣工日期的两个价格指数中较低的一个作为现行价格指数。

2. 第2种方式：采用造价信息进行价格调整

合同履行期间，因人工、材料、工程设备和机械台班价格波动影响合同价格时，人工、机械使用费按照国家或省、自治区、直辖市建设行政管理部门、行业建设管理部门或其授权的工程造价管理机构发布的人工、机械使用费系数进行调整；需要进行价格调整的材料，其单价和采购数量应由发包人审批，发包人确认需调整的材料单价及数量，作为调整合同价格的依据。

（1）人工单价发生变化且符合省级或行业建设主管部门发布的人工费调整规定，合同当事人应按省级或行业建设主管部门或其授权的工程造价管理机构发布的人工费等文件调整合同价格，但承包人对人工费或人工单价的报价高于发布价格的除外。

（2）材料、工程设备价格变化的价款调整按照发包人提供的基准价格，按以下风险范围规定执行：

1）承包人在已标价工程量清单或预算书中载明材料单价低于基准价格的：除专用合同条款另有约定外，合同履行期间材料单价涨幅以基准价格为基础超过5%时，或材料单价跌幅以在已标价工程量清单或预算书中载明材料单价为基础超过5%时，其超过部分据实调整。

2）承包人在已标价工程量清单或预算书中载明材料单价高于基准价格的：除专用合同条款另有约定外，合同履行期间材料单价跌幅以基准价格为基础超过5%时，材料单价涨幅以在已标价工程量清单或预算书中载明材料单价为基础超过5%时，其超过部分据实调整。

3）承包人在已标价工程量清单或预算书中载明材料单价等于基准价格的：除专用合同条款另有约定外，合同履行期间材料单价涨跌幅以基准价格为基础超过±5%时，其超过部分据实调整。

4）承包人应在采购材料前将采购数量和新的材料单价报发包人核对，发包人确认用于工程时，发包人应确认采购材料的数量和单价。发包人在收到承包人报送的确认资料后5天内不予答复的视为认可，作为调整合同价格的依据。未经发包人事先核对，承包人自行采购材料的，发包人有权不予调整合同价格。发包人同意的，可以调整合同价格。

前述基准价格是指由发包人在招标文件或专用合同条款中给定的材料、工程设备的价格，该价格原则上应当按照省级或行业建设主管部门或其授权的工程造价管理机构发布的信息价编制。

（3）施工机械台班单价或施工机械使用费发生变化超过省级或行业建设主管部门或其授权的工程造价管理机构规定的范围时，按规定调整合同价格。

3. 第3种方式：专用合同条款约定的其他方式

【例4-8】"价格指数调整价格"

某城区道路扩建项目进行施工招标，投标截止日期为2018年8月1日。通过评标确定中标人后，签订的施工合同总价为80000万元，工程于2018年9月20日开工。施工合同中约定：①预付款为合同总价的5%，分10次按相同比例从每月应支付的工程进度款中扣还。②工程进度款按月支付，进度款金额包括：当月完成的清单子目的合同价款；当月确认的变更、索赔金额；当月价格调整金额；扣除合同约定应当抵扣的预付款和扣留的质量保证金。③质量保证金从月进度付款中按 3% 扣留，最高扣至合同总价的 3%。④工程价款结算时人工单价、钢材、水泥、沥青、砂石料以及机具使用费采用价格指数法给承包商以调价补偿，各项权重系数及价格指数见表 4-1。根据表 4-2 所列工程前 4 个月的完成情况，计算 11 月份应当实际支付给承包人的工程款数额。

工程调价因子权重系数及造价指数　　　　　　　　　　　　　表 4-1

| | 人工 | 钢材 | 水泥 | 沥青 | 砂石料 | 机具使用费 | 定值部分 |
|---|---|---|---|---|---|---|---|
| 权重系数 | 0.12 | 0.10 | 0.08 | 0.15 | 0.12 | 0.10 | 0.33 |
| 2018 年 7 月指数 | 91.7 元/日 | 78.95 | 106.97 | 99.92 | 114.57 | 115.18 | — |
| 2018 年 8 月指数 | 91.7 元/日 | 82.44 | 106.80 | 99.13 | 114.26 | 115.39 | — |
| 2018 年 9 月指数 | 91.7 元/日 | 86.53 | 108.11 | 99.09 | 114.03 | 115.41 | — |
| 2018 年 10 月指数 | 95.96 元/日 | 85.84 | 106.88 | 99.38 | 113.01 | 114.94 | — |
| 2018 年 11 月指数 | 95.96 元/日 | 86.75 | 107.27 | 99.66 | 116.08 | 114.91 | — |
| 2018 年 12 月指数 | 101.47 元/日 | 87.80 | 128.37 | 99.85 | 126.26 | 116.41 | — |

2018 年 9 至 12 月工程完成情况　　　　　　　　　　　　表 4-2

| 金额（万元）支付项目 | 9 月 | 10 月 | 11 月 | 12 月 |
|---|---|---|---|---|
| 截至当月完成的清单子目价款 | 1200 | 3510 | 6950 | 9840 |
| 当月确认的变更金额（调价前） | 0 | 60 | −110 | 100 |
| 当月确认的索赔金额（调价前） | 0 | 10 | 30 | 50 |

**解：**

（1）计算 11 月份完成的清单子目的合同价款：6950−3510＝3440 万元

（2）计算 11 月份的价格调整金额：

注意：1）由于当月的变更和索赔金额不是按照现行价格计算的，所以应当计算在调价基数内；

2）基准日为 2018 年 7 月 3 日，所以应当选取 7 月份的价格指数作为各可调因子的基本价格指数；

3）人工费缺少价格指数，可以用相应的人工单价代替。

价格调整金额

＝(3440−110＋30)×[(0.33＋0.12×95.96/91.7＋0.10×86.75/78.95＋0.08×107.27/106.97＋0.15×99.66/99.92＋0.12×116.08/114.57＋0.10×114.91/115.81)−1]

＝3360×[(0.33＋0.1256＋0.1099＋0.0802＋0.1496＋0.1216＋0.0998)−1]＝3360×0.0167＝56.11 万元

（3）计算 11 月份应当实际支付的金额：

1）11 月份的应扣预付款：80000×5%÷10＝400 万元

2）11 月份的应扣质量保证金：(3440−110＋30＋56.11)×3%＝102.48 万元

3) 11 月份应当实际支付的进度款金额＝（3440－110＋30＋56.11－400－102.48）＝2913.63 万元

**【例 4-9】**"造价信息调整价格差"

某工程施工合同中约定，承包人承担的钢筋价格风险幅度为±5％，超出部分依据《建设工程工程量清单计价规范》GB 50500—2013 造价信息法调差。已知投标人投标价格、基准期发布价格分别为 5000 元/t、4500 元/t，2018 年 12 月、2019 年 7 月的造价信息发布价分别为 4200 元/t、5400 元/t。则该两月钢筋的实际结算价格应分别为多少？

**解：**（1）2018 年 12 月信息价下降，应以较低的基准价基础计算合同约定的风险幅度值：4500×（1－5％）＝4275 元/t。

因此钢筋每吨应下浮价格＝4275－4200＝75 元/t。

2018 年 12 月实际结算价格＝5000－75＝4925 元/t。

（2）2019 年 7 月信息价上涨，应以较高的投标价格为基础计算合同约定的风险幅度值：5000×（1＋5％）＝5250 元/t。

因此钢筋每吨应上调价格＝5400－5250＝150 元/t。

2019 年 7 月实际结算价格＝5000＋150＝5150 元/t。

**【例 4-10】**"造价信息调整价格差"

某工程采用的预拌混凝土由承包人提供，双方约定承包人承担的价格风险系数≤6％，承包人投标时对预拌混凝土的投标报价为 508 元/m³，招标人的基准价格为 510 元/m³，实际采购价为 547 元/m³。试计算发包人在结算时确认的单价。

**解：**投标单价低于基准价，按基准价算，已超过约定的风险系数，应予调整。

实际结算单价＝投标报价±调整额＝508＋（547－510×1.06）＝514.40 元/m³

**【例 4-11】**"物价波动调整"

某工程采用的预拌混凝土由承包人提供，双方约定承包人承担的价格风险系数≤5％，承包人投标时对预拌混凝土的投标报价为 508 元/m³，招标人的基准价格为 510 元/m³，实际采购价为 525 元/m³。试计算发包人在结算时确认的单价。

**解：**482.6≤实际价格≤535.5，不予调整。

### 4.3.2 暂估价

**1. 定义**

暂估价是指招标人在工程量清单中提供的用于支付必然发生但暂时不能确定价格的材料、工程设备的单价以及专业工程的金额。

**2. 给定暂估价的材料、工程设备**

（1）不属于依法必须招标的项目。发包人在招标工程量清单中给定暂估价的材料和工程设备不属于依法必须招标的，由承包人按照合同约定采购，经发包人确认后以此为依据取代暂估价，调整合同价款。

（2）属于依法必须招标的项目。发包人在招标工程量清单中给定暂估价的材料和工程设备属于依法必须招标的，由发承包双方以招标的方式选择供应商。依法确定中标价格后，以此为依据取代暂估价，调整合同价款。

**3. 给定暂估价的专业工程**

（1）不属于依法必须招标的项目。发包人在工程量清单中给定暂估价的专业工程不属于依法必须招标的，应按照前述工程变更事件的合同价款调整方法，确定专业工程价款。并以此为依据取代专业工程暂估价，调整合同价款。

（2）属于依法必须招标的项目。发包人在招标工程量清单中给定暂估价的专业工程，依法必须招标的，应当由发承包双方依法组织招标选择专业分包人，并接受建设工程招标投标管理机构的监督。

1）除合同另有约定外，承包人不参加投标的专业工程，应由承包人作为招标人，但拟定的招标文件、评标方法、评标结果应报送发包人批准。与组织招标工作有关的费用应当被认为已经包括在承包人的签约合同价（投标总报价）中。

2）承包人参加投标的专业工程，应由发包人作为招标人，与组织招标工作有关的费用由发包人承担。同等条件下，应优先选择承包人中标。

专业工程依法进行招标后，以中标价为依据取代专业工程暂估价，调整合同价款。

**【例 4-12】**"暂估价"——某施工项目材料暂估价引起的合同价格调整

（1）案例背景

2018 年，发包人 A 与承包人 B 就某工程签订了相关施工合同，该合同为单价合同。工程使用一种特种混凝土，由于此混凝土性质特殊，国内只有一家供应商，其成本高、价格风险难以确定。为平衡风险，发承包双方将该混凝土项列为材料暂估价，约定该混凝土按 18850 元/m³ 计价。2019 年，工程进入结算阶段，由于该特殊混凝土价格上涨，发承包双方产生争议。

双方当事人在合同专用条款中约定："该特种混凝土按 18850 元/m³ 计价，结算时按实际采购价格进行调整。"2018 年 3 月，经发包人批准，承包人与供应商进行特种混凝土单一来源采购谈判，发包人受邀参加，最终确定特种混凝土采购价为 19950 元/m³。随后，发承包双方签订补充协议，明确"特种混凝土采购价为 19950 元/m³，设计用量 430m³，总价 857.85 万元，上述价格作为结算依据"。

（2）争议事件

承包人根据合同约定按计划采购材料并完成施工，发包人按进度拨付价款给承包人。工程完工后，承包人提交结算资料，发包人按时审核，但在具体价款中，产生了分歧。

承包人认为，材料价实际上是供应商的材料原价是不含承包人的管理费的。由于材料暂估价列入了综合单价，而材料暂估价上涨，必然会导致分部分项工程费上涨，而管理费又是以分部分项工程费作为取费基数，因此除了调整材料费价差外，还应调整相关管理费。

发包人认为，按合同专用条款约定，该特种混凝土按 18850 元/m³ 计价，结算时按实际采购价格进行调整，然后又签订相关补充协议，约定该特种混凝土最终采购价为 19950 元/m³，设计用量 430m³，总价 857.85 万元，上述价格作为结算依据。因此只调整价差 47.3 万元。

（3）争议焦点

经分析总结，双方争议的焦点在于：材料暂估价的上涨是否补偿了管理费。

（4）争议分析

1）因材料暂估价未经竞争，属于待定价格，在合同履行过程中，当事人双方需要依据标的按照约定确定价款。具体确定方式根据暂估价金额大小和合同约定，依据《中华人民共和国招标投标法》和《建设工程工程量清单计价规范》GB 50500—2013 等有关规定，可以分为属于依法必须招标的暂估价项目和不属于依法必须招标的暂估价项目两大类。

2)《中华人民共和国招标投标法实施条例》（以下简称《招标投标法实施条例》）和《建设工程工程量清单计价规范》GB 50500—2013 将暂估价专门列为一节，规定材料、工程设备、专业工程暂估价属于依法必须招标的，"应由发承包双方以招标的方式选择供应商，确定价格，并应以此为依据取代暂估价，调整合同价款。"不属于依法必须招标的材料和工程设备，"应由承包人按照合同约定采购，经发包人确认单价后取代暂估价，调整合同价款"；不属于依法必须招标的专业工程，按变更原则确定价款，并以此取代暂估价。

3）采购方式的确定

在本案例中，由于特殊材料国内只有一家生产商，根据《中华人民共和国招标投标法》及其实施条例，不属于依法必须招标的暂估价项目。在这种情况下，承包人按约定组织单一来源采购，实际上是选择不属于依法招标暂估价项目的第 1 种方式"在签订采购合同前报发包人批准，签订暂估价合同后报发包人留存"确定暂估价。由于暂估价项目由承包人采购，发包人"埋单"，发包人比承包人更关心采购的质量和价款。

出于监督权的考虑，承包人应当邀请发包人参加采购谈判。出于对知情权的履行，发包人会积极地参与谈判。相反，如果承包人未经发包人同意，而自行购买材料，则存在采购价不被认可的可能。

4）具体价款的确定

在具体价款的确定中，承包人按照征得发包人同意进行采购谈判、谈判结果报发包人批准、与分包人签订合同、向发包人申报调整价款、签订补充协议等程序进行；而发包人按照监督采购、确认调整价款（双方签订补充协议）、按进度拨付价款等程序进行。

根据合同及补充合同约定，该特种混凝土应按实际采购价格结算。双方约定"结算时按实际采购价格进行调整""特种混凝土采购价为 19950 元/$m^3$、设计用量 430$m^3$、总价 857.85 万元，上述价格作为结算依据"。

根据《建设工程工程量清单计价规范》GB 50500—2013 和《标准施工招标文件》的解释，暂估价或者工程设备的单价确定后，在综合单价中只应取代原暂估价单价，不应在综合单价中涉及企业管理费或利润等其他费用的变动。

(5）解决方案

综上，本案例中特种混凝土材料应当调差 47.3 万元，不应另行计取管理费。

## 任务 4.4　工程索赔类

### 4.4.1　不可抗力

1. 不可抗力的范围

不可抗力是指在合同履行中出现的不能预见、不能避免并不能克服的客观情况。不可抗力的范围一般包括因战争、敌对行动（无论是否宣战）、入侵、外敌行为、军事政变、恐怖主义、骚动、暴动、空中飞行物坠落或其他非合同双方当事人责任或原因造成的罢工、停工、爆炸、火灾等，以及当地气象、地震、卫生等部门规定的情形。发承包双方应当在施工合同中明确约定不可抗力的范围以及具体的判断标准。

2. 不可抗力造成损失的承担

（1）费用损失的承担原则

因不可抗力事件导致的人员伤亡、财产损失及其费用增加，发承包双方应按施工合同的约定进行分担并调整合同价款和工期。施工合同没有约定或者约定不明的，应当根据《建设工程工程量清单计价规范》GB 50500—2013 规定的下列原则进行分担：

1）合同工程本身的损害、因工程损害导致第三方人员伤亡和财产损失以及运至施工场地用于施工的材料和待安装的设备的损害，由发包人承担；

2）发包人、承包人人员伤亡由其所在单位负责，并承担相应费用；

3）承包人的施工机械设备损坏及停工损失，由承包人承担；

4）停工期间，承包人应发包人要求留在施工场地的必要的管理人员及保卫人员的费用，由发包人承担；

5）工程所需清理、修复发生的费用，由发包人承担；

（2）工期的处理

因发生不可抗力事件导致工期延误的，工期相应顺延。发包人要求赶工的，承包人应采取赶工措施，赶工费用由发包人承担。

### 4.4.2　提前竣工（赶工补偿）

发包人应当依据相关工程的工期定额合理计算工期，压缩的工期天数不得超过定额工期的 20%，超过的，应在招标文件中明示增加赶工费用。赶工费用的主要内容包括：

1）人工费的增加，例如新增加人工的报酬，不经济地使用人工的补贴等；

2）材料费的增加，例如可能造成不经济使用材料而损耗过大，材料提前交货可能增加的费用、材料运输费的增加等；

3）机械费的增加，例如可能增加机械设备投入，不经济地使用机械等。

提前竣工奖励。发承包双方可以在合同中约定提前竣工的奖励条款，明确每日历天应奖励额度。约定提前竣工奖励的，如果承包人的实际竣工日期早于计划竣工日期，承包人有权向发包人提出并得到提前竣工天数和合同约定的每日历天应奖励额度的乘积计算的提前竣工奖励。一般来说，双方还应当在合同中约定提前竣工奖励的最高限额（如合同价款的 5%）。提前竣工奖励列入竣工结算文件中，与结算款一并支付。

发包人要求合同工程提前竣工，应征得承包人同意后与承包人商定采取加快工程进度的措施，并修订合同工程进度计划。发包人应承担承包人由此增加的提前竣工（赶工补偿）费。发承包双方应在合同中约定每日历天的赶工补偿额度，此项费用作为增加合同价款，列入竣工结算文件中，与结算款一并支付。

【例 4-13】"提前竣工（赶工补偿）"——某办公楼工程赶工费用内容确定及计算

（1）案例背景

某办公楼建设工程，首层为商店，开发商准备建成后出租，招标日期是 2019 年 6 月 4 日，投标日期为 2019 年 6 月 18 日，进场日期为 6 月 25 日，合同正式开工日期为 6 月 26 日，合同价为 482 144 英镑，管理费以直接费为计算基础，为直接费的 12.5%，合同工期为 18 个月，至 2020 年 12 月 24 日竣工。工程实施中出现如下情况使得工程施工延期：

1）开挖地下室遇到了一些困难，主要是由于旧房遗留的基础引起的。

2）发现了一些古井，由于考古专家考证它们的价值产生拖延。

3）安装钢架过程中部分隔墙倒塌，同时为保护临近的建筑而造成延误。

4）锅炉运输和安装的指定分包商违约。

5）地下室钢结构施工的图样和指令拖延等。

在2020年2月份承包商提出了12周的工期拖延索赔，但是业主不同意，并指示工程师不给予工期延误的批准。因为业主与房屋租赁人签订了租赁合同，规定了房屋的交付日期，如果不能及时交付将会违约。而且，业主直接写信给承包商，要求承包商按原工期完成工程，否则将会提起诉讼。

（2）争议事件

1）工程师的建议和业主同意延长工期。承包商在收到业主的指令后，觉得这样的要求很不公平，于是与工程师进行了交涉。工程师向业主分析延期的责任，指出由于上述5项干扰事件的发生，按合同规定，承包商有权延长工期，责令承包商在原工期内完成工程是不合理的。如果要求承包商在原合同内完成工程，则必须再行商讨，协商价格的补偿，并签订加速施工协议。

业主认可了工程师的上述建议。从2月下旬到4月上旬，工程师与承包商及业主就工期拖延及赶工费赔偿问题进行商讨。承包商提出12周的工期延误索赔，经工程师的审核，按照工程师的实际损失原则扣除承包商自己的风险及失误2周（如上述案例背景中的第3项），最终确定延长工期10周。

2）承包商对延期索赔额的诉求。对于10周的工期拖延，承包商提出的索赔如下：

① 古井，在考古人员调查期间工程受阻损失2515英镑。

② 地下室钢结构，工程师指令的延误等索赔4878英镑。

③ 与隔墙有关的工程，楼梯工程中延误及对周边建筑的保护索赔5286英镑。

④ 由指定分包商引起的延误损失5286英镑。

综上，合计17965英镑。工程师经过审核，认为在该索赔计算中有不合理的部分，如机械费中用机械台班费是不合理的，在停滞状态下应用折旧费计算，最终确认的索赔额为11289英镑。

3）业主提出赶工要求。业主要求：全部工程按原合同工期竣工，即需要加速10周；底楼商场比原合同工期再提前4周交付，即要提前14周。在4月份开始采取加速施工，在后9个月工期中达到上述加速目标。

4）承包商重新制订了计划并提出赶工索赔。考虑到因加速所引起的加班时间，额外的机械投入，分包商的额外费用，采用技术措施（如烘干措施）等所增加的费用，提出：①商店提前14周需花费8400英镑；②办公楼提前10周需增加花费12000英镑；③考虑风险影响600英镑。综上，合计为21000英镑。

5）工程师提出扣减管理费。工程师看到承包商已经考虑风险因素，工程师又提出由于工程压缩10周，承包商可以节约管理费。按照合同管理费的分摊，10周共有管理费为：482144英镑×[12.5%/(1+12.5%)]÷78周×10周＝6868英镑；这笔节约管理费应从索赔额中扣去。则承包商提出工期延误及赶工所需要的补偿为：11289－6868＋21000＝25421英磅。

6）但是承包商不同意工程师扣减的算法，并且认为在赶工费的计算中应该考虑风险费用以及利润。于是双方之间就风险因素影响的补偿费用和管理费的扣除问题产生了分歧。

（3）争议焦点

承包商认为赶工中的管理费和赶工的风险费应该要考虑进赶工索赔额中，但是工程师认为承包商在赶工中"节约"了管理费，要扣减管理费。所以双方争议的焦点就在于：赶工费包含的内容，以及在什么情况下赶工费属于得到了"节约"？计算时可以扣减。

（4）争议分析

按照计算各个单项的费用汇总后计算赶工费用，其各个单项的内容一般包括：

1）人工费，包括因发包人指令工程加速造成增加劳动力投入、不经济地使用劳动力使生产效率降低、节假日加班、夜班补贴。

2）材料费，包括增加材料的投入、不经济地使用材料、因材料需提前交货给材料供应商的补偿、改变运输方式、材料代用等。

3）施工机具使用费，包括增加机械使用时间、不经济地使用机械、增加新设备的投入。

4）管理费，包括增加管理人员的工资、增加人员的其他费用、增加临时设施费、现场日常管理费支出。

5）分包商费用。分包商费用一般包括人工费、材料费、施工机具使用费等。

6）相关的风险费用。在赶工期间的市场材料价格的增长以及现场赶工的其他风险。

在本案例中，承包商综合工程的合同价、商店赶工索赔费用和办公楼赶工索赔费用报价中都已经考虑到上述各单项费用。但是工程师认为由于工期压缩了，在承包商的索赔额中必须扣除在这期间承包商"节约"的管理费。但是实际上与合同工期相比，压缩后的实际工期和合同工期基本上是相等的，也就是底楼商场的工期提前了一点。所以和合同相比，承包商其实也没有"节约"。在赶工的过程中，对承包商的管理技术和能力的要求提高，所以，承包商的赶工费用中应该包含管理费，不应扣除。

这种扣除只有在两种情况下是正确的：

1）已有的工期拖延，承包商有工期索赔权，但没有费用索赔权，如恶劣的气候条件造成的拖延，如果不加速施工，承包商必须支付这期间的工地管理费，而现在采取加速措施，这笔管理费确实"节约"了。

2）已有的工期拖延为业主责任，承包商有费用索赔权，在费用索赔中已经包括了相关的管理费，即上述的承包商对延期的索赔额 17965 英镑中已经包括了管理费的索赔值。否则这种扣除会使承包商受到损失。

（5）解决方案

承包商极力向工程师解释清楚其每一部分索赔额的来源、根据从而消除了工程师的一些错误看法，并为自身的损失争取一些有回旋余地的利益。考虑到在紧急和偶尔交流的情况下难以解决这个问题，故而承包商邀请工程师及业主方进行协商。在协商的过程中，承包商肯定并感谢了工程师在之前为其所做出的努力和帮助——从开始到最后一直向业主解释合同，分析承包商的一些索赔的合理性，对缓和矛盾，解决分歧，实现项目目标发挥了重要的作用。

在谈判中，为了约定赶工时间及费用等问题，承包商和业主双方商讨并签署赶工附加协议，在协议中列明了对这些事情的处理方式和要求。内容包括：

1）业主对赶工时间和质量的一些要求。

2）对承包商的赶工，业主应支付的赶工费（确定是否包括 4 月 1 日以前承包商所提出的各种索赔）的时间和数量。

3）如果承包商不能按照业主的要求竣工，则应在赶工费用中扣除承包商拖期赔偿费，规定好每日的拖期费。但是在赶工期间由于非承包商责任引起的工期拖延的索赔权与原合同一致。

此案例对其他的类似情形的案例处理具有一定的启发意义，在处理此类事件的时候，双方均应本着以实现工程目标为要旨。在这个过程中，工程师需要积极发挥协调和沟通的作用，帮助各方厘清思路。还有就是在赶工情形下发承包双方也要商定好赶工协议，确定各个重要内容，为后续系列问题的处理做好铺垫。

### 4.4.3　工期延误赔偿

承包人未按照合同约定施工，导致实际进度迟于计划进度的，承包人应加快进度，实现合同工期。合同工程发生工期延误，承包人应赔偿发包人由此造成的损失，并应按照合同约定向发包人支付误期赔偿费。即使承包人支付误期赔偿费，也不能免除承包人按照合同约定应承担的任何责任和应履行的任何义务。

发承包双方应在合同中约定误期赔偿费，明确每日历天应赔偿额度。如果承包人的实际进度迟于计划进度，发包人有权向承包人索取并得到实际延误天数和合同约定的每日历天应赔偿额度的乘积计算的误期赔偿费。一般来说，双方还应当在合同中约定误期赔偿费的最高限额（如合同价款的 5%）。误期赔偿费列入竣工结算文件中，并应在结算款中扣除。

如果在工程竣工之前，合同工程内的某单项（或单位）工程已通过了竣工验收，且该单项（或单位）工程接收证书中表明的竣工日期并未延误，而是合同工程的其他部分产生了工期延误，则误期赔偿费应按照已颁发工程接收证书的单项（或单位）工程造价占合同价款的比例幅度予以扣减。

**【例 4-14】**"误期补偿"——案例

某施工合同中的工程内容由单项工程 A、B 组成，两个单项工程的合同额分别为 400 万元和 600 万元。合同中对误期赔偿费的约定是：每延误一个日历天应赔偿 2 万元，且总赔偿费不超过合同总价款的 5%。单项工程 B 按期通过竣工验收，单项工程 A 工程延误 20 日历天后通过竣工验收，则该工程的误期赔偿费为多少万元？

**解：**误期赔偿费＝（4/10）×20×2＝16 万元

### 4.4.4　索赔

1. 承包人的索赔

根据合同约定，承包人认为有权得到追加付款和（或）延长工期的，应按以下程序向发包人提出索赔：

（1）承包人应在知道或应当知道索赔事件发生后 28 天内，向监理人递交索赔意向通知书，并说明发生索赔事件的事由；承包人未在前述 28 天内发出索赔意向通知书的，丧失要求追加付款和（或）延长工期的权利；

（2）承包人应在发出索赔意向通知书后 28 天内，向监理人正式递交索赔报告；索赔报告应详细说明索赔理由以及要求追加的付款金额和（或）延长的工期，并附必要的记录和证明材料；

（3）索赔事件具有持续影响的，承包人应按合理时间间隔继续递交延续索赔通知，说明持续影响的实际情况和记录，列出累计的追加付款金额和（或）工期延长天数；

（4）在索赔事件影响结束后 28 天内，承包人应向监理人递交最终索赔报告，说明最终要求索赔的追加付款金额和（或）延长的工期，并附必要的记录和证明材料。

2. 对承包人索赔的处理

（1）监理人应在收到索赔报告后 14 天内完成审查并报送发包人。监理人对索赔报告存在异议的，有权要求承包人提交全部原始记录副本。

（2）发包人应在监理人收到索赔报告或有关索赔的进一步证明材料后的 28 天内，由监理人向承包人出具经发包人签认的索赔处理结果。发包人逾期答复的，则视为认可承包人的索赔要求。

（3）承包人接受索赔处理结果的，索赔款项在当期进度款中进行支付；承包人不接受索赔处理结果的，按照第 20 条〔争议解决〕约定处理。

3. 发包人的索赔

根据合同约定，发包人认为有权得到赔付金额和（或）延长缺陷责任期的，监理人应向承包人发出通知并附有详细的证明。

发包人应在知道或应当知道索赔事件发生后 28 天内通过监理人向承包人提出索赔意向通知书，发包人未在前述 28 天内发出索赔意向通知书的，丧失要求赔付金额和（或）延长缺陷责任期的权利。发包人应在发出索赔意向通知书后 28 天内，通过监理人向承包人正式递交索赔报告。

4. 对发包人索赔的处理

（1）承包人收到发包人提交的索赔报告后，应及时审查索赔报告的内容、查验发包人证明材料；

（2）承包人应在收到索赔报告或有关索赔的进一步证明材料后 28 天内，将索赔处理结果答复发包人。如果承包人未在上述期限内作出答复的，则视为对发包人索赔要求的认可；

（3）承包人接受索赔处理结果的，发包人可从应支付给承包人的合同价款中扣除赔付的金额或延长缺陷责任期；发包人不接受索赔处理结果的，按第 20 条〔争议解决〕约定处理。

5. 提出索赔的期限

（1）承包人按约定接收竣工付款证书后，应被视为已无权再提出在工程接收证书颁发前所发生的任何索赔。

（2）承包人按〔最终结清〕提交的最终结清申请单中，只限于提出工程接收证书颁发后发生的索赔。提出索赔的期限自接受最终结清证书时终止。

【例 4-15】"索赔"——传染性疾病引起的免责事由索赔案例

（1）案例背景

某工程建设项目，发包人与承包人签订了施工合同，工期是 400 天。2019 年 9 月份开工，工程已经完成部分施工。至 2020 年年初，我国湖北省首先发现新冠病例。随后，我国有 24 个省份先后发生新冠疫情，共波及超过 200 个县和市区。这场突如其来的疫情灾害，严重威胁了建筑工人的身体健康和生命安全，也影响了在建工程的进度。为了避免人员密集与交叉传染，许多工地被迫停工。2020 年 3 月份开始，工地上的工人有了恐慌情绪，数位工人因害怕染上新冠病毒不辞而别。为了抗击新冠疫情，政府采取了大量措施，如限制人群聚集活动，甚至是停工、停业、停课，征用物资和交通工具等。

（2）争议事件

国家有关部门为了防止传染性疾病的扩散进行了交通管制，致使材料、设备等不能及时到位。在疫情防控的压力之下，工程的承包人不得不安排现场施工人员停工，继而延误了本工程的计划工期。鉴于已经完成部分工程的实施建设，承包人以高工资安排部分管理及施工人员驻扎在项目现场进行监管。同时，承包人在合理期限内证明并提供了一份索赔报告提交给监理人，得到发包人的回复是允许暂停施工，工期不予顺延。新冠疫情得到有效控制后，全国各地各行业逐渐恢复正常运转，本工程也再次开工，承包人经过计算发现赶工也很难实现在原定的计划工期内完成工程。于是，承包人将此次疫情当成不可抗力事件，根据所签订合同的相关条款，再次提出：①因传染性疾病导致的工期索赔；②停工期间必须支付的部分工人工资；③停工期间在现场监管、清理等人员的费用索赔。发包人仍然不赞成承包人提交的索赔要求。

（3）争议焦点

本事件的焦点在于：根据所发生的传染性疾病情形，承包人必须停工，在此情况下造成的工期延误以及现场监管人员的工资索赔等是否应得到发包人的悉数补偿。

（4）争议分析

发包人不同意将传染病事件认定为不可抗力事件，传染性疾病的影响程度不同，政府采取的相应措施也不同，故应先判断其达到何种程度可对工程项目造成实质性的影响，进而认定传染性疾病能否构成不可抗力。通过整理以往研究成果和相关规范性文件中的内容，将这些特质分为了 3 个等级，见表 4-3。因此，当承包人能够分析此次的新冠疫情实属不可抗力事件，则可以按照免责事由的处理原则向发包人提出索赔要求。

传染性疾病的特质和政府采取措施的特质的等级划分　　　　　　表 4-3

| 研究分类／类别 | 传染性疾病的特质 | | | | 政府防制措施的特质 | |
|---|---|---|---|---|---|---|
| | 持续时间 | 传播途径 | 影响范围 | 危害程度 | 限制人员流动 | 强制征用 |
| 一级 | 3 个月以上 | 空气传播、接触传播、食物传播、水传播 | 全球爆发，国内超过 20 个省市受到严重影响 | 近千人感染，超过 50 人死亡 | 强制隔离，交通管制，禁止人员集会 | 物资、设备、交通工具、人员 |
| 二级 | 1～2 个月以上 | 接触传播、食物传播、水传播 | 国内爆发，大部分地区受到影响 | 感染超过百人，死亡不足 10 人 | 强制隔离，交通管制 | 物资、设备 |
| 三级 | 15 天以内 | 接触传播、食物传播 | 单个省市范围内受到小范围影响 | 不足 50 人感染，无死亡病例 | 强制隔离 | 物资 |

而且从传染性疾病的特质描述和等级划分以及政府采取的相关措施来看，可从持续时间传播途径、影响范围、危害程度和限制人员流动五个方面分析其满足不可抗力事件的"三不原则"：①不可预见性。由于传染性疾病暴发突然、产生原因十分复杂，即使是具有专业医学知识的医学专家也无法准确预见其发生的时间/地点、持续时间、影响范围、危害程度等，即具有无法预见的客观性。②不可避免性。从传播途径来看，由于人类依赖于大自然生存，现今的医疗水平还无法做到完全避免传染性疾病的传播，从传染性疾病的影响范围和危害程度来看，人与人、人与动物之间的密切接触程度是无特定关系的。因此，发生病例死亡和经济损失都是在做出努力后仍不可避免的；政府为了防止疫情传播进行交通管制，致使材料、设备不能按时到位，这些强制性措施承包人不能违抗，是不可避免的。③不能克服性。从传染性疾病疫情暴发至今，医学界还没有研制出确切有效的医疗方法阻止传染源的传播扩散和克服传染性疾病的发生，传染性疾病没有明确的传染源。政府为了防止疫情的传播而禁止大规模的群众活动，要求工程项目封闭施工，使得工程存在窝工、进度缓慢的现象，这也是无法克服的。

综上所述，可以看出新冠疫情已经达到不可抗力事件的"三不原则"，因此，承包人可以按照免责事由的处理原则来达成索赔的目标。

（5）解决方案

承包人在律师等专业人员的帮助下多次提交索赔文件的基础上，发包人最终意识到新冠疫情的危险性、承包人停工的必要性，以及按时完工的困难性。于是，双方在一番探讨后同意按照免责事由来解决此索赔事件。双方达成由于危险传染性疾病导致工程遭遇不可抗力的索赔工作共识，发包人同意按照网络分析法计算得出总延误时间为批准顺延工期，也给予了现场照管人员部分费用。

根据分析结果以及现有的文件，得出不可抗力的传染性疾病的具体界定情况可概括为以下六个方面：

1）持续时间。根据卫生部发布的《流感样病例暴发疫情处置指南（2018年版）》的研究结果，认为传染性疾病持续三个月以上即属于不可抗力。

2）传播途径。通过阅读相关文献发现，当传染性疾病的传播途径多达四种及以上时属于不可抗力。

3）影响范围。根据国家统计数据汇总得出结论，当传染性疾病暴发时，国内大部分地区受到影响或严重程度达到全球性暴发可构成不可抗力。

4）危害程度。通过国家发布的《中华人民共和国传染病防治法》和国家统计数据总结出传染性疾病感染超过100人，死亡达10人及以上属于不可抗力。

5）限制人员流动。根据国家发布的《国家突发公共卫生事件应急预案》和相关文献总结出：当国家采取强制隔离和交通管制或者更多相关措施时即可达到不可抗力。

6）强制征用。根据国家发布的《发生公共卫生事件的处置办法》总结出：当强制征用的范围同时包含人员、物资、设备和交通工具时即属于不可抗力。

所以，对于不可抗力事件的处理，承包人应搜集并整理资料，按照免责事由来申请相应的索赔，而发包人的重点是分析和研判发生的事件是否足以达到不可抗力事件的层级。这些都对发承包双方的管理工作提出了挑战，而且发承包双方可以在条款中将严重型传染性疾病列入不可抗力的范畴或者在专用合同条款中说明此类风险事件的处理方式。

# 模块 5　期　中　结　算

根据财政部、住房和城乡建设部发布的《建设工程价款结算暂行办法》的规定，工程价款结算是指对建设工程的发承包合同价款进行约定、依据合同约定进行工程预付款、工程进度款、工程竣工价款结算的活动。

中间计量，是通过对承包人已完成的合格工程进行计量并予以确认，是发包人支付工程进度款、办理期中结算的前提。因此，中间计量不仅是发包人控制施工阶段造价的关键环节，也是约束承包人履行合同义务的重要手段。

依据现行清单计价规范，期中结算包括：工程预付款、安全文明施工费、工程进度款等价款结算。

## 任务 5.1　预　付　款

施工企业承包工程，一般实行包工包料，这就需要有一定数量的备料周转金。工程预付款是由发包人按照合同约定，在正式开工前由发包人预先支付给承包人，用于购买工程施工所需的材料和组织施工机械和人员进场的价款。包括材料预付款、安全文明施工费预付款等。预付的工程款必须在合同中约定抵扣方式，并在工程进度款中进行抵扣。凡是没有签订合同或不具备施工条件的工程，发包人不得预付工程款，不得以预付款为名转移资金。当合同没有约定时，按计价规范的规定预付和抵扣。

### 5.1.1　工程预付款

1. 支付时间

（1）《建设工程施工合同（示范文本）》GF—2017—0201 规定

预付款的支付按照专用合同条款约定执行，但最迟应在开工通知载明的开工日期 7 天前支付。发包人逾期支付预付款超过 7 天的，承包人有权向发包人发出要求预付的催告通知，发包人收到通知后 7 天内仍未支付的，承包人有权暂停施工，并按发包人违约的情形执行。

（2）《建设工程工程量清单计价规范》GB 50500—2013 规定

承包人应在签订合同或向发包人提供与预付款等额的预付款保函后向发包人提交预付款支付申请。发包人应在收到支付申请的 7 天内进行核实，向承包人发出预付款支付证书，并在签发支付证书的 7 天内向承包人支付预付款。

发包人没有按合同约定按时支付预付款的，承包人可催告发包人支付；发包人在预付款期满后的 7 天内仍未支付的，承包人可在付款期满后的第 8 天起暂停施工。发包人应承担由此增加的费用和（或）延误的工期，并向承包人支付合理利润。

2. 支付额度

工程预付款额度，各地区、各部门的规定不完全相同。为保证施工所需材料和构件的正常储备，工程预付款额度一般根据施工工期、建安工作量、主要材料和构件费用占建安工程费的比例以及材料储备周期等因素经测算来确定。工程预付款（预付备料款）的数额可以采用以下两种方法计算：

（1）影响因素法

影响预付款数额的因素主要有年度承包工程价值（按合同价值）、主材（包括预制构件）比重、材料储备天数（按市场行情或材料储备定额）、年度施工日历天数，计算公式为：

预付款数额＝（年度承包工程总值×主要材料所占比重）/年度施工日历天数×材料储备天数

【例 5-1】某工程年度承包合同价 800 万元，主要材料、构件所占比重为 60％，年度施工天数为 300 天，材料储备天数 150 天。试计算预付款数额。

**解：** 预付款数额＝800×60％÷300×150＝240 万元

（2）额度系数法

为了简化工程预付款的计算，发包人根据工程的特点、工期长短、市场行情、供求规律等因素，招标时在合同中约定工程预付款的百分比，即预付款额度系数，按此百分比计算工程预付款数额。

2013 计价规范规定：包工包料工程的预付款支付比例不得低于签约合同价（扣除暂列金额）的 10％，不宜高于签约合同价（扣除暂列金额）的 30％。

其计算公式为：

预付款数额＝年度建筑安装工程合同价×预付款额度系数

预付备料款的额度系数根据工程类型、合同工期、承包方式、供应体制等不同而定。一般建筑工程不应超过当年建筑工作量（包括水、电、暖）的 30％，安装工程按年安装工作量的 10％计算，材料占比重较大的安装工程按年计划产值 15％左右拨付。对于只包定额工日的工程项目，可以不付备料款。

【例 5-2】某建设项目，计划完成年度建筑安装工作应支付工程款为 850 万元。按地区规定，工程预付款额度为 30％，确定该项目的工程预付款的数额。

**解：** 工程预付款数额＝850×30％＝255 万元

3. 工程预付款（预付备料款）的扣回

发包人拨付给承包商的备料款属于预支的性质，工程实施后，随着工程所需主要材料储备的逐步减少，应以抵充工程款的方式陆续扣回预付款，即在承包人应得的工程进度款中扣回。发包人第一次扣回预付款时已完工程的价值称为起扣点，起扣点的计算方法有两种：

（1）按公式计算

从未施工工程尚需的主要材料及构件的价值相当于工程预付款时起扣，此后每次结算工程价款时，按材料所占比重扣减工程价款，至工程竣工前全部扣清。起扣点的计算公式如下：

未完工程所需材料款＝预付款

未完工程所需材料款＝未完工程价值×主材比重（％）＝（合同总价－已完工程价值）×主材比重（％）

预付款＝（合同总价－已完工程价值）×主材比重（％）

已完工程价值(起扣点)＝合同总价－预付款/主材比重(％)

＝合同总价×(1－预付款额度(％)/主材比重(％))

$$T=P-M/N$$

式中　$T$——起扣点(即工程预付款开始扣回时)的累计已完工程价值;

　　　$P$——承包工程合同总额;

　　　$M$——工程预付款总额;

　　　$N$——主要材料及构件所占比重。

该方法对承包人比较有利,最大限度地占用了发包人的流动资金,但是显然不利于发包人资金使用。

【例 5-3】某工程合同价总额 600 万元,工程预付款 72 万元,主要材料、构件所占比重 60％。试计算工程价款起扣点。

解：(600 －72/60％) ＝480 万元

(2) 按合同约定扣款

预付款的扣款方法由发包人和承包人通过洽商后在合同中予以确定,一般是在承包人完成金额累计达到合同总价一定比例(双方合同约定)后,由发包人从每次应付给承包方的工程款中扣回工程预付款,在合同规定的完工期前将工程预付款的总金额逐次扣回。

【例 5-4】某住宅工程签约合同价为 900 万元,预付款的额度为 15％,材料费占 65％,该工程产值统计见表 5-1。

产值统计表 (单位：万元)　　　　　　　　　　　　　表 5-1

| 月 份 | 1 | 2 | 3 | 4 | 5 | 6 | 合计 |
|---|---|---|---|---|---|---|---|
| 产值 | 160 | 100 | 240 | 200 | 150 | 50 | 900 |

试确定：

① 预付款额度;

② 合同约定按照起扣点计算公式法确定起扣点和起扣时间;

③ 合同约定从结算价款中按材料和设备占施工产值的比重抵扣预付款,计算起扣时间内各期抵扣的预付款。

解：

1) 预付款的额度：900×15％＝135 万元

2) 预付款起扣点：900－135/0.65＝692.31 万元

起扣点：160＋100＋240＋200＝700 万元＞692.31 万元,从第 4 月份开始扣。

3) 起扣时间内各期抵扣的预付款：

4 月份抵扣预付款额度：(700－692.31) ×65％＝5 万元

5 月份抵扣预付款额度：150×65％＝97.50 万元

6 月份抵扣预付款额度：135－5－97.5＝32.5 万元

**5.1.2　安全文明措施费的预付**

1. 依据

安全文明施工费包括的内容和范围,应以 2017 施工合同示范文本及工程所在地省级建设行政主管部门的规定为准。

安全文明施工费由发包人承担，发包人不得以任何形式扣减该部分费用。因基准日期后合同所适用的法律或政府有关规定发生变化，增加的安全文明施工费由发包人承担。

承包人经发包人同意采取合同约定以外的安全措施所产生的费用，由发包人承担。未经发包人同意的，如果该措施避免了发包人的损失，则发包人在避免损失的额度内承担该措施费。如果该措施避免了承包人的损失，由承包人承担该措施费。

2. 支付规定

除专用合同条款另有约定外，发包人应在开工后 28 天内预付安全文明施工费总额的 50%，其余部分与进度款同期支付。

承包人对安全文明施工费应专款专用，承包人应在财务账目中单独列项备查，不得挪作他用，否则发包人有权责令其限期改正；逾期未改正的，可以责令其暂停施工，由此增加的费用和（或）延误的工期由承包人承担。

### 5.1.3 预付款逾期支付的违约责任

发包人逾期支付预付款超过 7 天的，承包人有权向发包人发出要求预付的催告通知，发包人收到通知后 7 天内仍未支付的，承包人有权在第 8 天暂停施工，发包人应承担由此增加的费用和延误的工期，并应支付承包人合理利润。具体违约责任由当事人双方在合同中明确约定。

### 5.1.4 预付款的支付程序

（1）承包人填写《工程预付款支付申请表》，按照合同约定的程序提交支付申请。

（2）发包人与监理人根据合同约定的预付款支付方式进行审查，提出审查意见并核准预付款的支付金额，包括预付的安全文明施工费。

为了规范计价行为，"13 计价规范"给出了"预付款支付申请（核准）表"的规范格式（见表 5-2）。

### 5.1.5 预付款支付担保

发包人要求承包人提供预付款担保的，承包人应在发包人支付预付款 7 天前提供预付款担保，专用合同条款另有约定除外。预付款担保可采用银行保函、担保公司担保等形式，具体由合同当事人在专用合同条款中约定。在预付款完全扣回之前，承包人应保证预付款担保持续有效。发包人在工程款中逐期扣回预付款后，预付款担保额度应相应减少，但剩余的预付款担保金额不得低于未被扣回的预付款金额。

K.1 预付款支付申请（核准）表 　　　　表 5-2

工程名称： 　　　　　　　　标段： 　　　　　　　　编号：

致： _____ （发包人全称）

我方根据施工合同的约定，现申请支付工程预付款额为（大写）_____（小写_____），请予核准。

| 序号 | 名称 | 申请金额（元） | 复核金额（元） | 备注 |
|---|---|---|---|---|
| 1 | 已签约合同价款金额 | | | |
| 2 | 其中：安全文明施工费 | | | |
| 3 | 应支付的预付款 | | | |
| 4 | 应支付的安全文明施工费 | | | |
| 5 | 合计应支付的预付款 | | | |
| | | | | |
| | | | | |
| | | | | |

承包人（章）

造价人员： _____　　承包人代表： _____　　日期： _____

| 复核意见： <br>□与合同约定不相符，修改意见见附件。<br>□与合同约定相符，具体金额由造价工程师复核。<br><br>监理工程师： _____<br>日　　期： _____ | 复核意见： <br>你方提出的支付申请经复核，应支付预付款金额为（大写）_____（小写_____）。<br><br>造价工程师： _____<br>日　　期： _____ |
|---|---|
| 审核意见： <br>□不同意。<br>□同意，支付时间为本表签发后的 15 天内。<br><br>发包人（章）<br>发包人代表： _____<br>日　　期： _____ ||

注：1 在选择栏中的"□"内作标识"√"。
　　2 本表一式四份，由承包人填报，发包人、监理人、造价咨询人、承包人各存一份。

【例 5-5】某办公楼工程，发包人与承包人按照《建设工程施工合同（示范文本）》GF—2017—0201，在专用合同条款中关于"预付款"的约定如下：

"······

五、签约合同价

金额（大写）：贰仟壹佰捌拾贰万壹仟叁佰柒拾贰元（人民币）

（小写）¥：21821372.00 元

其中，安全文明施工措施费：756795.00 元

暂列金额：854600.00 元

······"

17.2　预付款

17.2.1　预付款

发包人向承包人预付工程款的时间和金额或占合同价款总额的比例：合同签订后，由承包人提交工程预付款申请报告，经监理人、发包人审核批准后 15 个工作日内按合同总价（扣除暂列金额、安全文明施工措施费后的暂定总价）的 10% 支付承包人工程预付款。

扣回工程预付款的时间、比例：工程预付款在工程竣工前支付最后一笔进度款时扣回。

根据《建设工程施工合同（示范文本）》GF—2017—0201 中 6.1.6 规定：除专用合同条款另有约定外，发包人应在开工后 28 天内预付安全文明施工费总额的 50%，其余部分与进度款同期支付。

发包人根据相关规定，在支付预付款和进度款时，将通知规定的每月民工工资最低拨付金额从支付总额中扣除并直接拨付到民工工资支付专用账户。民工工资每月拨付金额按相关文件规定计算出的每月最低拨付金额计。

承包人应按政府有关民工工资的管理规定支付民工工资。由承包人按总金额不低于合同总价款 20% 的比例，每月先行将该项目的民工工资（计算方法为：中标价×20%÷合同工期月数）转入承包人单位在银行开立的"民工工资支付专用账户"内，专项用于支付民工工资。若发生承包人拖欠民工工资导致民工到政府部门或发包人处索要工资的情况，则发包人将向承包人收取 5 万元/次的违约金，一切责任由承包人承担，并拒绝承包人参与发包人及其关联单位企业以后的投标。发包人有权从工程价款中扣除相应款项，交由工程所在地建设行政主管部门发放。

本工程的预付款＝（21821372－756795－854600）×10%＝2020997.70 元

本工程预付的安全文明施工措施费＝756795×50%＝378397.5 元

# 任务 5.2　工　程　计　量

### 5.2.1　工程计量的概念

工程计量，是发承包双方根据合同约定，对承包人完成的合格的合同工程数量进行计算和确认。具体地说，就是发承包双方根据合同约定的计量方式和计算方法，依据设计图纸、技术规范，对承包人已经完成的质量合格的工程实体数量进行测量和计算，并以物理计量单位或自然计量单位进行标识、确认的过程。

招标工程量清单中所列的数量，是根据设计图纸计算的数量，是对合同工程的预估工程量。在工程实际施工过程中，通常会由于某些原因，如招标工程量清单缺项、项目特征描述与实际不符、工程变更、现场施工条件变化、现场签证、暂估价中的专业工程分包等，导致承包人实际完成工程量与招标工程量清单中所列工程量不一致，因此结算工程合同价款前，必须对承包人履行合同义务所完成的实际工程量进行准确计量。

### 5.2.2　工程计量的意义

**1. 工程计量是向承包商支付工程款的前提和凭证**

发包人根据施工合同中有关工程计量周期及合同价款支付节点的约定，审核承包商申报的工程计量报告与进度款支付申请，确定本期应支付的进度款金额。招标工程量清单中所列的数量只是对工程量的初始估计和罗列，不能作为进度款支付申请的依据，只有按照实际施工进度详细计算出已完工程的工程量，方能作为支付凭证。

**2. 工程计量是约束承包商履行合同义务的手段**

工程计量不仅是控制项目投资费用支出的关键环节，同时也是约束承包商履行合同义务、强化承包商合同意识的手段。

比如 FIDIC 合同条件规定，业主对承包商的付款，是以工程师批准的付款证书为凭据的，工程师对计量支付有充分的批准权和否决权。对于不合格的工作和工程，工程师可以拒绝计量。同时，工程师通过按实计量，可以及时掌握承包商工作的进展情况和工程进度。当工程师发现工程进度严重偏离计划目标时，可要求承包商及时分析原因，采取措施，加快进度。因此，在施工过程中，发包人可以通过计量支付手段约束承包商履行合同义务。

### 5.2.3　计量原则

工程量计量按照合同约定的工程量计算规则、图纸及变更指示等进行计量。工程量计算规则应以相关的国家标准、行业标准等为依据，由合同当事人在专用合同条款中约定。

（1）按合同计量原则

不符合合同文件要求的工程不予计量。即工程计量的方法、范围、内容和单位均受合同文件所约束，在工程计量过程中应严格遵循合同文件的规定进行计量。因承包人原因造成的超出合同工程范围施工或返工的工程量，发包人不予计量。

（2）按实计量原则

工程计量必须严格按照合同文件所规定的方法、范围、内容、单位，对承包人实际完成的工程量进行计算和现场测量，由发包人、承包人、监理人三方共同确认的工程量才能作为支付依据。

（3）质量合格计量原则

承包人必须完成了计量项目的各项工序，经验收合格，符合合同文件、技术规范、设计图纸对该项目所要求的"产品"才能组织计量工作。同时，有关的工程质量验收资料必须齐全、手续必须完备，应满足合同文件对其在工程管理上的要求。根据质量合格计量的原则，即使已完成计量，但事后发现已计量的工程有缺陷，仍不能免除承包人无偿返工的责任。

（4）准确计量原则

工程计量应做到不重计、不漏计、不超计，所有计量必须准确无误；同时对因承包人原因造成的超出合同工程范围的施工或返工工程量，发包人不予计量。

（5）及时计量原则

工程计量工作应严格按照合同约定的周期，及时计量并汇总报审，如承包人原因造成的报审不及时，发包人有权不予进行计量支付。发包人未在规定的时间内完成审核的，承包人报送的工程量视为实际完成的且被发包人确认的工程量，并据此办理工程价款结算。

### 5.2.4　计量周期

除专用合同条款另有约定（可选择按月或形象进度分段计量）外，工程量的计量按月进行。

### 5.2.5　计量范围

工程计量的范围包括：

（1）工程量清单中的全部项目；

（2）合同文件中规定的项目；

（3）工程价款调整项目。

### 5.2.6　计量依据

计量依据一般有质量合格证书，工程量清单计价规范，技术规范中的"计量支付"条款和设计图等。具体包括施工合同及其补充合同文件、工程量清单及其说明、经发包人审批通过的施工图纸及核算清单台账、工程变更令及其修订的工程量清单、质量验收评定和质量合格证等相关资料、发包人或监理方提供的书面资料等。也就是说，计量时必须以这些资料为依据。

1. 质量合格证书

工程计量必须与质量管理紧密配合，对于承包商已完成的工程，经过专业工程师检验，工程质量达到合同规定的标准后，由专业工程师签署质量合格证书，才予以计量，并不是对承包商已完成的全部工程量进行计量。所以说质量管理是计量管理的基础，计量又是质量管理的保障，通过计量支付，可以强化承包商的质量意识。

2. 工程量清单计价规范和技术规范

工程量清单计价规范和技术规范是确定计量方法的依据，因为工程量清单计价规范和技术规范的"计量支付"条款规定了清单中每一项工程的计量方法，同时还规定了按规定的计量方法确定的单价所包括的工作内容和范围。

【例 5-6】某高速公路技术规范计量支付条款规定：所有道路工程、隧道工程和桥梁工程中的路面工程按各种结构类型及各层不同厚度分别汇总，并且以设计图示或工程师指示为依据，根据工程师验收的实际完成数量，以"$m^2$"为单位分别计量。计量方法是根据路面中心线的长度乘以设计图所标明的平均宽度，再加上单独测量的岔道、加宽路面、喇叭口和道路交叉处的面积，以"$m^2$"为单位计量。除工程师书面批准外，凡超过设计图所规定的任何宽度、长度、面积或体积均不予计量。

3. 设计图

单价合同以实际完成的工程量进行结算，凡是被工程师计量的工程数量，并不一定是承包商的实际施工数量。计量的几何尺寸要以设计图为依据，工程师对承包商超出设计图要求增加的工程量和自身原因造成返工的工程量，不予计量。

**【例 5-7】** 在某高速公路施工管理中，计量支付条款规定灌注桩按照设计图以"m"计量，其单价包括所有材料及施工的各项费用，根据这个规定，如果承包商做了 35m 的灌注桩，而桩的设计长度为 30m，应如何计量？

**解：** 业主只计量 30m，按 30m 付款；承包商多做的 5m 灌注桩所消耗的钢筋及混凝土材料，业主不予补偿。

**【例 5-8】** 某一深基础土方开挖工程，合同中约定土方工程量按设计图示基础的底面积乘以挖深按体积进行计量，施工中施工单位为了施工的安全、边坡的稳定，扩大开挖范围，导致土方量增加 800m³；又因遇到地下障碍物，导致土方量增加 200m³，工程师应如何予以计量？

**解：** 对因保证施工安全、边坡稳定，扩大开挖范围导致土方量增加的 800m³，工程师不应予以计量。因为根据合同约定，土方工程量按设计图示基础的底面积乘以挖深以体积计量，扩大开挖范围是施工单位自身施工措施导致的，不在合同范围之内。

因地下障碍物导致土方量增加的 200m³ 应予以计量，因为按合同规定遇到地下障碍物是业主应承担的风险。

**【例 5-9】** 某工程基础底板的设计厚度为 1m，承包商根据以往的施工经验，认为设计有问题，未报监理工程师，即按 1.2m 施工，多完成的工程量在计量时监理工程师如何计量？

**解：** 多完成的工程量在计量时监理工程师不予计量。

因承包人只有收到经发包人签认的变更指示后，方可实施变更。未经许可，承包人不得擅自对工程的任何部分进行变更。此案例中承包商未报监理工程师许可，将基础底板按 1.2m 施工，多完成的工程量属于擅自更改，发生的费用和由此导致发包人的直接损失，由承包人承担，故不予计量。

### 5.2.7　施工合同（示范文本）对工程计量的规定

根据《建设工程施工合同（示范文本）》GF—2017—0201，发包人和承包人应在合同协议书中选择一种合同价格形式。工程量的计算，必须依照相关工程现行的国家规范规定的工程量计算规则进行计算。工程计量可选择按月计量或按形象进度分段计量，具体计量周期在合同中进行约定。根据签订的合同，通常可区分单价合同和总价合同两种不同的计量方法，成本加酬金的合同按照单价合同的计量规定进行计量。

1. 单价合同计量

单价合同是指合同当事人约定以工程量清单及其综合单价进行合同价格计算、调整和确认的建设工程施工合同，在约定的范围内合同单价不作调整。合同当事人应在专用合同条款中约定综合单价包含的风险范围、风险费用的计算方法及风险范围以外的合同价格的调整方法，其中因市场价格波动引起的调整按〔市场价格波动引起的调整〕约定执行。

单价合同工程量必须以承包人完成合同工程应予以计量的且依据国家现行工程量计算规则计算得到的工程量确定。施工中工程计量时，若发现招标工程量清单中出现缺项、工程量偏差，或因工程变更引起工程量的增减，应按承包人在履行合同义务中完成的工程量计算。

除专用合同条款另有约定外，单价合同的计量按照本项约定执行：

（1）承包人应于每月 25 日向监理人报送上月 20 日至当月 19 日已完成的工程量报告，并附具进度付款申请单、已完成工程量报表和有关资料。

（2）监理人应在收到承包人提交的工程量报告后 7 天内完成对承包人提交的工程量报表的审核并报送发包人，以确定当月实际完成的工程量。监理人对工程量有异议的，有权要求承包人进行共同复核或抽样复测。承包人应协助监理人进行复核或抽样复测，并按监理人要求提供补充计量资料。承包人未按监理人要求参加复核或抽样复测的，监理人复核或修正的工程量视为承包人实际完成的工程量。

（3）监理人未在收到承包人提交的工程量报表后的 7 天内完成审核的，承包人报送的工程量报告中的工程量视为承包人实际完成的工程量，据此计算工程价款。

2. 总价合同计量

总价合同是指合同当事人约定以施工图、已标价工程量清单或预算书及有关条件进行合同价格计算、调整和确认的建设工程施工合同，在约定的范围内合同总价不作调整。合同当事人应在专用合同条款中约定总价包含的风险范围、风险费用的计算方法及风险范围以外的合同价格的调整方法，其中因市场价格波动引起的调整按市场价格波动引起的调整、因法律变化引起的调整按法律变化引起的调整约定执行。

采用工程量清单方式招标形成的合同总价，工程量应按照与单价合同计量相同的方式计算。采用经审定批准的施工图纸及其预算方式发包形成的总价合同，除按照工程变更规定引起的工程量增减外，总价合同项目的工程量是承包人用于结算的最终工程量。总价合同约定的项目计量应以合同工程经审定批准的施工图纸为依据，发承包双方应在合同中约定工程计量的形象目标或时间节点进行计量。

除专用合同条款另有约定外，按月计量支付的总价合同，按照本项约定执行：

（1）承包人应于每月 25 日向监理人报送上月 20 日至当月 19 日已完成的工程量报告，并附具进度付款申请单、已完成工程量报表和有关资料。

（2）监理人应在收到承包人提交的工程量报告后 7 天内完成对承包人提交的工程量报表的审核并报送发包人，以确定当月实际完成的工程量。监理人对工程量有异议的，有权要求承包人进行共同复核或抽样复测。承包人应协助监理人进行复核或抽样复测并按监理人要求提供补充计量资料。承包人未按监理人要求参加复核或抽样复测的，监理人审核或修正的工程量视为承包人实际完成的工程量。

（3）监理人未在收到承包人提交的工程量报表后的 7 天内完成复核的，承包人提交的工程量报告中的工程量视为承包人实际完成的工程量。

3. 其他价格形式合同的计量

合同当事人可在专用合同条款中约定其他价格形式合同的计量方式和程序。为了规范计量行为，"13 计价规范"给出了"工程计量申请（核准）表"的规范格式（表5-3）。

### 5.2.8　FIDIC 施工合同对工程计量的规定

按照 FIDIC 施工合同约定，当工程师要求测量工程的任何部分时，应向承包人代表发出合理通知，承包人代表应：①及时亲自或另派合格代表，协助工程师进行测量；②提供工程师要求的任何具体材料。如果承包人未能到场或派代表到场，工程师（或其代表）所作测量应作为准确测量，予以认可。

工程计量申请（核准）表　　　　　　　　　　　表 5-3

工程名称：　　　　　　　　　标段：　　　　　　　　第　页共　页

| 序号 | 项目编码 | 项目名称 | 计量单位 | 承包人申报数量 | 发包人核实数量 | 发承包人确认数量 | 备注 |
|---|---|---|---|---|---|---|---|
|  |  |  |  |  |  |  |  |
|  |  |  |  |  |  |  |  |
|  |  |  |  |  |  |  |  |
|  |  |  |  |  |  |  |  |
|  |  |  |  |  |  |  |  |
|  |  |  |  |  |  |  |  |
|  |  |  |  |  |  |  |  |
|  |  |  |  |  |  |  |  |
|  |  |  |  |  |  |  |  |
|  |  |  |  |  |  |  |  |
|  |  |  |  |  |  |  |  |
|  |  |  |  |  |  |  |  |
|  |  |  |  |  |  |  |  |

| 承包人代表：<br><br>日期： | 监理工程师：<br><br>日期： | 造价工程师：<br><br>日期： | 发包人代表：<br><br>日期： |
|---|---|---|---|

　　除合同另有规定外，凡需根据记录进行测量的任何永久工程，此类记录应由工程师准备。承包人应根据记录或被提出要求时，到场与工程师对记录进行检查和协商，达成一致后应在记录上签字。如果承包人未到场，应视为该记录准确，予以认可。

　　如果承包人检查后不同意该记录，应向工程师发出通知，说明认为该记录不准确的部分。工程师收到通知后，应审查该记录，进行确认或更改。如果承包人在被要求检查记录14 天内，没有发出此类通知，该记录应视为准确记录，予以认可。

　　【例 5-10】某净水厂项目，承包方在土方开挖施工组织没有正式提交监理和发包方前，经监理及业主同意情况下进行土方大开挖，基坑开挖深度为 4.5m，上口长 98m、宽46.5m，在基坑一侧有一个已完工投产的沉淀池，在开挖前承包方以口头形式要求在靠近沉淀池一侧按设计要求打两排钢板桩，但发包方和监理以造价太高为由拒绝，于是承包方采取自然放坡的形式开挖，后由于靠近沉淀池一侧土方部分坍塌和不均匀沉降，导致原沉淀池边一排水管破裂，土方在水浸泡下大面积坍塌，事故发生后承包方积极采取措施补救，在靠近沉淀池一侧重新打两排钢板桩并做混凝土护坡，调来四台抽水机连续抽水。事后承包方将土方施工组织（是在事故发生后）正式提交给监理并提出索赔，但监理和发包方以下述两个理由拒绝签证：

　　1）承包方的土方施工组织是在事故发生后才正式提交给监理；

　　2）监理和发包方口头拒绝了打两排钢板桩，但没有拒绝打一排钢板桩，故认为是承包方施工组织不力、施工措施不周导致的事故，额外发生的工程量及其费用不予认可。

监理的理由合理吗？该工程是否应该对坍塌事故产生的工程量予以计算并提出索赔？

**解：**监理和发包方的理由是合理的，承包方不应该对坍塌事故产生的工程量予以计算，也不能索赔。具体原因如下：

1）承包方要求打两排钢板桩，但发包方和监理以造价太高为由拒绝。但是发包方没有指示承包方不采取有效的措施防止事故的发生，发包方希望其采取造价低的措施，但承包方没有继续提出合理化建议，而采取的自然放坡措施没有保证好施工质量，所以承包方要承担主要责任。

2）承包方的土方施工组织是在事故发生后才正式提交给监理，说明发包方和监理没有认同承包方的施工措施计划，不能形成正式协议，所以承包方是在没有和发包方及监理达成共识的情况下进行的施工，理当由承包方承担责任。

【例 5-11】某工程按合同约定的时间进行计量，其中的砌体工程承包方已按原施工图完成 240mm 厚、2.8m 高墙体的施工，后发包方提出变更，将墙改为 120mm 厚、2.6m 高。

该墙体部分的工程量该如何计量？承包方该如何处理该项变更？

**解：**

1）该项目按原施工图完成的 240mm 厚、2.8m 高的墙体予以计量；

2）承包方应按照合同约定的时间对已经完成部分因发包方原因导致拆除返工产生的费用以及工程变更向发包方提出签证，内容包括：

① 因拆除而产生的费用：包括人工费、机械费（若有）、管理费及垃圾搬运费；

② 变更后的 120mm 厚、2.6m 高墙体的工程量及相应款项。

## 任务 5.3　工程进度款支付

在工程计量的基础上，发承包双方应办理中间结算，支付进度款。

### 5.3.1　工程结算的依据

工程结算由承包人或受其委托具有相应资质的工程造价咨询人编制、由发包人或其委托具有相应资质的工程造价咨询人核对。工程结算的编制依据主要有：

1）《建设工程工程量清单计价规范》GB 50500—2013；

2）工程合同；

3）发承包双方实施过程中已确认的工程量及其结算的合同价款；

4）发承包双方实施过程中已确认调整后追加（减）的合同价款；

5）建设工程设计文件及相关资料；

6）投标文件；

7）其他依据。

1. 建设工程工程量清单计价规范

为了规范工程结算活动，财政部、建设部在 2004 年印发了《建设工程价款结算暂行办法》（财建〔2004〕369 号），最高法院于 2004 年印发了《最高人民法院关于审理建设工程施工合同纠纷案件适用法律问题的解释（一）》（法释〔2004〕14 号），"13 计价规范"

根据这些规定对工程结算作了较全面的规定，是工程结算的重要依据，在合同约定不明或没有约定的情况下，发承包双方由于合同价款发生争议不能协调一致，就应该按照"13计价规范"第9章对合同价款调整的15种情况（见本教材模块3）的规定执行。"13计价规范"第7.1.1条明确规定："实行招标的工程合同价款应在中标通知书发出之日起30天内，由发承包双方根据招标文件和中标人的投标文件在书面合同中约定。合同约定不得违背招标、投标文件中关于工期、造价、质量等方面的实质性内容。招标文件与投标文件不一致的地方应以投标文件为准。"所以，中标人的投标文件也是工程结算的重要依据。

"13计价规范"不仅是每个工程在发承包阶段编制招标工程量清单确定招标控制价、投标报价的依据，也是工程实施阶段进行工程计量、合同价款调整、合同价款结算与支付的依据。

2.《最高人民法院关于审理建设工程施工合同纠纷案件适用法律问题解释（一）》的相关规定

（1）无效合同的价款结算

建设工程施工合同无效，但建设工程经竣工验收合格，承包人请求参照合同约定支付工程价款的，应予支持。建设工程施工合同无效，且建设工程经竣工验收不合格的，按照以下情形分别处理：①修复后的建设工程经竣工验收合格，发包人请求承包人承担修复费用的，应予支持；②修复后的建设工程经竣工验收不合格，承包人请求支付工程款的，不予支持。因建设工程不合格造成的损失，发包人有过错的，也应承担相应的民事责任。

（2）工程价款利息计付

当事人对欠付工程价款利息计付标准有约定的，按照约定处理；没有约定的，按照中国人民银行发布的同期同类贷款利率计息。对于无效合同，当事人对垫资和垫资利息有约定，承包人请求按照约定返还垫资及其利息的，应予支持，但是约定的利息计算标准高于中国人民银行发布的同期同类贷款利率的部分除外；当事人对垫资利息没有约定，承包人请求支付利息的，不予支持。利息从应付工程价款之日计付。当事人对付款时间没有约定或者约定不明的，下列时间视为应付款时间：①建设工程已实际交付的，为交付之日；②建设工程没有交付的，为提交竣工结算文件之日；③建设工程未交付，工程价款也未结算的，为当事人起诉之日。

（3）工程竣工日期确定

当事人对建设工程实际竣工日期有争议的，按照以下情形分别处理：建设工程经验收合格的，以竣工验收合格之日为竣工日期；承包人已经提交竣工验收报告，发包人拖延验收的，以承包人提交验收报告之日为竣工日期；建设工程未经竣工验收，发包人擅自使用的，以转移占有建设工程之日为竣工日期。

（4）计价标准与方法确定

当事人对建设工程的计价标准或者计价方法有约定的，按照约定结算工程价款。因设计变更导致建设工程的工程量或者质量标准发生变化，当事人对该部分工程价款不能协商一致的，可以参照签订建设工程施工合同时当地建设行政主管部门发布的计价标准或者计价方法结算工程价款。

（5）工程量确定

当事人对工程量有争议的，按照施工过程中形成的签证等书面文件确认。承包人能够证明发包人同意其施工，但未能提供签证文件证明工程量发生的，可以按照当事人提供的其他证据确认实际发生的工程量。

（6）工程价款结算

发包人收到竣工结算文件后，在约定期限内不予答复，视为认可竣工结算文件，按照约定处理。承包人请求按照竣工结算文件结算工程价款的，应予支持。当事人就同一建设工程另行订立的建设工程施工合同与经过备案的中标合同实质性内容不一致的，应当以备案的中标合同作为结算工程价款的根据。当事人约定按照固定价结算工程价款，一方当事人请求对建设工程造价进行鉴定的，不予支持。

3. 工程合同

工程合同即建筑安装工程承包合同，是发包人和承包人为完成商定的建筑安装工程，明确相互权利、义务关系的合同。住房和城乡建设部、国家工商行政管理总局联合制定了2017版《建设工程施工合同（示范文本）》GF—2017—0201，引导发包人和承包人规范合同约定。工程合同价款的约定是工程合同的主要内容，主要包括：

（1）预付工程款的数额、支付时间及抵扣方式；

（2）安全文明施工措施费的支付计划、使用要求等；

（3）工程计量与支付工程进度款的方式、数额及时间；

（4）工程价款的调整因素、方法、程序、支付及时间；

（5）施工索赔与现场签证的程序、金额确认与支付时间；

（6）承担计价风险的内容、范围以及超过约定内容、范围的调整方法；

（7）工程竣工价款结算编制与核对、支付及时间；

（8）工程质量保证金的数额、预留方式及时间；

（9）违约责任以及发生合同价款争议的解决方法及时间；

（10）与履行合同、支付价款有关的其他事项等。

本着"从约原则"，发承包双方依法签订的合同是工程结算最重要的依据。

4. 发承包双方实施过程中已确认的工程量及其确认的合同价款

招标工程量清单中标明的工程量是招标人根据拟建工程设计文件估算的工程量，不能作为承包人在履行合同义务中应予以完成的实际和准确的工程量。实际和准确的工程量要通过工程计量予以确认，即发承包双方根据合同约定，对承包人完成合同工程的数量进行计算的确认，这是发包人向承包人确认和支付合同价款的前提和依据。

5. 发承包双方实施过程中已确认调整后追加（减）的合同价款

建设项目工期长，影响因素多，在项目实施过程中可能会出现与预期不同的情况，会影响合同价款，双方会通过签证、索赔等方式确认对合同价款的影响额度，这些都是发承包双方对合同履行情况（包括合同内、合同外）所进行的确认，都是工程结算的重要依据。

6. 建设工程设计文件及相关资料

建设工程设计文件以及图纸会审纪要、补充通知等既是工程施工的依据，也是发承包双方工程结算的依据。需要注意的是，由于工程实施过程中常常会出现设计变更，进行竣工结算时依据的不是原来设计的施工图，而是工程竣工图。工程竣工图是真实反映建设工程项目施工结果的图样，是在竣工时按照施工实际情况绘制的图纸。

施工图在施工过程中难免有修改，为了让客户（建设单位或者使用者）能比较清晰地了解管道的实际走向和设备的实际安装情况，国家规定工程竣工后施工单位必须提交竣工图。

在《国家建委关于编制基本建设工程竣工图的几项暂行规定》（［82］建发施字 50 号）中有如下规定：

（1）基本建设竣工图是真实地记录各种地下地上建筑物、构筑物等情况的技术文件，是对工程进行交工验收、维护、改建、扩建的依据，是国家的重要技术档案。全国各建设、设计、施工单位和主管部门都要重视竣工图的编制工作，认真贯彻执行本规定。

（2）各项新建、扩建、改建的基本建设工程，特别是基础、地下建筑、管线、结构、井巷、桥梁、隧道、港口、水坝以及设备安装等隐蔽部位，都要编制竣工图。编制各种竣工图，必须在施工过程中（不能在竣工后）及时做好隐蔽工程记录，整理好设计变更文件，确保竣工图质量。

（3）编制竣工图的形式和深度，应根据不同情况，区别对待

1）凡按图施工没有变动的，则施工单位（包括总包和分包施工单位）在原施工图上加盖"竣工图"标志后，即作为竣工图。

2）凡在施工中具有一般性设计变更，但能将原施工图加以修改补充作为竣工图的，可不重新绘制，由施工单位负责在原施工图（必须是新蓝图）上注明修改的部分，并附以设计变更通知单和施工说明，加盖"竣工图"标志后，即作为竣工图。

3）凡结构形式改变、工艺改变、平面布置改变、项目改变以及其他重大改变，不宜再在原施工图上修改、补充者，应重新绘制改变后的竣工图。由设计原因造成的，由设计单位负责重新绘图；由施工原因造成的，由施工单位负责重新绘图；由其他原因造成的，由建设单位自行绘图或委托设计单位绘图。施工单位负责在新图上加盖"竣工图"标志并附以有关记录和说明，作为竣工图。重大的改建、扩建工程涉及原有工程项目变更时，应将相关项目的竣工图资料统一整理归档，并在原图案卷增补必要的说明。

4）竣工图一定要与实际情况相符，要保证图纸质量，做到规格统一、图面整洁、字迹清楚，不得用圆珠笔或其他易于褪色的墨水绘制。竣工图要经承担施工的技术负责人审核签认。

竣工图是工程实际施工情况的图纸，是工程计量、办理结算的重要依据。

7. 工程结算依据的质量要求

工程结算依据非常重要，特别是双方对工程实施过程中发生各种变更的确认资料，是价款调整的主要依据。相关单位应力求资料真实、完整、合法、规范，这是办理好工程结算的基础。

（1）计价规范关于计价资料的要求

发承包双方应当在合同中约定各自在工程现场管理人员的职责范围，双方现场管理人员在职责范围内签字确认的书面文件是工程计价的有效凭证，如有其他有效证据或经证实证明其是虚假的除外。

发承包双方不论在任何场合对与工程计价有关的事项做出的批准、证明、同意、指令、商定、确定、确认、通知和要求，或表示同意、否定提出要求和意见等，均应采用书面形式，口头指令不得作为计价凭证。工程实践中有些突发紧急事件需要处理，监理单位

下达口头指令，施工单位予以实施，施工单位应在实施后及时要求监理单位完善书面指令，或者施工单位通过签证等方式取得建设单位和监理单位对口头指令的确认。

任何书面文件送达时，应由对方直接签收。通过邮寄时应采取挂号、特快专递传送，或以发承包双方商定的电子传输方式发送，交付、传送或传输至指定的接收人的地址。如接收人通知了另外地址时，相关材料应按新地址发送。为了明确文件传递的责任，发承包双方都应建立文件签收制度，按实登记文件的传递信息。发承包双方分别向对方发出的任何书面文件，均应将其抄送现场管理人员，如系复印件应加盖合同工程管理机构印章，证明与原件相同。双方现场管理人员向对方所发任何书面文件，也应将其复印件发送给发承包双方，复印件应加盖合同管理机构印章，证明与原件相同。

发承包双方均应及时签收另一方送达其指定地点的来往信函，拒不签收的，送达信函的一方可以采用特快专递或者公证方式送达，所造成的费用增加（包括被迫采用特殊方式所发生的费用）和延误的工期由拒绝签收的一方承担。书面文件和通知不得扣压，一方能够提供证据证明另一方拒绝签收或已送达的，应视为对方已签收并应承担相应责任。

（2）做好结算依据的注意事项

1）文字要专业准确、简明扼要；

2）数字计算正确，过程清晰，有明确、合法的依据；

3）责任方签字完善、合法有效；

4）必要时，应采取照片、录像、录音等方式作为事项确认的证明材料。

### 5.3.2　工程进度款的计算

1. 公式

本周期应支付的合同价款（进度款）＝本周期完成的合同价款×支付比例－本周期应扣减的金额

2. 组成内容

（1）本周期完成的合同价款

1）本周期已完成单价项目价款

已标价工程量清单中的单价项目，承包人应按工程计量确认的工程量与综合单价计算；综合单价发生调整的，以发承包双方确认调整的综合单价计算。

2）本周期应支付总价项目价款

已标价工程量清单中的总价项目和按照规范规定形成的总价合同，承包人应按照合同中约定的进度款支付分解，明确总价项目价款的支付时间和金额。具体可由承包人根据施工进度计划和总价构成、费用性质、计划发生时间和相应的工程量等因素，按计量周期进行分解，形成进度款支付分解表，在投标报价时提交，非招标工程在合同洽商时提交。

① 已标价工程量清单中的总价项目进度款支付分解方法可选以下之一（包括但不限于）：

A. 将各个总价项目的总金额按合同约定的计量周期平均支付；

B. 按照各个总价项目的总金额占单价项目总金额的百分比，以及各个计量支付周期内所完成的单价项目的总金额，以百分比方式均摊支付；

C. 按照各个总价项目组成的性质（如时间、与单价项目的关联性等）分解到形象进度计划或计量周期中，与单价项目一起支付。

② 按照计价规范规定形成的总价合同，除由于工程变更形成的工程量增减予以调整外，其工程量不予调整。因此，总价合同的进度款支付应按照计量周期进行支付分解，以便进度款有序支付。

在施工过程中，由于进度计划的调整，发承包双方应对支付分解进行调整并在合同中约定调整方法。

3）本周期已完成的计日工价款

如在施工过程中，承包人完成发包人提出的工程合同范围以外的零星项目或工作（计日工），承包人在收到指令后，按合同约定的时间向发包人提出并得到签证确认的价款。

任一计日工项目实施结束后，承包人应按照确认的计日工现场签证报告核实该类项目的工程数量，并应根据核实的工程数量和承包人已标价工程量清单中的计日工的单价，计算已完成的计日工价款（表 5-4）；已标价工程量清单中没有该类计日工单价的，应按合同相关约定确定单价，合同没有约定的，执行计价规范相关规定。

G.5　计日工表　　　　　　　　表 5-4

工程名称：　　　　　　　　　　标段：　　　　　　　　第　页　共　页

| 编号 | 项目名称 | 单位 | 暂定数量 | 实际数量 | 综合单价（元） | 合价（元） | |
|---|---|---|---|---|---|---|---|
| | | | | | | 暂定 | 实际 |
| 一 | 人工 | | | | | | |
| 1 | | | | | | | |
| 2 | | | | | | | |
| 3 | | | | | | | |
| 4 | | | | | | | |
| | 人工小计 | | | | | | |
| 二 | 材料 | | | | | | |
| 1 | | | | | | | |
| 2 | | | | | | | |
| 3 | | | | | | | |
| 4 | | | | | | | |
| 5 | | | | | | | |
| 6 | | | | | | | |
| | 材料小计 | | | | | | |
| 三 | 施工机械 | | | | | | |
| 1 | | | | | | | |
| 2 | | | | | | | |
| 3 | | | | | | | |
| 4 | | | | | | | |
| | 施工机械小计 | | | | | | |
| | 四、企业管理费和利润 | | | | | | |
| | 总计 | | | | | | |

注：此表项目名称，暂定数量由招标人填写，编制招标控制价时，单价由招标人按有关计价规定确定；投标时，单价由投标人自主报价，按暂定数量计算合价计入投标总价中，结算时，按发承包双方确认的实际数量计算合价。

工程实践中，计日工的签证与其他签证可能使用的是相同的签证表格（表 5-4），应对计日工签证与其他签证分别汇总统计，可以在签证单作"计日工"等标志，方便统计。

4）本周期应支付的安全文明施工费

发包人应在工程开工后的 28 天内预付安全文明施工费总额的 50%，其余部分应按照提前安排的原则进行分解，并应与进度款同期支付。

5）本周期应增加的合同价款

① 承包人现场签证。现场签证是发包人现场代表（或其授权的监理人、工程造价咨询人）与承包人现场代表就施工过程中涉及的责任事件所做的签认证明。如在施工过程中，承包人完成发包人提出的工程合同范围以外的零星项目或工作（计日工），承包人在收到指令后，按合同约定的时间向发包人提出并得到签证确认的价款，再如发生设计变更，承包人按合同约定的时间向发包人提出并得到签证确认的价款等。

② 得到发包人确认的索赔金额。在合同履行过程中，由于非承包人原因（如长时间停水、停电，不可抗力，发包人延期提供材料等）而遭受损失，承包人按照合同约定的时间向发包人索赔并得到确认的金额。

在合同履行过程中，由于非发包人原因（材料不合格、未能按照监理人要求完成缺陷补救工作、由于承包人的原因修改进度计划导致发包人有额外投入、管理不善延误工期等）而遭受损失，发包人按照合同约定的时间向承包人索赔并得到确认的金额，可从承包人的索赔或签证款中扣除或按照合同约定方式进行。

工程施工过程中，可能会发生合同约定价款调整的事项，主要有法律法规变化、工程变更、项目特征不符、工程量清单缺项、工程量偏差、发生合同以外的零星工作、不可抗力、索赔等情况，施工单位按约定提出价款调整报告或者是签证、索赔等资料，取得发包人书面确认，以此调整合同价款，可以在进度款支付时一并结算，也可以在竣工结算时一并结算，具体方式在合同中约定。

（2）支付比例

进度款的支付比例按照合同约定，按期中结算价款总额计，不低于 60%，不高于 90%。"13 计价规范"未在进度款支付中要求扣减质量保证金，因为进度款支付比例最高不超过 90%，实质上已包括质量保证金。住房和城乡建设部、财政部印发的《建设工程质量保证金管理暂行办法》第 7 条规定"全部或者部分使用政府投资的建设项目，按工程价款结算总额 5% 左右的比例预留质量保证金。"因此，在进度款支付中扣减质量保证金，增加了财务结算工作量，而在竣工结算价款中预留质量保证金则更加简便清晰。

（3）本周期应扣减的金额

1）应扣回的预付款

预付款应从每一个支付期应付给承包人的工程款中扣回，直到扣回的金额达到合同约定的预付款金额为止。预付款的扣回时间、金额见本教材任务 4.1 的相关内容。

2）发包人提供的甲供材料金额

发包人提供的甲供材料金额，应按照发包人签约提供的单价和数量从进度款支付中扣除。

### 5.3.3　工程进度款的支付程序

工程进度款支付，是指发包人在合同工程施工过程中，按照合同约定对付款周期内承包人完成的工作按合同价款给予支付的款项，也就是合同价款的支付。发承包双方应按照合同约定的时间、程序和方法，根据工程计量结果办理期中价款结算，支付进度款。除专用合同条款另有约定外，进度款支付周期应与合同约定的工程计量周期一致。

1. 进度款支付申请的编制

承包人应在每个计量周期到期后的 7 天内向发包人提交已完工程进度款支付申请（一式四份），详细说明此周期内认为有权得到的款项，包括分包人已完工程的价款。"13 计价规范"给出了"进度款支付申请（核准）表"（表 5-5）的规范格式。

支付申请应包括下列内容：

（1）累计已完成的合同价款。

（2）累计已实际支付的合同价款。

（3）本周期合计完成的合同价款

1）本周期已完成单价项目的金额；

2）本周期应支付的总价项目的金额；

3）本周期已完成的计日工价款；

4）本周期应支付的安全文明施工费；

5）本周期应增加的金额。

（4）本周期合计应扣减的金额

1）本周期应扣回的预付款；

2）本周期应扣减的金额。

（5）本周期实际应支付的合同价款。

2. 进度付款申请单的提交

（1）单价合同进度付款申请单的提交

单价合同的进度付款申请单，按照单价合同计量约定的时间按月向监理人提交，并附上已完成工程量报表和有关资料。单价合同中的总价项目按月进行支付分解，并汇总列入当期进度付款申请单。

（2）总价合同进度付款申请单的提交

总价合同按月计量支付的，承包人按照总价合同计量约定的时间按月向监理人提交进度付款申请单，并附上已完成工程量报表和有关资料。

总价合同按支付分解表支付的，承包人应按照支付分解表及进度付款申请单的编制等约定向监理人提交进度付款申请单。

（3）其他价格形式合同进度付款申请单的提交

合同当事人可在专用合同条款中约定其他价格形式合同进度付款申请单的编制和提交程序。

3. 进度款审核和支付

1）除专用合同条款另有约定外，监理人应在收到承包人进度付款申请单以及相关资料后 7 天内完成审查并报送发包人，发包人应在收到后 7 天内完成审批并签发进度款支付证书。发包人逾期未完成审批且未提出异议的，视为已签发进度款支付证书。

发包人和监理人对承包人的进度付款申请单有异议的，有权要求承包人修正和提供补充资料，承包人应提交修正后的进度付款申请单。监理人应在收到承包人修正后的进度付款申请单及相关资料后 7 天内完成审查并报送发包人，发包人应在收到监理人报送的进度付款申请单及相关资料后 7 天内，向承包人签发无异议部分的临时进度款支付证书。存在争议的部分，按照争议解决的约定处理。

K.3　进度款支付申请（核准）表

表 5-5

工程名称：　　　　　　　　　　　　标段：　　　　　　　　　　　　编号：

致：_____（发包人全称）

　　我方于_____至_____期间已完成了_____工作，根据施工合同的约定，现申请支付本周期的合同款额为（大写）_____（小写_____），请予核准。

| 序号 | 名称 | 实际金额（元） | 申请金额（元） | 复核金额（元） | 备注 |
|---|---|---|---|---|---|
| 1 | 累计已完成的合同价款 | | — | | |
| 2 | 累计已实际支付的合同价款 | | — | | |
| 3 | 本周期合计完成的合同价款 | | | | |
| 3.1 | 本周期已完成单价项目的金额 | | | | |
| 3.2 | 本周期应支付的总价项目的金额 | | | | |
| 3.3 | 本周期已完成的计日工价款 | | | | |
| 3.4 | 本周期应支付的安全文明施工费 | | | | |
| 3.5 | 本周期应增加的合同价款 | | | | |
| 4 | 本周期合计应扣减的金额 | | | | |
| 4.1 | 本周期应抵扣的预付款 | | | | |
| 4.2 | 本周期应扣减的金额 | | | | |
| 5 | 本周期应支付的合同价款 | | | | |

附：上述 3、4 详见附件清单。

承包人（章）

造价人员：_____　承包人代表：_____　　日期：_____

| 复核意见：<br>□与实际施工情况不相符，修改意见见附件。<br>□与实际施工情况相符，具体金额由造价工程师复核。<br><br>　　　　　监理工程师：_____<br>　　　　　日　　　期：_____ | 复核意见：<br>　　你方提出的支付申请经复核，本周期已完成合同款额为（大写）_____（小写_____），本周期应支付金额为（大写）_____（小写_____）。<br><br>　　　　　造价工程师：_____<br>　　　　　日　　　期：_____ |
|---|---|

审核意见：
□不同意。
□同意，支付时间为本表签发后的 15 天内。

发包人（章）

发包人代表：_____

日　　　期：_____

注：1　在选择栏中的"□"内作标识"✓"。

　　2　本表一式四份，由承包人填报，发包人、监理人、造价咨询人、承包人各存一份。

2）发包人签发进度款支付证书或临时进度款支付证书，不表明发包人已同意、批准或接受了承包人完成的相应部分的工作。

4. 进度付款的修正

在对已签发的进度款支付证书进行阶段汇总和复核中发现错误、遗漏或重复的，发包人和承包人均有权提出修正申请。经发包人和承包人同意的修正，应在下期进度付款中支付或扣除。

5. 进度款逾期支付的法律责任

除专用合同条款另有约定外，发包人应在进度款支付证书或临时进度款支付证书签发后14天内完成支付，发包人逾期支付进度款的，应按照中国人民银行发布的同期同类贷款基准利率支付违约金。发包人在付款期满后的7天内仍未支付的，承包人可在付款期满后的第8天起暂停施工。发包人应承担由此增加的费用和延误的工期，向承包人支付合理利润，并应承担违约责任，具体内容在合同中明确约定。

6. 支付分解表

（1）支付分解表的编制要求

1）支付分解表中所列的每期付款金额，应为进度付款申请单编制的估算金额；

2）实际进度与施工进度计划不一致的，合同当事人应商定或确定修改支付分解表；

3）不采用支付分解表的，承包人应向发包人和监理人提交按季度编制的支付估算分解表，用于支付参考。

（2）总价合同支付分解表的编制与审批

1）除专用合同条款另有约定外，承包人应根据合同约定的施工进度计划、签约合同价和工程量等因素对总价合同按月进行分解，编制支付分解表。承包人应当在收到监理人和发包人批准的施工进度计划后7天内，将支付分解表及编制支付分解表的支持性资料报送监理人。

2）监理人应在收到支付分解表后7天内完成审核并报送发包人。发包人应在收到经监理人审核的支付分解表后7天内完成审批，经发包人批准的支付分解表为有约束力的支付分解表。

3）发包人逾期未完成支付分解表审批的，也未及时要求承包人进行修正和提供补充资料的，则承包人提交的支付分解表视为已经获得发包人批准。

（3）单价合同的总价项目支付分解表的编制与审批

除专用合同条款另有约定外，单价合同的总价项目，由承包人根据施工进度计划和总价项目的总价构成、费用性质、计划发生时间和相应工程量等因素按月进行分解，形成支付分解表，其编制与审批参照总价合同支付分解表的编制与审批执行。

7. 支付账户

发包人应将合同价款支付至合同协议书中约定的承包人账户。

8. 案例分析

【例5-12】某办公楼工程，发包人与承包人按照《建设工程施工合同（示范文本）》GF—2017—0201，在专用合同条款中关于"计量及进度款"的约定如下：

"······

8.1 计量

8.1.1　计量原则

按照《建设工程工程量清单计价规范》GB 50500—2013 和 2020《湖南省房屋建筑与装饰工程消耗量标准》及其计价文件进行计算。

8.1.2　计量周期

（1）本合同的计量周期为月，每月25日为当月计量截止日期（不含当日）和下月计量起始日期（含当日）。

（2）本合同执行通用合同条款本项约定的单价子目计量。总价子目计量方法按专用合同条款第 12.3.4 项总价子目的计量——按实际完成工程量计量。

8.1.3　总价子目的计量——按实际完成工程量计量

（1）总价子目的价格调整方法：/。

总价子目的计量和支付应以总价为基础，对承包人实际完成的工程量进行计量，是进行工程目标管理和控制进度款支付的依据。

（2）承包人在专用合同条款第 8.1.2（1）目约定的每月计量截止日期后，对已完成的分部分项工程的子目（包括在工程量清单中给出具体工程量的措施项目的相关子目），按照专用合同条款第 8.1.3 项约定的计量方法进行计量，对已完成的工程量清单中没有给出具体工程量的措施项目的相关子目，按其总价构成、费用性质和实际发生比例进行计量，向监理人提交进度付款申请单、已完成工程量报表和有关计量资料。

（3）监理人对承包人提交的工程量报表进行复核，以确定实际完成的工程量。对数量有异议的，可要求承包人共同复核。承包人应协助监理人进行复核并按监理人要求提供补充计量资料。承包人未按监理人要求参加复核，监理人复核或修正的工程量视为承包人实际完成的工程量。

（4）监理人应在收到承包人提交的工程量报表后的 7 天内进行复核，监理人未在约定时间内复核的，承包人提交的工程量报表中所列工程量视为承包人实际完成的工程量，据此计算工程价款。

（5）本合同为固定单价合同，工程量以按图及实际发生量，经双方核对为准。

8.1.4　预付款（在本教材"预付款"部分已引用，在此略）

8.1.5　工程进度款支付

8.1.6　进度付款申请单

进度付款申请单的份数：按发包人的要求。

进度付款申请单的内容：按发包人的要求。"

5.3.4　进度款审核和支付

承包人向工程师提交已完工程量报告的时间：每月 25 日（超过时限本次支付不予办理），承包人向监理人、发包人提供当月已完工程工程款月支付报表一式六份，发包人根据投标文件、招标文件［含招标答疑会议纪要］及施工合同等在 14 个日历天内审批。

双方约定的工程款（进度款）支付的方式和时间：

1）按当月实际完成工程量，经监理、发包人按招标工程量清单、投标文件、施工合同等审核，工程量清单内的工程款按审核后的工程进度款的80%支付；月进度款支付时间为发包人审核批准后 15 个工作日内支付。

2）最后一期进度款在竣工验收完成后支付。

假设本月发生（非末次进度款）的相关价款如下：

① 本月已完成单价项目价款：1650000 元；

② 按合同约定本月应支付的总价项目金额：140000 元；

③ 本月发生的计日工价款：5500 元；

④ 按合同约定本月应支付的安全文明施工费：3000 元；

⑤ 本月确认的现场签证金额合计：5000 元；

⑥ 本月确认的索赔金额合计：4500 元；

⑦ 按合同约定本月应抵扣的预付款：0 元（合同约定最后一笔支付进度款见前面约定）。

按前述的合同约定，本月应支付的合同价款

$= (1650000+140000+5500+3000+5000+4500) \times 80\%$

$=1808000 \times 80\% = 1446400$ 元

# 任务 5.4　过　程　结　算

为加强房屋建筑和市政基础设施工程造价和计价行为监管，完善工程结算管理，有效解决拖欠工程款和拖欠农民工工资问题，优化营商环境，促进建筑业持续健康发展，根据《中华人民共和国合同法》《保障农民工工资支付条例》（国务院令第 724 号）、《国务院办公厅关于促进建筑业持续健康发展的意见》（国办发〔2017〕19 号），促进房屋建筑和市政基础设施工程建设单位落实自身责任，从源头保障农民工工资支付，各省决定在房屋建筑和市政基础设施工程（简称建筑工程）建设中全面推行施工过程结算。

## 5.4.1　推行施工过程结算的意义

1. 过程结算是反映工程进度的重要指标与资金周转的关键环节及时确定价款，预控工程造价风险，进一步实现了工程造价的动态控制。只有及时分析不同原因引起的工程价款调整如何管理，及时发现合同的缺陷与不足，进行补偿完善，有利于风险的合理分担，有效避免超进度支付等问题。

2. 减少了发承包双方或其委托的工程造价咨询企业的重复计量与核价工作，提升了结算工作效率。

3. 及时化解结算纠纷，有效避免了工程款拖欠引发的农民工工资拖欠问题。

4. 有利于施工企业规范经营和有序生产，只有保证施工企业资金流，才能避免偷工减料等造成的质量、安全隐患和工期延误等问题，提高其经营效益。

5. 有助于优化建筑市场环境，推动智能建造，促进建筑业高质量发展。

因此，施工过程结算是建筑业结算方式的重大变革。推行施工过程结算是一项非常及时的举措，既能够有效促进建筑业的健康发展，也有利于提高投资效益，减少经济纠纷。

## 5.4.2　施工过程结算概念

施工过程结算是指建设项目实施过程中，发承包双方依据合同约定的结算周期（时间或进度节点），对已完工程质量合格的工程内容（包括现场签证、工程变更、索赔等）开展工程价款计算、调整、确认及支付等的活动。

适用于房屋建筑和市政基础设施工程施工合同工期两年以上的新开工项目，施工过程结算完成后，发包人应依据已确认的当期施工过程结算文件，按照合同约定足额支付结算款。

　　施工过程结算应根据合同约定和结算资料，对已完工程进行计量计价。安全文明施工费暂按基本费费率计算，竣工结算时，按该工程应计费率调整。对质量不合格的，可在整改合格后纳入当期施工过程结算；对计量计价有争议的，争议部分按合同约定的争议方式处理，无争议部分应按期办理施工过程结算。

### 5.4.3　过程结算文件的效力

　　施工过程结算文件经发承包双方签署认可后，作为竣工结算文件的组成部分。未经对方同意，另一方不得就已生效的结算文件进行重复审核。国有资金投资的项目，发包人要加强与发改、财政和审计部门的沟通衔接，做好施工过程结算相关工作。发包人不得以未完成审计作为延期工程过程结算的理由，拖延办理结算和支付工程款。

### 5.4.4　结算资料

　　施工过程结算资料包括但不限于施工合同、补充协议、中标通知书、施工图纸、工程招标投标文件、施工方案、工程量及其单价以及各项费用计算、经确认的工程变更、现场签证、工程索赔等。施工过程结算文件应按竣工结算文件要求进行编制。经发承包双方签字认可后的施工过程结算文件，作为竣工结算文件的组成部分及支付工程进度款的依据。

　　实行施工过程结算的建设工程，招标工程发包人应在招标文件中，非招标工程应在施工合同中明确约定施工过程结算节点（周期）、施工过程分段结算详细范围、计量计价方法、计量计价争议处理、风险范围、验收要求，以及价款支付程序、时间、比例、逾期支付处理等内容。

### 5.4.5　结算周期与节点的划分

　　施工过程结算周期可按施工形象进度节点划分，做到与进度款支付节点相衔接。房屋建筑工程施工过程结算节点应根据项目大小合理划分，可分为土方开挖及基坑支护、桩基工程、地下室工程、地上主体结构工程（可分段）和装饰装修及安装工程（可分专业）等。市政基础设施建筑工程施工过程结算节点可采用分段、分单项或分专业等方式合理划分。

### 5.4.6　结算内容

　　实行施工过程结算的工程项目，发承包双方宜做出约定，对当期质量合格已完工程量所发生价款进行确认和支付。价款结算范围包括国家计价规范规定的因法律法规变化、政策性调整、工程量清单缺项或偏差、物价变化、暂估价调整等所引起的价款变化，以及变更、签证、索赔等事项，在发生时按照约定一并计入当期施工过程结算。

### 5.4.7　结算期限

　　发承包双方应依据合同约定的施工过程结算节点进行施工过程结算。承包方应在施工过程结算节点工程验收合格后，在合同约定期限内向发包方递交完整的施工过程结算文件及相应结算资料。

　　完成本周期施工后，承包人编制包括量、价、费在内的过程结算报告及其相关资料报送发包人，发包人在约定时间内完成核实和确认；承包人向发包人提出过程价款支付申请，发包人在约定时间内按照约定比例支付价款。未约定支付比例的，可参照竣工结算支付比例确定。未约定过程结算报告确认时限或过程价款支付时限的，可按照《建设工程工程量清单计价规范》GB 50500—2013 相关规定执行。

发包方应在约定期限内完成施工过程结算的核对、确认。因发包方原因逾期未完成审核的，可按合同约定视同发包方认可承包方报送的施工过程结算文件。因承包方原因未在约定期限内提交施工过程结算文件，发包方可以依据合同约定根据已有资料自行开展施工过程结算活动。合同约定的施工过程结算办理各项期限不得超过 28 日。合同中对施工过程结算办理的各项时限未有约定的，其期限均为 28 日。

### 5.4.8　过程结算的支付

发包方应在合同约定的时间内按照合同约定的比例支付，未约定支付比例的，可参照竣工结算支付比例确定。合同约定的支付比例一般不得低于施工过程结算款的 60％。项目累计合同金额不得超过概算。

各地普遍强调施工过程结算审核的时效性，明确发包人逾期审核即为认同。为体现对施工单位付款的保障力度，各地还对进度款最低付款比例作了规定。例如，浙江省、四川省以及重庆市要求发包人按照合同约定足额支付工程进度款。山西省和甘肃省则分别要求合同约定的进度款支付比例不得低于 80％；发包人应按不低于工程价款的 75％、不高于工程价款的 90％向承包人支付工程进度款。建设单位应当提供工程款支付担保。发承包双方应依据合同约定的施工过程结算节点进行施工过程结算。承包人应在施工过程结算节点工程验收合格后，及时完成施工过程结算文件编制工作，应在合同约定期限内向发包人递交施工过程结算文件及相应结算资料；发包人应在约定期限内完成施工过程结算的核对、确认。因发包人原因逾期未完成审核的，可按合同约定处理。因承包人原因未在约定期限内提交施工过程结算文件，发包人可以依据合同约定根据已有资料自行开展施工过程结算。合同约定的施工过程结算办理各项期限均按国家现行计价规范的规定执行。

施工总承包单位应当按照有关规定开设农民工工资专用账户，专项用于支付该工程建设项目农民工工资。建设单位应将工程进度款中的人工费及时足额拨付到农民工工资专用账户。

开展施工过程结算工程项目的剩余工程款，一般应当在完成合同约定的施工任务并验收合格后，按发承包双方认可的工程竣工结算审核资料进行清算和支付。

### 5.4.9　规范计价行为

实行施工过程结算的工程项目，总价措施费可按当期造价占全部工程造价的比例计算，单价措施费可按当期完成的工程量计算。双方宜约定过程结算价款抵扣工程预付款的方式。在办理工程签证时，宜明确签证包含的量、价、费。产生计量计价争议时，无争议部分先办理结算；争议解决后，争议涉及价款计入当期过程结算。

其中，施工合同中应明确措施项目费的支付方式，采用总价计算的措施项目费可依据施工过程结算当期实际完成的工程造价比例计算，采用单价计算的措施项目费可按当期完成的工程施工措施工作量进行计量及计价。人工费用拨付周期应按照《保障农民工工资支付条例》（国务院令第 724 号）有关要求，在招标文件和施工合同中进行单独约定。

安全文明施工费暂按基本费费率计算，竣工结算时，按该工程应计费率调整。对质量不合格的，可在整改合格后纳入当期施工过程结算；对计量计价有争议的，争议部分按合同约定的争议方式处理，无争议部分应按期办理施工过程结算。发承包双方要加强施工现场的造价管理，及时对工程合同外的事项如实记录并履行书面手续。由发承包双方授权的现场代表签字的签证以及发承包双方协商确定的索赔等费用，应在过程结算中如实办理，不得因发承包双方现场代表的中途变更而改变其有效性。

### 5.4.10 争议的解决

施工过程结算产生争议时，发承包双方应及时按合同约定解决争议，避免因计价争议影响施工过程结算。对经协商无法达成一致的，可就有争议部分共同提请项目所在地造价机构进行解释或调解；调解不成的，可以申请争议评审，若不接受争议评审小组决定的也可以依法申请仲裁或者向人民法院提起诉讼。发承包双方和受委托的工程造价咨询企业应及时、公平、公正地开展施工过程结算工作，履行合同相应的责任和义务。

### 5.4.11 强化管理

**1. 合同管理**

社会投资的工程总承包项目宜采取总价合同，并约定付款周期节点和付款比例，在开展施工过程结算时，仅对合同约定的可调整部分进行审核。采取单价合同的工程项目，发承包双方可完善施工图纸，重新计取工程量，固定工程总价，约定只对必要的变更签证和材料调差等进行处理，通过补充协议予以确认后，不再重复核对工程量，提高过程结算工作效率。

**2. 聚焦关键环节**

实行施工过程结算的工程项目，要前移工作重心，严格控制概算；完善标前策划，满足施工图设计深度要求；提高招标工程量清单编制水平，充分考虑施工阶段划分，减少项目缺漏和计量偏差。减轻工程施工阶段变更调整工作量，解决关键制约因素。

**3. 健全资金保障**

工程项目建设单位应确保建设资金落实到位，保障施工过程结算顺利实施。政府投资项目没有明确资金来源的不得审批，不得由施工单位垫资建设。推行工程款支付担保制度，预防工程款拖欠。

**4. 提升咨询服务**

发承包双方可自行组织或委托符合条件的工程造价咨询单位编审施工过程结算，鼓励施工过程结算实行全过程造价咨询服务，确保施工过程结算工作的顺利进行。造价咨询企业宜调整服务方式，提升业务水平，积极为实行过程结算的工程项目提供全过程造价咨询服务，开展过程结算审核，出具造价咨询报告。鼓励建设单位配备相应的专业技术人员或者委托工程造价咨询机构，对实施施工过程结算的工程推行全过程造价咨询，及时办理工程变更签证和施工过程结算审核。施工过程结算文件应由负责编制审核的注册造价工程师签名并加盖执业专用章和编制单位印章。工程量清单编制、工程变更签证咨询服务质量和施工过程结算审核时限可作为约定支付造价咨询费用的重要依据。建设单位在办理工程变更签证时，应明确费用签证的量、价和费。

**5. 加大激励惩戒**

对过程结算开展较好的各类企业，通过建筑市场主体信用评价等形式实施正向激励；对恶意拖延结算、拖欠工程款和农民工工资、合约意识差的有关主体，依法依规进行处理，并记入不良行为记录。

# 任务5.5　案例分析

**【背景资料】** 某工程项目招标控制价为 300 万元，经过公开招标，发包人与某承包人签订了施工总承包合同，工期 5 个月。工程内容包括 A、B、C 三项分项工程，综合单价分别为 240.00 元/m³，550.00 元/m³，380.00 元/m³；管理费和利润为人材机费用之和的 12%，规费和税金为人材机费用、管理费和利润之和的 16%，各分项工程计划和实际进度见表 5-6。

单价措施项目费用按分部分项费用的 20% 计；总价措施项目费用 9 万元（其中含安全文明施工费 3 万元）；暂列金额 12 万元；专业工程暂估价为 50 万元，总包服务费率为专业工程暂估价的 4%，招标文件中已明确专业工程由总承包单位负责招标，与总承包单位签订合同，结算时按实际发生的专业工程价款计。

分项工程费用数据与施工进度计划表　　　表 5-6

| 分项工程 | | | | 施工进度计划（单位：月）上方实线：计划进度 下方实线：实际进度 | | | | |
|---|---|---|---|---|---|---|---|---|
| 名称 | 工程量 | 综合单价 | 费用合计（万元） | 1 | 2 | 3 | 4 | 5 |
| A | 1000m³ | 240 元/m³ | 24.00 | | | | | |
| B | 1200m³ | 550 元/m³ | 66.00 | | | | | |
| C | 1500m³ | 380 元/m³ | 57.00 | | | | | |
| 合计 | | | 147.00 | 计划与实际施工均为匀速进度 | | | | |

有关工程价款结算与支付的合同约定如下：

1. 开工日 10 天前，发包人应向承包人支付合同价款（扣除暂列金额和安全文明施工费）的 20% 作为材料预付款，材料预付款在第 3、4、5 月的工程价款中平均扣回。

2. 开工日 10 天前，总价措施项目中的安全文明施工措施工程款与材料预付款同时支付，其余总价措施项目费用在第 2、3、4 月平均支付。总价措施项目包干使用。

3. 当每项分项工程工程量增加（或减少）幅度超过清单工程量的 15% 时，调整综合单价，调整系数为 0.9（或 1.1）。

4. 工程进度款按每月结算，发包人按每次承包人应得工程进度款的 90% 支付。

5. 如遇清单缺项，按信息价参考报价浮动率确定新工程的综合单价。

6. 因该工程急于投入使用，合同工期不得拖延。如果出现因业主方的工程量增加或其他原因导致关键线路上的工作持续时间延长，承包商应采取赶工措施，业主给予承包商赶工补偿 1000 元/天（含税费），如因承包商原因造成工期拖延，每拖延 1 天罚款 1500 元（含税费）。赶工补偿在最后 1 个月的工程进度款结算中支付，工期罚款在竣工结算中扣留。

7. 竣工验收通过后的 60 天内进行工程竣工结算，竣工结算时扣除工程实际总价的 3％作为工程质量保证金，剩余工程款一次性支付。

该工程如期开工，施工中发生了经承发包双方确认的以下事项：

（1）A 分项工程实际工程量为 800m³，不影响工期。

（2）2 月完成专业工程费用 30 万元，3 月完成专业工程费用 25 万元。

（3）2 月份，发生现场计日工的人材机费用为 6.8 万元，工作持续时间无变化。

（4）3 月份，业主要求新增一临时工程，工程量为 300m³，双方按当地造价管理部门颁布的人材机消耗量、信息价确定的人材机合计为 500 元/m³。该工作在关键工作上，直接影响工期 3 天。

（5）第 4 个月发生现场签证零星工作费用 2.8 万元，索赔款 3 万元。

其余工程内容的施工时间和价款与签约合同相符。

问题：

（计算过程及结果均保留三位小数，单位：万元）

1. 列式计算合同价（含税）为多少万元？材料预付款是多少万元？开工前支付的安全文明施工措施项目工程款是多少万元？

2. 列式计算 A 分项工程的综合单价是多少元/m³？该工程的报价浮动率为多少（合同价即中标价）？新增工程的综合单价是多少元/m³？

3. 填写第 4 月的"进度款支付申请（核准表），见表 5-7"。

进度款支付申请（核准表） 表 5-7

| 序号 | 名称 | 实际金额（元） | 申请金额（元） | 复核金额（元） | 备注 |
|---|---|---|---|---|---|
| 1 | 4 月份合计完成的合同价 | | | | |
| 1.1 | 4 月已完单价项目的金额 | | | | |
| 1.2 | 4 月应支付的总价项目的金额 | | | | |
| 1.3 | 4 月已完成的计日工价款 | | | | |
| 1.4 | 4 月应支付的安全文明施工价款 | | | | |
| 1.5 | 4 月应支付的索赔价款 | | | | |
| 1.6 | 4 月增加的设计变更合同价款 | | | | |
| 2 | 4 月合计应扣减的金额 | | | | |
| 2.1 | 4 月应抵扣的预付款 | | | | |
| 2.2 | 4 月应扣减的工程款 | | | | |
| 3 | 4 月应支付的合同价款 | | | | |

4. 列式计算工程实际造价及竣工结算价款。

**解：**（1）问题 1

1）合同价：$[147.00 \times (1+20％)+9+12+50 \times (1+4％)] \times (1+16％)=289.304$ 万元

2）材料预付款：$[289.304-(12+3) \times (1+16％)] \times 20％=54.381$ 万元

3）安全文明施工费工程预付款$=3 \times (1+16％) \times 90％=3.132$ 万元

（2）问题 2

A 分项工程量偏差：（1000－800）/1000×100％＝20％＞15％

A 分项工程综合单价：240×1.1＝264 元/m³

报价浮动率＝（1－289.304/300）×100％＝3.565％

新增工程的综合单价＝500×（1＋12％）×（1－3.565％）＝540.036 元/m³

（3）问题 3

表格中的数据计算思路：

4 月已完单价项目的金额，包括分部分项费用及单价措施项目，即＝1/3×57×（1＋20％）×（1＋16％）×10000＝264480 元

4 月应支付的总价项目的金额＝20000×（1＋16％）＝23200 元

4 月已完成的计日工价款＝2.8×10000×（1＋16％）＝32480 元

4 月应抵扣的预付款＝1/3×54.381×10000＝181270 元

4 月应扣减的工程款＝4 月已完工程款×10％＝350160×10％＝35016 元

填写"进度款支付申请表"（核准表），见表5-8。

进度款支付申请（核准表）　　　　　　　　　　　　　　表 5-8

| 序号 | 名称 | 实际金额（元） | 申请金额（元） | 复核金额（元） | 备注 |
|---|---|---|---|---|---|
| 1 | 4 月份合计完成的合同价款 | 350160 | | | |
| 1.1 | 4 月已完单价项目的金额 | 264480 | | | |
| 1.2 | 4 月应支付的总价项目的金额 | 23200 | | | |
| 1.3 | 4 月已完成的计日工价款 | 32480 | | | |
| 1.4 | 4 月应支付的安全文明施工价款 | 0 | | | |
| 1.5 | 4 月应支付的索赔价款 | 30000 | | | |
| 1.6 | 4 月增加的设计变更合同价款 | 0 | | | |
| 2 | 4 月合计应扣减的金额 | 216286 | | | |
| 2.1 | 4 月应抵扣的预付款 | 181270 | | | |
| 2.2 | 4 月应扣减的工程款 | 35016 | | | 10％工程款 |
| 3 | 4 月应支付的合同价款＝1－2 | 133874 | 133874 | | |

（4）问题 4

实际总造价中：

分部分项工程价款＝（800×240×1.1/10000＋66＋57＋300×540.036/10000）×（1＋16％）＝185.972 万元

措施项目价款＝185.972×20％＋9×（1＋16％）＝47.634 万元

其他项目价款＝[55×（1＋4％）＋6.8×（1＋12％）＋2.8]×（1＋16％）＝78.435 万元

索赔款＝3 万元

赶工费用(含税费)＝1000×3/10000＝0.3 万元

实际总造价＝185.972＋47.634＋78.435＋3＋0.3＝315.341 万元

竣工结算款＝315.341×（10％－3％）＝22.074 万元

# 模块 6 竣 工 结 算

## 任务 6.1 竣 工 结 算

竣工结算按照结算对象分为单位工程结算、单项工程结算和建设项目竣工总结算。其中，单位工程竣工结算和单项工程竣工结算也可以看成是建设项目的分阶段结算。

### 6.1.1 竣工结算的编制

预付款、进度款通过支付申请、支付证书实现，而竣工结算要形成一套内容完整、格式规范的经济文件，作为对工程实际造价的最终确定。"13 计价规范""2017 建设工程施工合同示范文本"对其编制都有详细规定，并有相应的表格。合同工程完工后，发承包双方必须在合同约定时间内办理竣工结算。竣工结算应由承包人或受其委托具有相应资质的工程造价咨询人编制，并由发包人或受其委托具有相应资质的工程造价咨询人核对。

1. 竣工结算的编制依据

（1）国家有关法律、法规、规章制度和相关的司法解释；

（2）《建设工程工程量清单计价规范》GB 50500—2013；

（3）国务院建设主管部门以及各省、自治区、直辖市和有关部门发布的工程造价计价标准、计价方法、有关规定及相关解释；

（4）施工承发包合同、专业分包合同及补充合同，有关材料、设备采购合同；

（5）招投标文件，包括招标答疑文件、投标承诺、中标报价书及其组成内容；

（6）工程竣工图或施工图、施工图会审记录、经批准的施工组织设计，以及设计变更、工程洽商和相关会议纪要；

（7）经批准的开、竣工报告或停、复工报告；

（8）发承包双方实施过程中已经确认的工程量及其结算的合同价款；

（9）发承包双方实施过程中已经确认调整后追加（减）的合同价款；

（10）其他依据。

2. 竣工结算的计价原则

在采用工程量清单计价的方式下，工程竣工结算的计价原则如下：

（1）分部分项工程和措施项目中的单价项目应依据双方确认的工程量与已标价工程量清单的综合单价计算；发生调整的，应以发承包双方确认调整的综合单价计算。

（2）措施项目中的总价项目应依据已标价工程量清单的项目和金额计算；发生调整的，应以发承包双方确认调整的金额计算，其中安全文明施工费必须按照国家或省级、行业建设主管部门的规定计算，不得作为竞争性费用。

（3）其他项目应按下列规定计价：

1）计日工应按发包人实际签证确认的事项计算；

2）暂估价的确定原则应按照"2013 计价规范"第 9.9 节相应条款的规定确定招标工

程量清单中的材料、工程设备及专业工程暂估价款，并应以此为依据调整合同价款；

3）总承包服务费应依据已标价工程量清单金额计算；发生调整的，应以发承包双方确认调整的金额计算；

4）索赔费用应依据发承包双方确认的索赔事项和金额计算；

5）现场签证费用应依据发承包双方签证资料确认的金额计算；

6）暂列金额应减去合同价款调整（包括索赔、现场签证）金额计算，如有余额归发包人；

7）规费和税金应按必须按照国家或省级、行业建设主管部门的规定计算，不得作为竞争性费用；

8）发承包双方在合同工程实施过程中已经确认的工程计量结果和合同价款，在竣工结算办理中应直接进入结算。

3. 竣工结算的计算方法

（1）竣工结算款的计算

1）竣工结算造价（工程实际造价）＝分部分项工程费＋措施项目费＋其他项目费＋规费＋税金

其中：

① 分部分项工程费＝双方确认的工程量×已标价工程量清单的综合单价（发生调整的，应以发承包双方确认调整的综合单价计算）

② 措施项目费＝单价措施项目费＋总价措施项目费

单价措施项目费＝双方确认的工程量×已标价工程量清单的综合单价（发生调整的，应以发承包双方确认调整的综合单价计算）

总价措施项目费＝合同约定的取费基础×已标价工程量清单的费率（发生调整的，应以发承包双方确认调整的综合单价计算）

其中安全文明施工费必须按照国家或省级、行业建设主管部门的规定计算，各省、自治区、直辖市均有具体规定。如某省规定：绿色施工安全防护措施项目费，其费率由省级建设行政主管部门发布，其在招投标阶段和竣工结算阶段的计取具体要求如下：

A. 招标投标文件、招标控制价及各类施工图预算编制时，绿色施工安全文明防护措施费均按《绿色施工安全防护措施项目费（总费率）》表中规定费率执行，不得作为竞争性费用。

B. 竣工结算阶段，绿色施工安全防护措施项目费包含固定费率部分和按工程量计算部分。其中固定费率按《绿色施工安全防护措施项目费（固定费率）》表中规定费率执行，不得优惠；按工程量计算部分则依据实际发生的工作内容计算工程量，套用相应定额或按项计算，并根据专业工程取费表计算管理费、利润，不得优惠。

③ 其他项目费＝实际确认的计日工＋实际结算的专业工程价款＋双方确认的总承包服务费＋双方确认的索赔费＋双方确认的签证费

为了方便统计作为取费基础的定额人工费等，可以将索赔、签证费用填入"分部分项工程和单价措施项目清单与计价表"内；也可以将索赔、签证费用直接在工程造价中汇总，这里的索赔、签证费用应该是包含规费和税金的金额。

④ 规费＝当地主管部门规定的取费基础×规定的费率

其中工程排污费应按工程所在地环境保护部门规定标准缴纳后按实计算。

⑤ 税金＝实际的税前造价×规定的税率

（2）竣工结算应支付价款的计算

竣工结算应支付的价款＝竣工结算造价（工程实际造价）－累计已实际支付的合同价款－质量保证金

其中：竣工结算造价是按照合同约定，根据竣工图、双方确认的合同价款调增或调减的各项资料等编制，反映的是合同工程的实际造价。

$$累计已实际支付的合同价款＝\sum 实际支付进度款$$

"竣工结算应支付的价款"解析如下：

1）按照合同约定比例计算并经双方确认的进度款金额；但这个竣工结算应支付的价款并不一定是真正划拨给承包人的进度款，该款项可能还要按照合同约定抵扣预付款、甲供材料款等。

如某工程结算周期，承包人完成的合同价款（包括单价项目、总价项目、计日工价款、应增加的合同价款等）为 100 万元，合同约定按完成合同价款的 90%支付合同价款，则本周期应支付的合同价款为 90 万元，按合同约定抵扣预付款 15 万元，甲供材料价值 5 万元，真正划拨到承包人的进度款是 70 万元。此处实际支付的进度款是按 90 万元确认，而非 70 万元。

2）实际划拨给承包人的进度款金额

工程竣工结算应支付的价款＝工程竣工结算造价（工程实际造价）
－（累计已实际支付的合同价款＋预付款
＋甲供材料项目价值）－质量保证金

此处竣工结算应支付的价款是真正划拨给承包人的进度款，已按照合同约定抵扣预付款、甲供材料款等。

### 6.1.2　竣工结算的程序

#### 1. 竣工结算的申请

除专用合同条款另有约定外，承包人应在工程竣工验收合格后 28 天内向发包人和监理人提交竣工结算申请单，并提交完整的结算资料，有关竣工结算申请单的资料清单和份数等要求由合同当事人在专用合同条款中约定。

除专用合同条款另有约定外，竣工结算申请单应包括以下内容：

（1）竣工结算合同价格；

（2）发包人已支付承包人的款项；

（3）应扣留的质量保证金（已缴纳履约保证金的或提供其他工程质量担保方式的除外）；

（4）发包人应支付承包人的合同价款。

#### 2. 竣工结算的审核

除专用合同条款另有约定外，监理人应在收到竣工结算申请单后 14 天内完成核查并报送发包人。发包人应在收到监理人提交的经审核的竣工结算申请单后 14 天内完成审批，并由监理人向承包人签发经发包人签认的竣工付款证书。

### 3. 竣工结算款的支付

除专用合同条款另有约定外，发包人若无异议，应在签发竣工付款证书后的 14 天内，完成对承包人的竣工付款。发包人若有异议，对于无异议部分应签发临时竣工付款证书，并按合同约定完成付款。"13 计价规范"将竣工结算款的申请与核准都用竣工结算款支付申请（核准）表集中表达，发包人在该表上选择"同意支付"并盖章，该表即变为竣工结算款的支付证书。

### 4. 有异议部分的处理

监理人或发包人对竣工结算申请单有异议的，有权要求承包人进行修正和提供补充资料，承包人应提交修正后的竣工结算申请单。

承包人对发包人签认的竣工付款证书有异议的，对于有异议部分应在收到发包人签认的竣工付款证书后 7 天内提出异议，并由合同当事人按照专用合同条款约定的方式和程序进行复核，或按照合同约定的争议解决方式处理。

### 5. 未及时处理的法律后果

承包人应在收到发包人签认的竣工付款证书后 7 天内提出异议，逾期未提出异议的，视为认可发包人的审批结果。

发包人在收到承包人提交竣工结算申请书后 28 天内未完成审批且未提出异议的，视为发包人认可承包人提交的竣工结算申请单，并自发包人收到承包人提交的竣工结算申请单后第 29 天起视为已签发竣工付款证书。

发包人逾期支付的，按照中国人民银行发布的同期同类贷款基准利率支付违约金；逾期支付超过 56 天的，按照中国人民银行发布的同期同类贷款基准利率的两倍支付违约金。

### 6. 工程质量有异议的工程结算

发包人对工程质量有异议，拒绝办理工程竣工结算的，已竣工验收或已竣工未验收但实际投入施工的工程，其质量争议应按该工程保修合同执行，竣工结算应按照合同约定办理；已竣工未验收且未实际投入使用的工程以及停工、停建工程的质量争议，双方应就有争议的部分委托有资质的检测鉴定机构进行检测，并应根据检测结果确定解决方案，或按工程质量监督机构的处理决定执行后办理竣工结算，无争议部分的竣工结算应按照合同约定办理。

【例 6-1】某办公楼工程，发包人与承包人按照《建设工程施工合同（示范文本）》GF—2017—0201，在专用合同条款中关于"竣工结算"的约定如下：

"**13.3　质量保证金**

**13.3.1**　工程质量保证金为工程竣工结算价的 5%。

**14　竣工结算**

**14.1　竣工付款申请单**

承包人提交竣工付款申请单的份数：5 份。

承包人提交竣工付款申请单的期限：工程竣工验收完成后 56 天内。

竣工付款申请单的内容：完整的工程竣工结算资料（含竣工档案资料）。

承包人未按本项约定的期限和内容提交竣工付款申请单或者未按通用合同条款相关约定提交修正后的竣工付款申请单，经监理人催促后 14 天内仍未提交或者没有明确答复的，监理人和发包人有权根据已有资料进行审查，审查确定的竣工结算合同总价和竣工付款金额视同经承包人认可的工程竣工结算合同总价和竣工付款金额。

监理人在收到承包人提交的竣工付款申请单后的 14 天内完成核查，提交发包人审核。发包人应在收到监理人提交的竣工付款申请单后的 120 天内（非发包人和不可抗力原因导致时间延误，审核时间相应顺延）审核完毕，并出具审核报告，审核报告出具后 10 天内，向承包人支付中介咨询机构审核结算总价款的 95%。

### 14.2　竣工付款证书及支付时间

......

（6）中标后或结算时若发现承包人有违背招标文件要求的情况（如：工程量清单与分项报价汇总不一致或承包人在投标时对招标文件规定不能修改的内容做过修改等），发包人有权按最不利于承包人的方式处理。

（7）安全文明施工措施费的结算

工程竣工验收合格后，承包人凭《安全文明施工措施评价及费率测定表》测定的费率办理竣工结算。未经现场评价或承包人不能出具《安全文明施工措施评价及费率测定表》的，承包人不得收取安全文明施工措施费。

（8）如由于国家政策原因，承包人承包工程完工时间超过 2 年，仍无法进行竣工验收，可进行完工结算。

（9）承包人应按发包人规定的程序和要求报送竣工结算资料，办理竣工结算。

增加：发包人收到承包人合格的竣工结算及结算资料后即对工程结算进行审核。结算依据：

① 施工合同（含补充合同）、协议书（含协议书附件）；

② 招标文件（含补充文件、经评审的预算控制价）；

③ 投标文件（含投标报价表）；

④ 承包人编制的结算书（加盖承包人公章和造价编制人员资格证章），并经监理人单位审核；

⑤ 工程竣工图纸及资料（经监理人、建设管理单位盖章确认）；

⑥ 经审定的施工组织设计；

⑦ 设计变更单（需有编号）；

⑧ 现场签证单（需有编号）；

⑨ 技术核定单（需有编号，经监理人、建设管理单位盖章确认）；

⑩ 工程原始地貌方格网（经监理人单位确认）；

⑪ 双方确认的索赔事项及价款；

⑫ 材料（设备）核价单（需有编号）；

⑬ 施工图纸会审纪要；

⑭ 隐蔽工程验收记录；

⑮ 施工企业取费证；

⑯ 提供其他涉及工程价款的相关资料。

假设本工程经审计机构审核后，最终确定的工程价款为 12582560 元，累计已支付的合同价款为 11324200 元，预付款（包括预付的安全文明施工费）已经在最后一次进度款结算中抵扣。

实际应支付的竣工结算款金额＝12582560（结算价）－11324200（累计已付价款）－629128（12582560×5％质量保证金）＝629232 元"

### 6.1.3　竣工结算与竣工决算的区别

**1. 编制人不同**

竣工结算是在工程竣工验收之后，由总（承）包人编制，发包人确认。具体由总（承）包人根据国家行政主管部门关于工程造价的规范、定额，以及发承包双方关于工程价款的约定进行。

竣工决算是发包人（建设单位）编制。建设单位根据财政部"关于《基本建设财务管理若干规定》的通知"（财基字〔1998〕4 号）以及"关于印发《基本建设项目财务决算报表》和《基本建设项目竣工财务决算报表填表说明》的通知"（财基字〔1998〕498 号），当地财政主管部门关于工程决算的规定以及建设单位的有关规定进行，由竣工决算报表、竣工决算报告说明书、竣工工程平面示意图、竣工工程财务决算总表、移交使用的资产清册、工程造价比较分析等部分组成，全面综合地反映工程项目的建设成果和财务情况。建设单位没有能力编制的，也可以委托专业咨询公司进行。

**2. 作用不同**

竣工结算是确定建筑安装工程发承包的实际造价，确定的是承包人完成合同工程的工程收入，发包人对合同工程的工程支出。

竣工决算是建设单位确定建设项目从筹建到竣工投产全过程的全部实际费用，是建设工程经济效益的全面反映，是核定各类新增资产价值、办理其交付使用的依据。

# 任务 6.2　缺陷责任期与保修

在工程移交发包人后，因承包人原因产生的质量缺陷，承包人应承担质量缺陷责任和保修义务。缺陷责任期届满，承包人仍应按合同约定的工程各部位保修年限承担保修义务。

### 6.2.1　缺陷责任期

**1. 概念**

缺陷责任期是指承包人对已交付使用的合同工程承担合同约定的缺陷修复责任的期限。该期限从工程通过竣工验收之日起计算，合同当事人应在专用合同条款约定缺陷责任期的具体期限，但该期限最长不超过 24 个月。

**2. 起始时间的确定**

单位工程先于全部工程进行验收，经验收合格并交付使用的，该单位工程缺陷责任期自单位工程验收合格之日起算。因承包人原因导致工程无法按合同约定期限进行竣工验收的，缺陷责任期从实际通过竣工验收之日起计算。因发包人原因导致工程无法按合同约定期限进行竣工验收的，在承包人提交竣工验收报告 90 天后，工程自动进入缺陷责任期；发包人未经竣工验收擅自使用工程的，缺陷责任期自工程转移占有之日起开始计算。

**3. 缺陷期的责任承担**

缺陷责任期内，由承包人原因造成的缺陷，承包人应负责维修，并承担鉴定及维修费用。如承包人不维修也不承担费用，发包人可按合同约定从保证金或银行保函中扣除，费用超出保证金额的，发包人可按合同约定向承包人进行索赔。承包人维修并承担相应费用后，不免除对工程的损失赔偿责任。发包人有权要求承包人延长缺陷责任期，并应在原缺陷责任期届满前发出延长通知。但缺陷责任期（含延长部分）最长不能超过 24 个月。

由他人原因造成的缺陷，发包人负责组织维修，承包人不承担费用，且发包人不得从保证金中扣除费用。

任何一项缺陷或损坏修复后，经检查证明其影响了工程或工程设备的使用性能，承包人应重新进行合同约定的试验和试运行，试验和试运行的全部费用应由责任方承担。

4. 缺陷责任期的终止

除专用合同条款另有约定外，承包人应于缺陷责任期届满后 7 天内向发包人发出缺陷责任期届满通知，发包人应在收到缺陷责任期满通知后 14 天内核实承包人是否履行缺陷修复义务，承包人未能履行缺陷修复义务的，发包人有权扣除相应金额的维修费用。发包人应在收到缺陷责任期届满通知后 14 天内，向承包人颁发缺陷责任期终止证书。

### 6.2.2　质量保证金

1. 概念

发承包双方在合同中约定，从应付合同价款中预留，用以保证承包人在缺陷责任期内履行缺陷修复义务的金额。

经合同当事人协商一致扣留质量保证金的，应在专用合同条款中予以明确。在工程项目竣工前，承包人已经提供履约担保的，发包人不得同时预留工程质量保证金。

2. 承包人提供质量保证金的方式

（1）质量保证金保函；

（2）相应比例的工程款；

（3）双方约定的其他方式。

除专用合同条款另有约定外，质量保证金原则上采用上述第（1）种方式。

3. 质量保证金的扣留方式

（1）在支付工程进度款时逐次扣留，在此情形下，质量保证金的计算基数不包括预付款的支付、扣回以及价格调整的金额；

（2）工程竣工结算时一次性扣留质量保证金；

（3）双方约定的其他扣留方式。

除专用合同条款另有约定外，质量保证金的扣留原则上采用上述第（1）种方式。

4. 质量保证金的数额

发包人累计扣留的质量保证金不得超过工程价款结算总额的 3%。如承包人在发包人签发竣工付款证书后 28 天内提交质量保证金保函，发包人应同时退还扣留的作为质量保证金的工程价款；保函金额不得超过工程价款结算总额的 3%。

5. 质量保证金的退还

缺陷责任期内，承包人认真履行合同约定的责任，到期后，承包人可向发包人申请返还保证金。

发包人在接到承包人返还保证金申请后，应于 14 天内会同承包人按照合同约定的内容进行核实。如无异议，发包人应当按照约定将保证金返还给承包人。发包人在退还质量保证金的同时按照中国人民银行发布的同期同类贷款基准利率支付利息。

6. 未及时退还质量保证金的处理程序

对返还期限没有约定或者约定不明确的，发包人应当在核实后 14 天内将保证金返还承包人，逾期未返还的，依法承担违约责任。发包人在接到承包人返还保证金申请后 14 天内不予答复，经催告后 14 天内仍不予答复，视同认可承包人的返还保证金申请。

发包人和承包人对保证金预留、返还以及工程维修质量、费用有争议的，按本合同约定的争议和纠纷解决程序处理。

### 6.2.3 保修

1. 保修期

工程保修期从工程竣工验收合格之日起算，具体分部分项工程的保修期由合同当事人在专用合同条款中约定，但不得低于法定最低保修年限。在工程保修期内，承包人应当根据有关法律规定以及合同约定承担保修责任。

发包人未经竣工验收擅自使用工程的，保修期自转移占有之日起算。

2. 缺陷责任期与保修期的区别

缺陷责任期是指承包人按照合同约定承担缺陷修复义务，且发包人预留质量保证金的期限，自工程实际竣工日期计算。住房和城乡建设部、财政部颁布的《建设工程质量保证金管理暂行办法》第 2 条的第 2 款及第 3 款规定："缺陷是指建设工程质量不符合工程建设强制性标准、设计文件，以及承包合同的约定。缺陷责任期一般为 6 个月、12 个月或 24 个月，具体可由发、承包双方在合同中约定。"因此，缺陷责任期不应超过 24 个月，具体期限由合同当事人在专用合同条款中约定。

缺陷责任期不同于保修期，保修期是指承包人按照合同约定对工程承担保修责任的期限，从工程竣工验收合格之日起计算，具体分部分项工程的保修期由合同当事人在专用合同条款中约定，但不低于法定最低保修年限，在工程保修期内，承包人应当根据有关法律规定以及合同约定承担保修责任。

发包人未经竣工验收擅自使用工程的，保修期自转移占有之日起开始计算。

《建设工程质量管理条例》第 40 条规定，在正常使用条件下，建设工程的最低保修期限为：

① 基础设施工程、房屋建筑的地基基础工程和主体结构工程，为设计文件规定的该工程的合理使用年限；

② 屋面防水工程，有防水要求的卫生间、房间和外墙面的防渗漏，为 5 年；

③ 供热与供冷系统，为 2 个采暖期、供冷期；

④ 电气管线、给水排水管道、设备安装和装修工程，为 2 年；

⑤ 其他项目的保修期限由发包方与承包方约定。

3. 保修期内责任的承担

保修期内，修复的费用按照以下约定处理：

(1) 保修期内，因承包人原因造成工程的缺陷、损坏，承包人应负责修复，并承担修复的费用以及因工程的缺陷、损坏造成的人身伤害和财产损失；

(2) 保修期内，因发包人使用不当造成工程的缺陷、损坏，可以委托承包人修复，但发包人应承担修复的费用，并支付承包人合理利润；

(3) 因其他原因造成工程的缺陷、损坏，可以委托承包人修复，发包人应承担修复的费用，并支付承包人合理的利润，因工程的缺陷、损坏造成的人身伤害和财产损失由责任方承担。

4. 保修期内修复责任的处理程序

在保修期内，发包人在使用过程中，发现已接收的工程存在缺陷或损坏的，应书面通知承包人予以修复，但情况紧急必须立即修复缺陷或损坏的，发包人可以口头通知承包人并在口头通知后48小时内书面确认，承包人应在专用合同条款约定的合理期限内到达工程现场并修复缺陷或损坏。

在保修期内，为了修复缺陷或损坏，承包人有权出入工程现场，除情况紧急必须立即修复缺陷或损坏外，承包人应提前24小时通知发包人进场修复的时间。承包人进入工程现场前应获得发包人同意，且不应影响发包人正常的生产经营，并应遵守发包人有关保安和保密等规定。

5. 保修期内未及时修复的责任承担

因承包人原因造成工程的缺陷或损坏，承包人拒绝维修或未能在合理期限内修复缺陷或损坏，且经发包人书面催告后仍未修复的，发包人有权自行修复或委托第三方修复，所需费用由承包人承担。但修复范围超出缺陷或损坏范围的，超出范围部分的修复费用由发包人承担。

# 任务6.3 最 终 结 清

### 6.3.1 概念

最终结清是指合同约定的缺陷责任期终止后，承包人按照合同规定完成全部剩余工作且质量合格的，发包人与承包人结算全部剩余款项的活动。

缺陷责任期终止后，承包人应按照合同约定向发包人提交最终结清支付申请。发包人对最终结清支付申请有异议的，有权要求承包人进行修正并提供补充资料。承包人修正后，应再次向发包人提交修正后的最终结清支付申请。

### 6.3.2 程序

1. 承包人提交最终结清申请单

（1）除专用合同条款另有约定外，承包人应在缺陷责任期终止证书颁发后7天内，按专用合同条款约定的份数向发包人提交最终结清申请单，并提供相关证明材料。

最终结清申请单应列明质量保证金、应扣除的质量保证金、缺陷责任期内发生的增减费用。

（2）发包人对最终结清申请单内容有异议的，有权要求承包人进行修正并提供补充资料，承包人应向发包人提交修正后的最终结清申请单。

2. 发包人颁发最终结清证书并支付

除专用合同条款另有约定外，发包人应在收到承包人提交的最终结清申请单后14天内完成审批并向承包人颁发最终结清证书，并在颁发最终结清证书后7天内完成支付。

3. 逾期处理

发包人逾期未完成审批，又未提出修改意见的，视为发包人同意承包人提交的最终结清申请单，且自发包人收到承包人提交的最终结清申请单后15天起视为已颁发最终结清证书。

发包人逾期支付的，按照中国人民银行发布的同期同类贷款基准利率支付违约金；逾期支付超过 56 天的，按照中国人民银行发布的同期同类贷款基准利率的两倍支付违约金。

承包人对发包人颁发的最终结清证书有异议的，按合同约定的争议解决的方式办理。

### 6.3.3　合同解除的结清

1. 因发包人违约解除合同后的付款

因发包人违约解除合同，发包人应在解除合同后 28 天内支付下列款项，并解除履约担保：

(1) 合同解除前所完成工作的价款；

(2) 承包人为工程施工订购并已付款的材料、工程设备和其他物品的价款；

(3) 承包人撤离施工现场以及遣散承包人人员的款项；

(4) 按照合同约定在合同解除前应支付的违约金；

(5) 按照合同约定应当支付给承包人的其他款项；

(6) 按照合同约定应退还的质量保证金；

(7) 因解除合同给承包人造成的损失。

合同当事人未能就解除合同后的结清达成一致的，按照合同约定争议解决的方式处理。

承包人应妥善做好已完工程和与工程有关的已购材料、工程设备的保护和移交工作，并将施工设备和人员撤出施工现场，发包人应为承包人撤出提供必要条件。

2. 因承包人违约解除合同

除专用合同条款另有约定外，承包人明确表示或以其行为表明不履行合同主要义务的，或监理人发出整改通知后，承包人在指定的合理期限内仍不纠正违约行为并致使合同目的不能实现的，发包人有权解除合同。合同解除后，因继续完成工程的需要，发包人有权使用承包人在施工现场的材料、设备、临时工程、承包人文件和由承包人或以其名义编制的其他文件，合同当事人应在专用合同条款约定相应费用的承担方式。发包人继续使用的行为不免除或减轻承包人应承担的违约责任。

因承包人原因导致合同解除的，则合同当事人应在合同解除后 28 天内完成估价、付款和清算，并按以下约定执行：

(1) 合同解除后，发包人与承包人商定或确定承包人实际完成工作对应的合同价款，以及承包人已提供的材料、工程设备、施工设备和临时工程等的价值；

(2) 合同解除后，承包人应支付的违约金；

(3) 合同解除后，因解除合同给发包人造成的损失；

(4) 合同解除后，承包人应按照发包人要求和监理人的指示完成现场的清理和撤离；

(5) 发包人和承包人应在合同解除后进行清算，出具最终结清付款证书，结清全部款项。

因承包人违约解除合同的，发包人有权暂停对承包人的付款，查清各项付款和已扣款项。发包人和承包人未能就合同解除后的清算和款项支付达成一致的，按照合同约定的争议解决方式处理。

**【例 6-2】** 某办公楼工程，发包人与承包人按照《建设工程施工合同（示范文本）》GF—2017—1201，在通用合同条款中关于"最终清算"的约定如下：

"……

**1　最终结清**

**1.1　最终结清申请单**

（1）缺陷责任期终止证书签发后，承包人可按专用合同条款约定的份数和期限向监理人提交最终结清申请单，并提供相关证明材料。

（2）发包人对最终结清申请单内容有异议的，有权要求承包人进行修正和提供补充资料由承包人向监理人提交修正后的最终结清申请单。

**2.2　最终结清证书和支付时间**

（1）监理人收到承包人提交的最终结清申请单后的 14 天内，提出发包人应支付给承包人的价款送发包人审核并抄送承包人。发包人应在收到后 14 天内审核完毕，由监理人向承包人出具经发包人签认的最终结清证书。监理人未在约定时间内核查，又未提出具体意见的，视为承包人提交的最终结清申请已经监理人核查同意；发包人未在约定时间内审核又未提出具体意见的，监理人提出应支付给承包人的价款视为已经发包人同意。

（2）发包人应在监理人出具最终结清证书后的 14 天内，将应支付款支付给承包人。发包人不按期支付的，按合同约定，将逾期付款违约金支付给承包人。

（3）承包人对发包人签认的最终结清证书有异议的，按合同的约定办理。

……

专用合同条款相关内容如下：

**1　质量保证金**

**1.1　工程质量保证金为工程竣工结算价的 5%。**

**2　最终结清**

**2.1　最终结清申请单**

承包人提交最终结清申请单的份数：按发包人要求。

承包人提交最终结清申请单的期限：按合同要求。

假设本工程经审计机构审核后，最终确定的工程价款为 12582560 元，本工程在缺陷责任期因工程质量由施工单位维修，费用为 65000 元，因业主使用不当发生维修，费用为 4500 元。

缺陷责任期满后最终应支付的合同价款
$$=629128（质保金：12582560 \times 5\%）+4500=633628 元"$$

# 任务 6.4　案例分析

### 6.4.1　案例一

某施工单位承包工程项目，甲乙双方签订的关于工程价款的合同内容有：

1）签约合同价为 660 万元，建筑材料及设备费占施工产值的比重为 60%，暂列金额为 40 万元。

2）工程预付款为签约合同价（扣除暂列金额）的 20%。工程实施后，工程预付款从未施工工程尚需的主要材料及构件的价值相当于工程预付款数额时起扣，从每次结算工程价款中按材料和设备占施工产值的比重抵扣工程预付款，竣工前全部扣清。

3）工程进度款逐月计算，按各期合计完成的合同价款的 80% 支付，确认的签证、索赔等进入各期的进度款结算，竣工验收后 20 日办理竣工结算，竣工结算后支付到合同价款的 95%。

4）工程保修金为工程结算价款的 5%，竣工结算时一次扣留。

5）材料和设备价差调整按规定执行（按有关规定上半年材料和设备价差上调 10%，在 6 月份一次调增）。

工程各月完成产值见表 6-1。

各月产值统计表（单位：万元）　　　　　　　　　　　　　　　　表 6-1

| 月　份 | 2 | 3 | 4 | 5 | 6 |
|---|---|---|---|---|---|
| 完成产值 | 55 | 110 | 165 | 220 | 110 |

实施过程中的相关情况如下：

1）4 月份除完成工程 165 万元外，由于发包人设计变更，导致工程局部返工，造成拆除材料、人工等损失 0.5 万元，重新施工人工、材料等费用合计 1.5 万元，以上费用已经通过签证得到了发包人的确认。

2）5 月份除完成工程 220 万元外，因为承包人原因导致返工，承包人增加了 0.3 万元的费用支出，承包人办理签证未得到监理单位及发包人认可。

3）6 月份除完成工程 110 万元，另承包人得到发包人确认的工程索赔款 1 万元。

4）该工程在质量缺陷期发生屋面漏水，发包人多次催促承包人修理，承包人一拖再拖，最后发包人另请施工单位修理，修理费 1.5 万元。问题：

① 该工程的工程预付款、起扣点分别为多少？应该从哪个月开始扣？

② 计算 2~6 月每月累计已完成的合同价款，累计已实际支付的合同价款，每月实际应支付的合同价款。

③ 该工程结算造价为多少？质量保证金为多少？应付工程结算款为多少？

④ 维修费该如何处理？最终清算款是多少？

**解：**

（1）问题 1

工程预付款：（660−40）×20%=124 万元

起扣点：660−124/60%=453.33 万元

55+110+165+220=550 万元>453.33 万元

从 5 月份开始扣预付款。

（2）问题 2

2~6 月每月累计已完成的合同价款，累计已实际支付的合同价款，每月应支付的合同价款计算见表 6-2。

2～6 月进度款计算表（单位：万元）　　表 6-2

| 项目 | 2月 | 3月 | 4月 | 5月 | 6月 |
|---|---|---|---|---|---|
| 累计已完成的合同价款 | — | 55 | 165 | 332 | 552 |
| 累计已实际支付的合同价款 | — | 44 | 132 | 265.5 | 441.60 |
| 本周期合计完成的合同价款 | 55 | 110 | 167 | 220 | 150.60 |
| 其中：本周期已完成合同价款 | — | 110 | 165 | 220 | 110 |
| 本周期应增加的金额 | — | — | 2 | — | 40.60 |
| 周期合计应扣减的金额 | — | — | — | 59.20 | 64.80 |
| 其中：本周期应扣回的预付款 | — | — | — | 59.20 | 64.80 |
| 本周期应扣减的金额 | — | — | — | — | — |
| 本周期实际应支付的合同价款 | 44 | 88 | 133.6 | 116.8 | 55.68 |

2 月份应支付的进度款＝55×80％＝44 万元

3 月份应支付的进度款＝110×80％＝88 万元

4 月份应支付的进度款＝(165＋2)×80％＝133.6 万元

5 月份应支付的进度款＝220×80％－59.2＝116.8 万元

预付款扣回额度＝(332＋220－453.3)×60％＝59.20 万元

6 月份应支付的进度款＝150.60×80％－64.80＝55.68 万元

应增加的金额：39.6＋1＝40.6 万元

其中：应增加材料调整金额：660×60％×10％＝39.6 万元

应增加的索赔金额：1 万元

预付款和回额度＝124－59.2＝64.80 万元

（3）问题 3

工程结算总造价＝552（累计已完成的合同价款）＋150.6（最后一期合计完成的合同价款）＝702.6 万元

质量保证金＝702.6×5％＝35.13 万元

应付工程结算款＝702.6（实际总造价）－(441.6＋150.6×80％)（累计已付工程款）－35.13（保修金）＝105.39 万元

（4）问题 4

维修费应从乙方（承包方）的保修金中扣除，

最终清算款＝35.13－1.5＝33.63 万元

为了规范工程结算活动，"13 计价规范"设计了各种专门的表格以满足工程结算的需要，下面举例介绍这些表格的使用方法。

### 6.4.2　案例二

甲中学的教学楼工程招标控制价为 8524050 元，中标价为 7981100 元（中标人的投标报价为 7982090 元，经算术修正后为 7981100 元），签约合同价为 7981100 元，其中暂列金额为 350000 元，安全文明施工费为 237222 元。

已标价工程量清单中的"总价措施项目清单与计价表"如下：

（1）合同约定

1）计价工期 210 天，定于 3 月 1 日开工，预计 8 月 30 日竣工，每个月 25 日结算进度款，竣工验收合格 30 日内办理竣工结算。

2）按签约合同价（扣除暂列金额）的 10％预付工程款，从施工起第四个月开始分 3 次在进度款中均匀扣回。

预付款＝（7981100－350000）×10％＝763110 元，第四、五、六次进度款结算时均要扣除 763110/3＝254370 元

3）安全文明施工费按照基本费率 70％随同预付工程款一并预付，其余的同其他总价项目，按照双方约定的进度款支付分解表支付，具体见表 6-3。

4）按月支付进度款。

5）按各期完成合同款总额的 90％支付期中进度款。

6）按照工程结算价款的 5％预留质量保证金，在工程竣工结算款中扣除。

7）质量缺陷期自竣工验收合格起 2 年，期满后 14 天内办理最终清算。

总价项目进度款支付表　　　　　　　　　　　　　　　　　表 6-3

工程名称：甲中学教学楼工程　　　　　　　　　　　　　　　　　　　　单位：元

| 序号 | 项目名称 | 总价金额 | 进度款支付总额 | 首次支付 | 二次支付 | 三次支付 | 四次支付 | 五次支付 | 六次支付 | 备注 |
|---|---|---|---|---|---|---|---|---|---|---|
| 1 | 安全文明施工费 | 237222 | 213500 | 27755 | 27755 | 27755 | 27755 | 27755 | | 预付：74725 |
| 2 | 夜间施工增加费 | 17333 | 15600 | 2600 | 2600 | 2600 | 2600 | 2600 | 2600 | |
| 3 | 二次搬运费 | 10000 | 9000 | 1500 | 1500 | 1500 | 1500 | 1500 | 1500 | |
| 4 | 冬雨季施工增加费 | 6000 | 5400 | | | | 1800 | 1800 | 1800 | |
| 5 | 非夜间施工照明费 | 2667 | 2400 | 1200 | | | | 600 | 600 | |
| 6 | 已完工程保护费 | 6667 | 6000 | | | | 2000 | 2000 | 2000 | |
| 7 | 社会保险费 | 200000 | 180000 | 30000 | 30000 | 30000 | 30000 | 30000 | 30000 | |
| 8 | 住房公积金 | 66667 | 60000 | 10000 | 10000 | 10000 | 10000 | 10000 | 10000 | |
| | 合计 | 546556 | 491900 | 73055 | 71855 | 71855 | 75655 | 76255 | 48500 | 74725 |

（2）项目实施过程中价款结算

1）预付款支付

① 承包人按照合同约定在指定银行办理了预付款保函，承包人现场造价员洪××（经承包人代表项目经理赵××签字同意）在开工前一个星期（20××年 2 月 23 日）向发包人（具体为发包人委托的监理人）提出"预付款支付申请（核准）表"。

② 2 月 24 日，监理人按照合同约定审核预付款事项，符合合同约定支付预付款事项，被授权的监理工程师李××在申请上签字并转交发包人授权的造价工程师陈××审核金额。

③ 2 月 25 日，陈××在审核中，发现发包人计算的预付款有误，申请款金额没有按照合同约定计算，复核预付款＝（7981100－350000）×10％＝763110 元。复核前签署了正

确金额并签字，交发包人授权的发包人代表章××审核。

④ 2 月 26 日，章××审核申请表，确认无误后，签署同意支付的意见。

⑤ 2 月 28 日，发包人财务人员按照审核确认的金额通过银行将预付款划拨到承包人指定账户。

记录以上内容的"预付款支付申请（核准）表"见表 6-4。

预付款支付申请（核准）表

表 6-4

工程名称：甲中学教学楼工程　　　　标段：　　　　　　编号：

致：甲中学

（发包人全称）。

我方根据施工合同的约定，现申请支付工程预付款额为（大写）<u>捌拾柒万贰仟捌佰叁拾伍元整</u>（小写872835元），请予核准。

| 序号 | 名　称 | 申请金额（元） | 复核金额（元） | 备　注 |
|---|---|---|---|---|
| 1 | 已签约合同价款金额 | 7981100 | 7981100 | |
| 2 | 其中：安全文明施工费 | 213500 | 213500 | |
| 3 | 应支付的预付款 | 798110 | 763110 | |
| 4 | 应支付的安全文明施工费 | 74725 | 74725 | |
| 5 | 合计应支付的预付款 | 872835 | 872835 | |
| | | | | |
| | | | | |
| | | | | |

承包人（章）

造价人员：　洪××　　　承包人代表：　赵××　　　日　期：2021 年 2 月 23 日

复核意见：

□与合同约定不相符，修改意见见附件。

□与合同约定相符，具体金额由造价工程师复核。

监理工程师：　李××

日　期：2021 年 2 月 24 日

复核意见：

你方提出的支付申请经复核，应支付预付款金额为（大写）<u>捌拾柒万贰仟捌佰叁拾伍元整</u>（小写872835元）。

造价工程师：　陈××

日　期：2021 年 2 月 25 日

审核意见：

□不同意。

☑同意，支付时间为本表签发后的 15 天内

发包人（章）　略

发包人代表：　章××

日　期：2021 年 2 月 26 日

注：1. 在选择栏中的"□"内作标识"✓"。

　　2. 本表一式四份，由承包人填报，发包人、监理人、造价咨询人、承包人各存一份。

125

2）进度款支付。6 月 25 日，累计已完成的合同价款为 4255000 元，累计实际支付的合同价款为 4042555 元。

① 6 月 25 日承包方造价员洪××按合同约定的时间向发包人发出"工程量计量申请（核准）表"，对本月完成的工程量提出确认申请。

② 6 月 26 日发包人收到后复核，经双方沟通后，达成一致意见。

记录以上内容的"工程计量申请（核准）表"见表 6-5。

工程计量申请（核准）表

表 6-5

工程名称：甲中学教学楼工程　　　　　　　标段：　　　　　　　第 1 页共 1 页

| 序号 | 项目编码 | 项目名称 | 计量单位 | 承包人申报数量 | 发包人核实数量 | 发承包人确认数量 | 备注 |
|---|---|---|---|---|---|---|---|
| 1 | 010101003001 | 挖沟槽土方 | m³ | 1893 | 1878 | 1887 | |
| 2 | 010302003001 | 泥浆护壁混凝土灌注桩 | m³ | 556 | 556 | 556 | |
| 3 | 010501005001 | 混凝土桩承台基础 | m³ | 450 | 450 | 450 | |
| 4 | 010503001001 | 基础梁 | m³ | 240 | 240 | 240 | |
| 5 | 010515001001 | 现浇构件钢筋 | t | 85 | 82 | 83 | |
| 6 | 010401001001 | 条形砖基础 | m³ | 249 | 245 | 245 | |
| 7 | 010502001001 | 矩形框架柱 | m³ | 150 | 150 | 150 | |
| | | | | | | | |
| | | | | | | | |
| 承包人代表：赵×× 日期：2021 年 6 月 25 日 | 监理工程师：李×× 日期：2021 年 6 月 26 日 | | 造价工程师：陈×× 日期：2021 年 6 月 26 日 | | 发包人代表：章×× 日期：2021 年 6 月 26 日 | | |

注：签证及索赔依据是指经双方认可的签证单和索赔依据的编号。

③ 承包方造价员洪××根据确认的工程量，按照已标价清单的综合单价计算，本月已完成单价项目的金额为 1340405 元。

④ 甲中学为了改善学校环境，本月指令承包方新增修建 5 座花池，施工方对此进行的现场签证见表 6-6。

G. 9　现场签证表

表 6-6

工程名称：甲中学教学楼工程　　　　标段：　　　　　　　　　　编号：

| 施工部位 | 学校指定位置 | 日期 | 2021 年 6 月 15 日 |
|---|---|---|---|

致：甲中学

（发包人全称）

　　根据刘××（指令人姓名）2021 年 6 月 5 日的书面通知，我方要求完成此项工作应支付价款金额为（大写）<u>贰仟伍佰元整</u>（小写 2500 元），请予核准。

　　附：1. 签证事由及原因：为改善学校环境，新增 5 座花池。

　　　　2. 附图及计算式：略。

造价人员：<u>洪××</u>　　　　承包人代表：<u>赵××</u>　　　　承包人（章）　　略

　　　　　　　　　　　　　　　　　　　　　　　　　日　　期：2021 年 6 月 15 日

| 复核意见：<br>　　你方提出的此项签证申请经复核：<br>□ 不同意此项签证，具体意见见附件。<br>☑ 同意此项签证，签证金额的计算，由造价工程师复核。<br><br><br>　　　　　　　监理工程师：　　李××<br>　　　　　　　日　　期：2021 年 6 月 17 日 | 复核意见：<br>☑ 此项签证按承包人中标的计日工单价计算，金额为（大写）<u>贰仟伍佰元</u>，（小写 2500 元）<br>□ 此项签证因无计日工单价，金额为（大写）_____元，（小写_____）。<br><br><br>　　　　　　造价工程师：　　陈××<br>　　　　　　日　　期：2021 年 6 月 18 日 |
|---|---|

审核意见：

□不同意此项签证。

☑同意此项签证，价款与本期进度款同期支付。

发包人（章）　　略<br>发包人代表：　　章××<br>日　　期：2021 年 6 月 20 日

　　注：1. 在选择栏中的"□"内作标志"√"；

　　　　2. 本表一式四份，由承包人在收到发包人（监理人）的口头或书面通知后填写，发包人、监理人、造价咨询人、承包人各存一份。

　　⑤ 6 月 18 日，学校发出书面通知，因学校教学工作需要，要求承包方停工半天。承包方 6 月 19 日对此提出索赔，具体见表 6-7。

G. 8　费用索赔申请（核准）表　　　　　　　　　　表 6-7

工程名称：甲中学教学楼工程　　　　　　　标段：　　　　　　　编号：

| | |
|---|---|
| 致：甲中学 　　　　　　　　　　　　　　　　　　　　　　　　　　　　　　（发包人全称）<br>　　根据施工合同条款 __12__ 条的规定，由于你方工作需要原因，我方要求索赔金额（大写）叁仟贰佰玖拾陆元整（小写：3296 元）请予核准。<br>　　附：1. 费用索赔的详细理由和依据：根据发包人"关于暂停施工的通知"（详见附件 1）。<br>　　　　2. 索赔金额的计算：详见附件 2。<br>　　　　3. 证明材料：监理工程师确认的现场人工/机械/周转材料数量及租赁合同（略）。<br><br><br>　　　　　　　　　　　　　　　　　　　　　　　　　承包人（章）　　　　略<br>　　造价人员：　　洪××　　　承包人代表：　　赵××　　　日　　期：2021 年 6 月 19 日 | |
| 复核意见：<br>　　根据施工合同条款 __12__ 条的约定，你方提出的费用索赔申请经复核：<br>　□不同意此项索赔，具体意见见附件。<br>　☑同意此项索赔，索赔金额的计算，由造价工程师复核。<br><br><br><br><br><br>　　　　　　　监理工程师：　　李××<br>　　　　　　　日　　期：2021 年 6 月 21 日 | 复核意见：<br>　　根据施工合同条款 __12__ 条的约定，你方提出的费用索赔申请经复核，索赔金额为（大写）叁仟贰佰玖拾陆元整（小写3296 元）。<br><br><br><br><br><br><br><br>　　　　　　　造价工程师：　　陈××<br>　　　　　　　日　　期：2021 年 6 月 21 日 |
| 审核意见：<br>　□不同意此项索赔。<br>　☑同意此项索赔，与本期进度款同期支付。<br><br><br><br><br><br><br><br><br>　　　　　　　　　　　　　　　　　发包人（章）　　　（略）<br>　　　　　　　　　　　　　　　　　发包人代表：　　章××<br>　　　　　　　　　　　　　　　　　日　　期：2021 年 6 月 22 日 | |

　　注：1. 在选择栏中的"□"内作标识"√"。

　　　　2. 本表一式四份，由承包人填报，发包人、监理人、造价咨询人、承包人各存一份。

附件 1

关于暂停施工的通知

××建筑公司××项目部：

因我校教学工作需要，经校长办公会议研究，决定于 2021 年 6 月 18 日下午，你项目部承建的我校教学楼工程暂停施工半天。

特此通知。

甲中学（章）（略）<br>2021 年 6 月 17 日

附件 2

索赔费用计算表

一、人工费

1. 普工 15 人：15 人×80 元/工日×0.5＝600 元

2. 技工 35 人：35 人×100 元/工日×0.5＝1750 元

小计：2350 元

二、机械费

1. 自升式塔式起重机 1 台：1×600 元/天×0.5×0.6（使用率）＝180 元

2. 灰浆搅拌机：1×20 元/天×0.5×0.6（使用率）＝6 元

3. 其他各种机械（台套数量及具体费用计算略）：50 元

小计：236 元

三、周转材料

1. 脚手架钢管：25000m×0.012 元/天×0.5＝150 元

2. 脚手架构建：18000m×0.01 元/天×0.5＝90 元

小计：240 元

四、管理费和利润

五、2350×20％＝470 元　　　　　索赔费用小计：3296 元

⑥ 6 月 26 日，承包人现场造价员洪××经项目经理赵××签字同意向监理提出"进度款支付申请（核准）表"，26 日，监理按照合同约定审核进度款事项，符合合同约定支付进度款事项，监理工程师李××在申请上签字并转交发包人授权的造价工程师陈××审核金额。27 日，陈××在审核过程中发现发包人计算的单价项目的金额有误，原因是有项目工程量超过了已标价工程量清单工程量的 15％，按照合同约定应调减综合单价，申请表中未予调整，经双方沟通，按照合同约定调整了该项目的综合单价，复核后的单价项目价款为 1336405 元。交发包人授权的发包人代表章××审核。29 日，章××审核申请表，确认无误后，签署同意支付的意见。30 日，发包人财务人员按照审核确认的金额将进度款划拨到承包人指定账户。记录以上内容的"支付申请（核准）表"见表 6-8。

进度款支付申请（核准）表

表 6-8

工程名称：甲中学教学楼工程　　　　　标段：　　　　　　　　　编号：

致：甲中学　　　　　　　　　　　　　　　　　　　　　　　　　（发包人全称）

我于2021年5月26日至2021年6月25日期间已完成了基础工程等工作，根据施工合同的约定，现申请支付本周期的合同款额为（大写）壹佰零贰万伍仟叁佰元零肆角整（小写1025300.40元），请予核准。

| 序号 | 名　称 | 实际金额（元） | 申请金额（元） | 复核金额（元） | 备注 |
|---|---|---|---|---|---|
| 1 | 累计已完成的合同价款 | 4255000 | — | 4255000 | |
| 2 | 累计已实际支付的合同价款 | 4042555 | — | 4042555 | |
| 3 | 本周期合计完成的合同价款 | 1421856 | | 1421856 | |
| 3.1 | 本周期已完成单价项目的金额 | 1340405 | | 1340405 | |
| 3.2 | 本周期应支付的总价项目的金额 | 47900 | | 47900 | |
| 3.3 | 本周期已完成的计日工价款 | 2500 | | 2500 | |
| 3.4 | 本周期应支付的安全文明施工费 | 27755 | | 27755 | |
| 3.5 | 本周期应增加的合同价款 | 3296 | | 3296 | |
| 4 | 本周期合计应扣减的金额 | 254370 | | 254370 | |
| 4.1 | 本周期应抵扣的预付款 | 254370 | | 254370 | |
| 4.2 | 本周期应扣减的金额 | 0 | | 0 | |
| 5 | 本周期应支付的合同价款 | 1025300.40 | | 1025300.40 | |

附：上述3、4详见附件清单。

承包人（章）　略

造价人员：洪××　　　　　承包人代表：赵××　　　　　日　期：2021年6月26日

| 复核意见：<br>□与实际施工情况不相符，修改意见见附件。<br>☑与实际施工情况相符，具体金额由造价工程师复核。<br><br>　　　监理工程师：　　李××<br>　　　日　　　期：2021年6月26日 | 复核意见：<br>　你方提出的支付申请经复核，本周期已完成合同价款为（大写）壹佰肆拾壹万柒仟捌佰伍拾陆元零肆角整（小写）1417856.40元，本周期应支付金额为（大写）壹佰零贰万壹仟柒佰元零肆角整（小写1021700.40元）。<br><br>　　　造价工程师：　　陈××<br>　　　日　　　期：2021年6月27日 |
|---|---|

审核意见：
□不同意。
☑同意，支付时间为本表签发后的15天内。

发包人（章）　略
发包人代表：　　章××
日　　　期：2021年6月29日

注：1. 在选择栏中的"□"内作标识"√"；

2. 本表一式四份，由承包人填报，发包人、监理人、造价咨询人、承包人各存一份。

3）竣工结算款支付。2021 年 8 月 30 日，教学楼工程如期竣工，验收合格。承包方按合同约定编制工程竣工结算，得到发包方确认的竣工结算款为 8380160 元，累计已实际支付的合同价款为 6542140 元。9 月 8 日，承包人现场造价员洪××经项目经理赵××签字同意向监理提出"竣工结算款支付申请（核准）表"，12 日监理人按照合同约定审核结算事项，符合合同约定竣工结算事项，监理工程师李××在申请上签字并转交发包人授权的造价工程师陈××审核金额。16 日陈×审核后，按规定交审计部门审核，最后核定的结算价款总额为 8352000 元，20 日发包方将审计后的结算价款经学校主管领导同意后由发包人代表签字同意支付。25 日，发包人财务人员按照审核确认的金额将工程结算款划拨到承包人指定账户。

记录以上内容的"竣工结算款支付申请（核准）表"见表 6-9。

**K.4　竣工结算款支付申请（核准）表**　　　表 6-9

工程名称：甲中学教学楼工程　　　标段：　　　　　编号：

致：甲中学　　　　　　　　　　　　　　　　　　　　　　　（发包人全称）

我方于 2021 年 3 月 1 日至 2021 年 8 月 30 日期间已完成合同约定的工作，工程已经完工，根据施工合同的约定，现申请支付竣工结算合同款额为（大写）陆拾伍万伍仟玖佰零贰元整（小写：655902 元），请予核准。

| 序号 | 名　称 | 申请金额（元） | 复核金额（元） | 备注 |
|---|---|---|---|---|
| 1 | 竣工结算合同价款总额 | 8380160 | 8352000 | |
| 2 | 累计已实际支付的合同价款 | 6542140 | 6542140 | |
| 3 | 应预留的质量保证金 | 419008 | 419008 | |
| 4 | 应支付的竣工结算款金额 | 1419012 | 1390852 | |
| | | | | |
| | | | | |
| | | | | |

造价人员：洪××　　承包人代表：赵××　　承包人（章）　略　日　期：2021 年 10 月 13 日

复核意见：
□与实际施工情况不相符，修改意见见附件。
☑与实际施工情况相符，具体金额由造价工程师复核。

监理工程师　李××
日　期 2021 年 9 月 12 日

复核意见：
你方提出的竣工结算款支付申请经复核，竣工结算款总额为（大写）捌佰叁拾伍万贰仟元整（小写 8352000 元），扣除前期支付以及质量保证金后应支付金额为（大写）壹佰叁拾玖万零捌佰伍拾贰元整（小写 1390852 元）。

造价工程师　陈××
日　期：2021 年 9 月 16 日

审核意见：
□不同意。
☑同意，支付时间为本表签发后的 15 天内。

发包人（章）　略
发包人代表：　章××
日　期：2021 年 9 月 20 日

注：1. 在选择栏中的"□"内作标识"√"。
　　2. 本表一式四份，由承包人填报，发包人、监理人、造价咨询人、承包人各存一份。

4）最终清算。在缺陷责任期内，因为发包人原因造成缺陷的修复金额为 5000 元，承包人进行的质量缺陷修复费用为 2400 元，因承包人时间关系不能及时修复，发包人另行组织修复的费用为 3000 元。缺陷期满，承包方造价员洪××按照合同约定，经项目经理赵××签字同意向监理提出"最终清算款支付申请（核准）表"，经发包人审核无误后签字同意支付最终结清款。记录以上内容的"最终结清款支付申请（核准）表"见表 6-10。

K.5　最终结清支付申请（核准）表　　　　　　　　表 6-10

工程名称：甲中学教学楼工程　　　　　　　标段：　　　　　　　　编号：

致：甲中学　　　　　　　　　　　　　　　　　　　　　　　（发包人全称）

　　我方于 2021 年 8 月 30 日至 2021 年 8 月 30 日期间已完成了缺陷修复工作，根据施工合同的约定，现申请支付最终结清合同款额为（大写）肆拾贰万壹仟零捌元整（小写：421008 元），请予以核准。

| 序号 | 名　称 | 申请金额（元） | 复核金额（元） | 备注 |
|---|---|---|---|---|
| 1 | 已预留的质量保证金 | 419008 | 419008 | |
| 2 | 应增加因发包人原因造成缺陷的修复金额 | 5000 | 5000 | |
| 3 | 应扣减承包人不修复缺陷、发包人组织修复的金额 | 3000 | 3000 | |
| 4 | 最终应支付的合同价款 | 421008 | 421008 | |
| | | | | |
| | | | | |
| | | | | |
| | | | | |
| | | | | |
| | | | | |

附：上述 3、4 详见附件清单。

　　　　　　　　　　　　　　　　　　　　　　　承包人（章）　　　　略

造价人员：洪××　　　　承包人代表：赵××　　　日　　期：2021 年 9 月 8 日

| 复核意见： | 复核意见： |
|---|---|
| □与实际施工情况不相符，修改意见见附件。<br>☑与实际施工情况相符，具体金额由造价工程师复核。<br><br>　　　　　监理工程师：　李××<br>　　　　　日　　期：2021 年 9 月 11 日 | 你方提出的支付申请经复核，最终应支付金额为（大写）肆拾贰万壹仟零捌元整（小写：421008 元）<br><br>　　　　　造价工程师：　陈××<br>　　　　　日　　期：2021 年 9 月 12 日 |

审核意见：

□不同意。

☑同意，支付时间为本表签发后的 15 天内。

　　　　　　　　　　　　　　　　　　　　发包人（章）　　　　略

　　　　　　　　　　　　　　　　　　　　发包人代表：　章××

　　　　　　　　　　　　　　　　　　　　日　　期：2021 年 9 月 15 日

　　注：1. 在选择栏中的"□"内作标识"√"。如监理人已退场，监理工程师栏可空缺。

　　　　2. 本表一式四份，由承包人填报，发包人、监理人、造价咨询人、承包人各存一份。

# 模块 7　计量支付软件的应用

## 任务 7.1　计量支付软件介绍

### 7.1.1　计支宝房建计量云平台

在建设工程领域，近年来涌现出了许多优秀的工程信息化软件，比如在设计制图方面有 Autodesk、鲁班等；在预算造价方面有广联达、杭州品茗等。在计量支付领域，也有诸如同望计量支付管理系统、纵横计量支付结决算系统、计支宝计量支付云平台等。下面，我们将以计支宝计量支付云平台为例，带领大家一起来学习计量支付的具体操作。

1. 平台简介

计支宝计量支付云平台是一款以合同清单为基础，施工单位以结算周期为节点，将该项目本周期内完成的进度款对应的工程量和计量附件等现场资料的基础数据上传，然后由各个参建单位（监理方、业主方和审计方）同时在线进行审核的一款在线协同办公的结算平台。系统对过程中产生的数据，经过一系列的存储、分析、转换、处理、整合之后形成规范的过程计量支付报表和结算台账。

2. 计支宝计量支付云平台核心亮点

（1）解决计算过程中手工计算工作量繁杂、容易做错、各种资料文档太多不规范的问题，提高工作效率，减少工作失误。

（2）各个参建单位多方同时在线协同办公，解决沟通成本高、沟通效率低下的问题，降低沟通成本，提高工作效率。

（3）解决施工过程中变更签证资料繁杂、丢失、与结算脱节的问题，提高各个参建方的结算互信，减少甲方乙方监理审计各方之间的矛盾。

（4）解决手工计量容易产生的超计、漏计、重复计量等问题，降低管理风险。

（5）各方同时在线，数据云端储存，从而避免因为人员异动产生的文件丢失问题。

3. 产品优势

（1）国内领先的过程结算 SaaS 平台，操作简单，易学易用。

（2）验工计价，质量安全资料审批不过不准计量。

（3）超量预警，计量工程量控制不超过核算量。

（4）实时生成报表数据和审批签字，报表格式自定义。

（5）一键查看多周期、多标段、多项目结决算台账。

（6）短信通知包括质量安全进度等工程全方面信息。

（7）手机 App 同步 Web 端功能。

### 7.1.2　计量支付流程

1. 计量支付流程简介

计支宝计量支付的完整流程如图 7-1 所示。

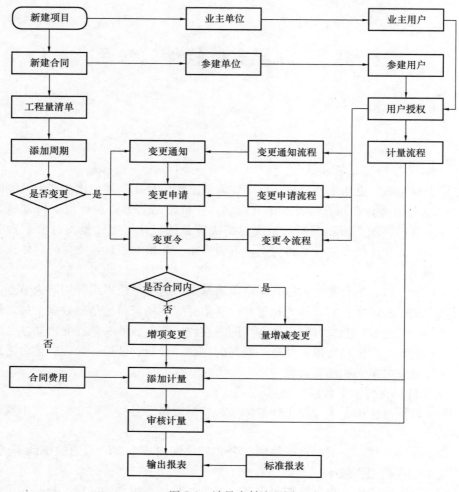

图 7-1 计量支付流程图

（1）新建项目，由项目建设单位（即"发包方"）添加，并对发包方单位和用户进行信息维护和功能授权。

（2）新建合同，由项目建设单位（即"发包方"）添加，并根据合同对参建单位以及参建单位用户进行信息维护和功能授权，再根据合同实际情况对合同的计量、变更进行审核及流程配置。

（3）发包方维护各合同的工程量清单、合同费用条款并维护报表模板，根据计量实际建立计量周期，根据周期内清单工程量的变更情况，进行合同的清单计量和变更计量，并依据相应的审核流程进行审核，根据报表模板最终形成一期完整的计量支付报表。

2. 专业术语解释

新建项目：添加项目，并对项目进行基本信息的配置与维护；

新建合同：添加合同，对项目下所有的合同进行基本信息的配置与维护；

业主单位：即项目的发包方，也就是项目的建设单位；

业主用户：业主单位下负责该项目事务的相关人员；

参建单位：合同的乙方，即项目相应的承包方、监理方、设计方、咨询方等；

参建用户：参建单位下负责该项目合同事务的相关人员；

用户授权：为业主用户和参建用户授权项目合同和系统菜单权限；

工程量清单：施工承包方签署合同时的项目标段工程量清单，可通过 Excel 导入；

合同费用：工程量清单之外，基于合同费用条款进行结算得相应合同费用；

计量流程：为合同配置相应的计量审批流程，并添加相应审批人；

变更流程：为合同配置相应的变更审批流程以及相应审批人，包括变更通知/变更申请/变更令流程；

变更管理：根据项目实际进展情况，对合同约定之外的工程量进行相应变更，包括变更通知/变更申请/变更令；

添加周期：根据发包方与承包方约定，进行工程计量的月份或周期；

添加计量：基于周期对完成工程量进行详尽的计量管理，包括合同的清单计量和变更计量；

审核计量：基于计量流程，对本周期的计量数据进行审核；

标准报表：计支宝根据工程项目特征整理出来的标准报表模板；

输出报表：审核结束后，根据报表模板和计量数据自动生成一套完整计量报表。

### 7.1.3　系统登录与约定

1. 系统登录

第一步：使用 360 浏览器（极速模式）或谷歌（Chrome）浏览器，在网址栏中输入：edu. fj. jizhibao. com. cn，输入账号密码登录计支宝房建工程过程结算管理系统教学版，如图 7-2 所示。

图 7-2

第二步：输入用户名和密码后，点击"登录"按钮即可跳转进入平台首页。

2. 系统约定

为方便系统使用，先对系统页面进行如下约定，如图 7-3 所示：

A 区：系统最左侧功能菜单导航区；

B 区：系统中间树形功能条目导航区（清单、类别、部位等）；

C1 区：系统右上方的菜单功能的业务工具和按钮；

C2 区：系统右下方的菜单功能的业务功能展示区；

D 区（如有）：C 区右侧的其他功能区域。

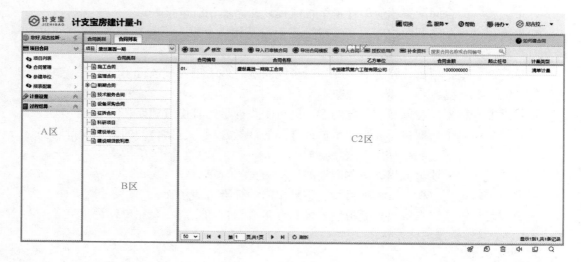

图 7-3

## 任务 7.2　计 量 实 操

### 7.2.1　系统配置

1. 建项目

点击 A 区的"项目合同"，在下拉菜单中选择"项目配置"，进入"项目列表"界面，在 C1 区点击"添加"按钮，在 C2 区弹出界面中填写项目相关信息，色框部分为必填项，如图 7-4 所示。

项目实例

1）项目编号：JZB-FJ-01；

2）工程名称：盛世嘉园一期；

3）建设单位：×××房地产投资发展中心；

4）建设地点：长沙市天心区书院路××号；

5）工程概况：本项目位于长沙市天心区，整个用地东侧临规划道路，北侧临市政沿河绿地，西临在建道路，用地南侧临书院路。项目净用地面积 80132.54m²，规划总建筑面积 226824.21m²，地上部分住宅建筑面积为 149975.44m²，地上商业建筑面积为 12149.01m²，地下室建筑面积为 64699.76m²，由机动车库、设备用房和非机动车库组成；

6）工期要求：2021 年 9 月 12 日起至 2022 年 12 月 11 日止，计划工期 15 个月；

7）工程总投资：46627.63 万元。

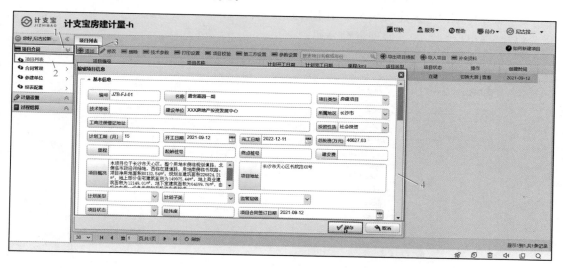

图 7-4

**2. 建合同**

（1）点击 A 区的"项目合同"，在下拉菜单中选择"合同管理"，进入"合同类别"界面，在 C1 区点击"添加同级"按钮，在 C2 区弹出界面中填写合同类别信息，色框部分为必填项，如图 7-5 所示，填写完毕后，点击保存。

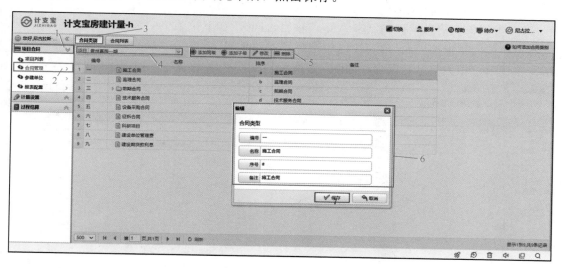

图 7-5

（2）合同类别保存后，点击 C1 区"合同列表"进入"合同列表"界面，选择 B 区的"合同类别"，然后在 C1 区中点击"添加"，在 C2 区弹出的对话框中填写合同的详细信息，如图 7-6 所示。填写完毕后，点击保存。

项目实例：

1）合同编号：01；

2）合同名称：盛世嘉园一期施工合同；

3）乙方单位：中国建筑第××工程有限公司；

4）监理单位：×××监理咨询公司；

5）合同金额：466276290.27 元。

图 7-6

3. 建参建单位

（1）参建单位信息维护

1）参建单位信息维护。点击 A 区"项目合同"，在下拉菜单中选择"参建单位"，进入参建单位信息维护界面，在 C1 区中选择"参建项目"，点击"修改"，在弹出对话框中填写参建单位相关信息并保存，如图 7-7 所示。

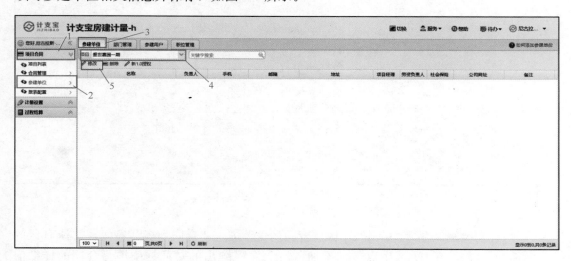

图 7-7

2）参建单位部门管理。点击 C1 区"部门管理"，进入到参建单位部门管理界面，选择参建项目及单位，点击"添加同级"在弹出的对话框中录入相关信息，如名称"工程管理部"，类型选择"部门"，序号"1"等，填写完毕后，点击保存，如图 7-8 所示。

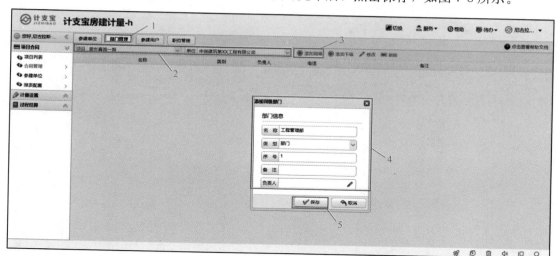

图 7-8

3）建参建用户，点击 C1 区中的"参建用户"，进入"参建用户"界面，依次选择相应得项目及单位后，在 B 区中选择相应部门后，点击 C1 区中的"添加"按钮，在弹出的对话框中填写用户相关信息，保存即可，如图 7-9 所示。

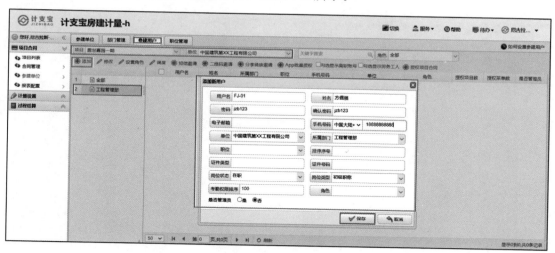

图 7-9

（2）参建用户授权

1）项目授权：在 C2 界面找到要授权的用户，然后点击"授权项目数"列下的字段，在弹出的对话框中勾选要授权的项目，保存即可，如图 7-10 所示。

2）菜单授权：在 C2 界面找到要授权的用户，然后点击"授权菜单数"列下的字段，在弹出的对话框中勾选要授权的功能菜单，保存即可，如图 7-11 所示。

4. 报表配置

点击 A 区"项目合同"，在下拉菜单中选择"报表配置"进入到报表配置界面。

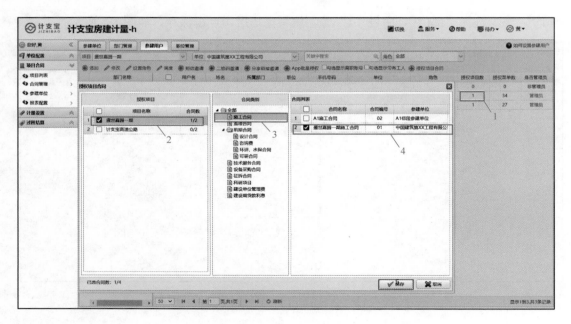

图 7-10

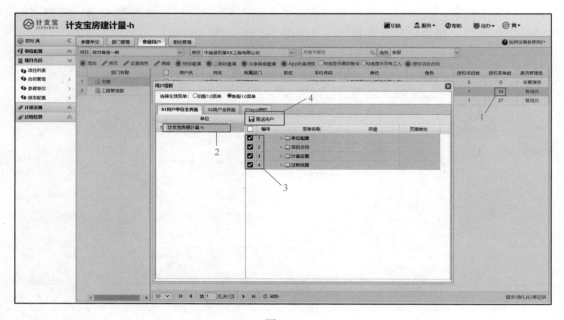

图 7-11

1）单位报表配置。点击 C1 区中的"单位报表"，进入"单位报表"配置界面，在 C1 区中依次选择"报表类型""是否标准"，然后在 C2 区显示的"报表模板库"中勾选所需要的报表并点击上方的"导入"按钮，导入后的报表将会显示在"单位报表库"中，如图 7-12 所示。

2）项目报表配置单位报表库导入成功后，点击 C1 区中的"项目报表"，进入"项目报表"配置界面，在 C1 区中选择需要导入报表的项目和报表类型，并在右侧勾选该项目所需

图 7-12

要的报表，点击上方的"导入"按钮，导入成功后将在项目报表库中显示，如图 7-13 所示。

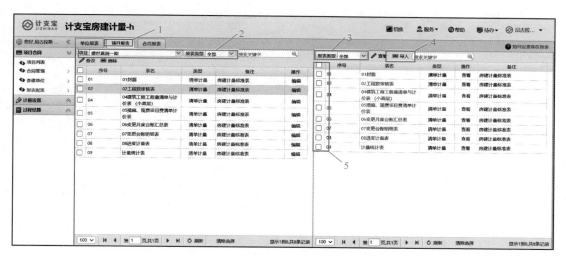

图 7-13

3）合同报表配置。项目报表库导入成功后，点击 C1 区中的"合同报表"，进入"合同报表"配置界面，在 C1 区中选择需要导入报表的项目和合同及报表类型，在右侧勾选该项目所需要的报表，然后点击 C1 区中的"导入"按钮，导入成功后将在项目报表库中显示，如图 7-14 所示。

### 7.2.2　计量设置

#### 1. 计量设置

点击 A 区"计量设置"，在下拉菜单中选择"计量设置"，进入计量设置界面。在 C1 区中选择相应项目后，点击 C2 区中对应合同后的蓝色字段，在弹出的对话框中修改相关信息后，点击保存，如图 7-15 所示。

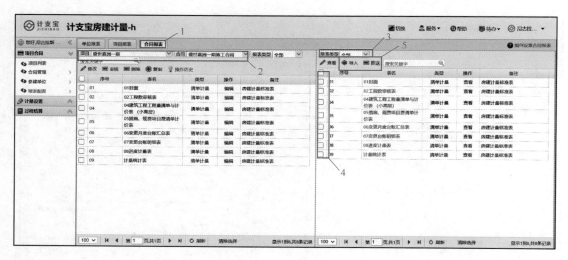

图 7-14

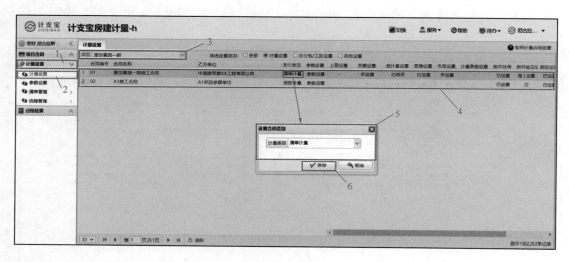

图 7-15

**2. 参数设置**

点击 A 区的"参数设置"进入参数设置界面，在 C1 区依次选择"项目—合同"，并在 C2 区选择需要设置的参数信息，点击 C1 区的"修改"按钮，在弹出对话框中，录入修改的信息，点击保存，如图 7-16 所示。

**3. 清单管理**

点击 A 区"计量设置－清单管理"。

（1）原始清单管理。点击 C1 区"原始清单"，进入原始清单管理界面。计支宝提供了三种清单导入的方式，如图 7-17 所示。

1）导入 excel：在 C1 区依次选择需要导入清单的"项目—合同"，点击"导入 excel"，在弹出的对话框中点击"选择文件"，选择需要导入的清单后点击打开，保存即可导入，如图 7-18 所示。

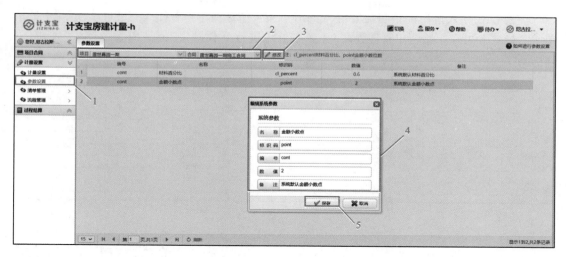

图 7-16

图 7-17

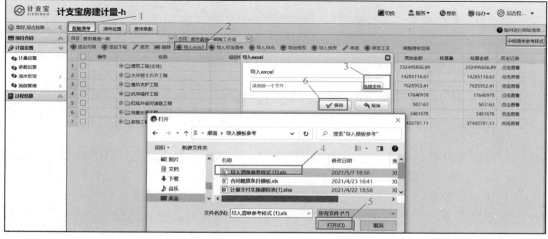

图 7-18

注意：在导入清单前请将需要导入的清单按"中标清单参考样式"进行修改，"中标清单参考样式"可在原始清单管理界面 C1 区右上角进行下载，"中标清单参考样式"如图 7-19 所示。

| | A | B | C | D | E | F | G | H |
|---|---|---|---|---|---|---|---|---|
| 1 | 序号 | 清单编号 | 清单名称 | 单位 | 单价 | 原始量 | 核算量 | 备注 |
| 2 | 1 | 100 | 第100章 总则 | | | | | |
| 3 | 1-1 | 102-2 | 施工环保费 | 总额 | 60000 | 1 | 1 | |
| 4 | 1-2 | 102-3 | 安全生产费用 | 总额 | 90000 | 1 | 1 | |
| 5 | 1-3 | 102-4 | 工程管理软件（暂估价） | 总额 | 9800 | 1 | 1 | |
| 6 | 1-4 | 103-1 | 临时道路修建、养护与拆除（包括原有道路的养护 | 总额 | 50000 | 1 | 1 | |
| 7 | 1-5 | 103-2 | 临时占地 | 总额 | 110000 | 1 | 1 | |
| 8 | 1-6 | 103-3 | 临时供电设施 | | | | | |
| 9 | 1-6-1 | 103-3-a | 设施架设、拆除 | 总额 | 20000 | | | |

图 7-19

2）导入标准清单；点击 C1 区"导入标准清单"，在弹出的对话框中点击"选择文件"，在弹出的对话框中选择"相应的合同清单"，点击打开，导入的合同清单会在对话框中显示，在对话框中，可根据原文件修改导入信息，修改完成后点击保存即可，如图 7-20 所示。

图 7-20

3）导入 XML：参照"导入 excel"的操作步骤。

（2）清单设置。点击 C1 区"清单设置"，进入清单设置界面，依次选择"项目—合同"，如图 7-21 所示。

1）规措费设置：在 B 区中选择规措费清单，然后在 D 区中勾选计算 B 区规措费相关清单细目，选择好后在 C2 区展示的各类公式中勾选相应的公式，并输入计算的费率，点击 C1 区中的"保存公式"即可，勾选中的清单会变为浅黄色，如图 7-22 所示。

2）发票设置：点击 C2 区"设置"，在 D 区中勾选需要验证"发票"的清单，点击保存，如图 7-23 所示。

图 7-21

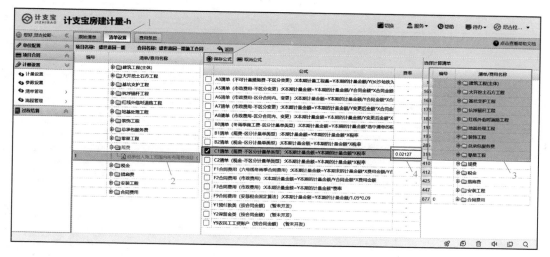

图 7-22

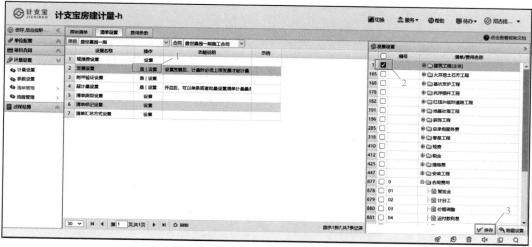

图 7-23

3）附件验证设置：点击设置，在 B 区中选择要验证附件的清单，并在 D 区中"添加"相应附件，勾选后，在 C1 区中点击"从右侧关联"的按钮即可，如图 7-24 所示。

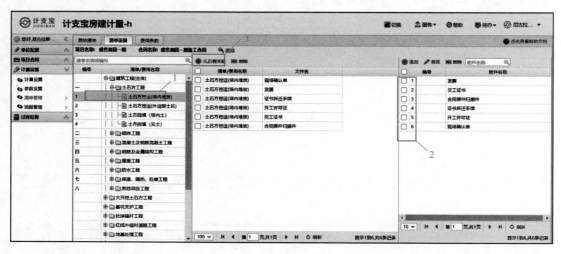

图 7-24

4）超计量设置：点击设置，在 C2 区中勾选相关的清单后，在 C1 区中点击"不超原始量、不超核算量或允许超量"按钮即可完成，如图 7-25 所示。

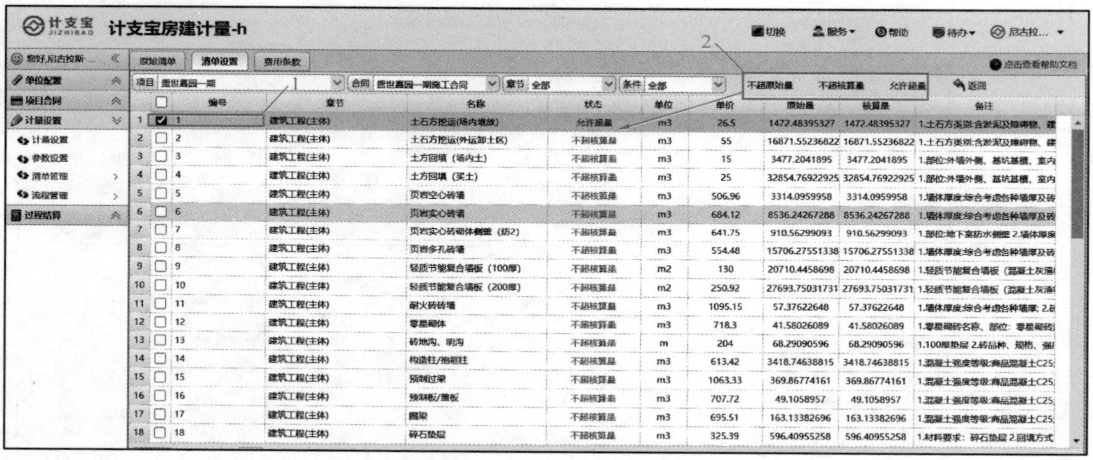

图 7-25

5）清单类型设置：点击设置，在 C2 区中选择相关的清单或部位，点击 C1 区"设置清单类型"按钮，在弹出对话框中选择相应的清单类型，点击保存，如图 7-26 所示。

6）清单标记设置：点击设置，在 C2 区中选择相关的清单或部位，点击 C1 区"设置清单标记"按钮，在弹出对话框中选择相应的清单标记，点击保存，如图 7-27 所示。

7）清单汇总方式设置：点击设置，在 C2 区中选择相关的清单或部位，点击 C1 区"设置清单汇总方式"按钮，在弹出对话框中选择相应的清单汇总方式，点击保存，如图 7-28所示。

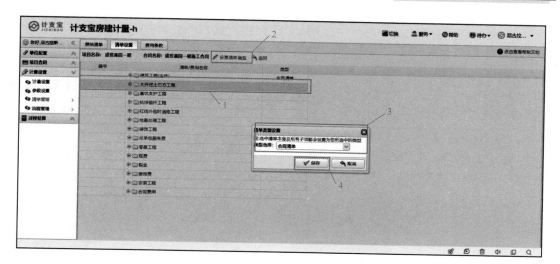

图 7-26

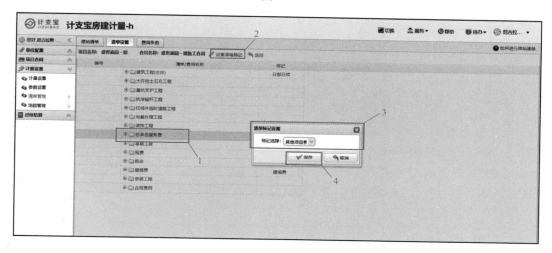

图 7-27

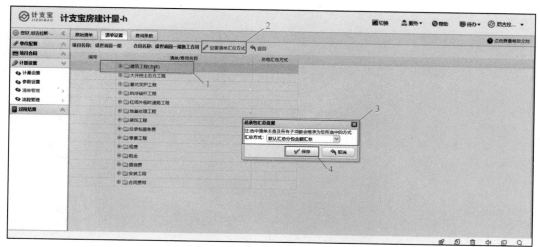

图 7-28

（3）费用设置：点击 C1 区"费用条款"，依次选择项目—合同，点击"添加"在弹出的对话框中录入相关信息，点击保存，如图 7-29 所示。常见的合同费用条款有"暂定金、计日工、价格调整、迟付款利息、索赔金额、保留金、保留金的返还、开工预付款、扣回开工预付款、材料预付款、扣回材料预付款、农民工工资保证金、返还农民工工资保证金、税金"等，可通过 C1 区"获取模板"中匹配相关模板。

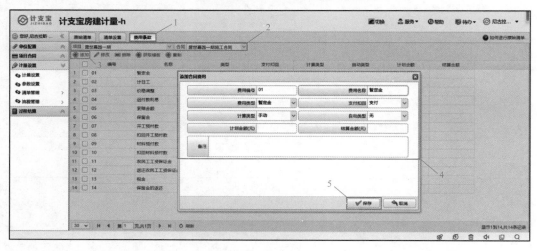

图 7-29

### 4. 流程管理

（1）清单计量流程：点击 A 区"计量设置"，在下拉菜单中选择"流程管理"，点击"计量流程"，进入计量流程设置界面，在 C1 区中选择需要设置流程的"项目—合同"，点击"添加"，在弹出的对话框中，填写流程审批人身份信息，并在下方对应处勾选授权用户信息，点击保存即可，如图 7-30 所示（注意：身份信息必须唯一）。

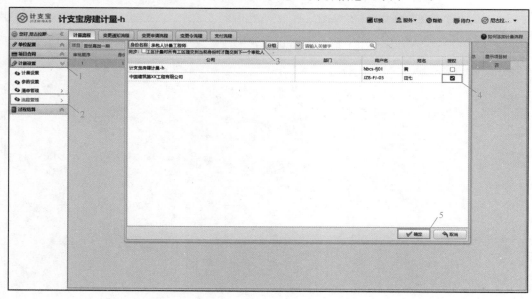

图 7-30

（2）变更通知流程：点击 C1 区"变更通知流程"，进入变更通知流程设置界面，在
C1 区中选择需要设置流程的"项目—合同"，点击"添加"，在弹出的对话框中，填写流
程审批人身份信息，并在下方对应勾选授权用户信息，点击保存即可，如图 7-31 所示
（注意：身份信息必须唯一）。

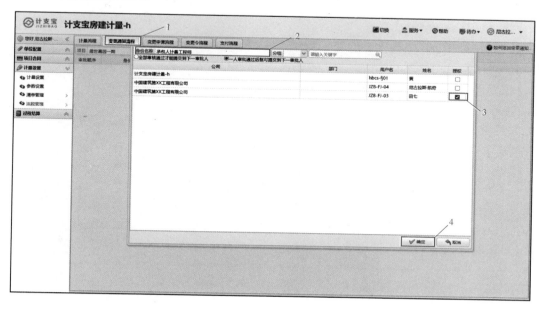

图 7-31

（3）变更申请流程：点击 C1 区"变更申请流程"，进入变更申请流程设置界面，在
C1 区中选择需要设置流程的"项目—合同"，点击"添加"，在弹出的对话框中，填写流
程审批人身份信息，并在下方对应勾选授权用户信息，点击保存即可，如图 7-32 所示

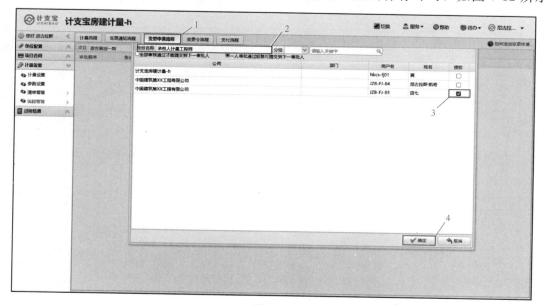

图 7-32

（注意：身份信息必须唯一）。

（4）变更令流程：点击 C1 区"变更令流程"，进入变更令流程设置界面，在 C1 区中选择需要设置流程的"项目—合同"，点击"添加"，在弹出的对话框中，填写流程审批人身份信息，并在下方对应勾选授权用户信息，点击保存即可，如图 7-33 所示。

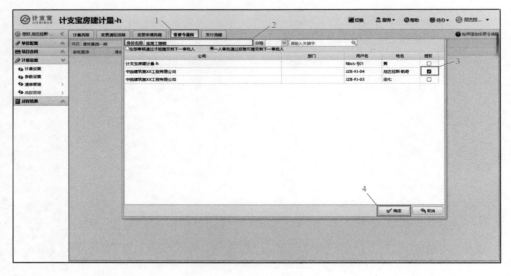

图 7-33

（5）其他流程：如存在其他需要进行审批的流程，如"支付流程"等，可参照以上步骤进行。

（6）流程电子签名设置

1）通过获取 APP 的电子签名进行设置。在 C2 区中选择流程节点，点击 C1 区"设置签名"，在弹出对话框中勾选授权该节点签名的用户，点击"保存"即可，如图 7-34 所示。

图 7-34

2）通过上传签名图片设置签名。点击 C2 区中"签名"下的"查看签名"，在弹出的对话框中点击"上传图片"，在本地选择签名图片后点击"打开"，即可导入签名图片，如图 7-35 所示。

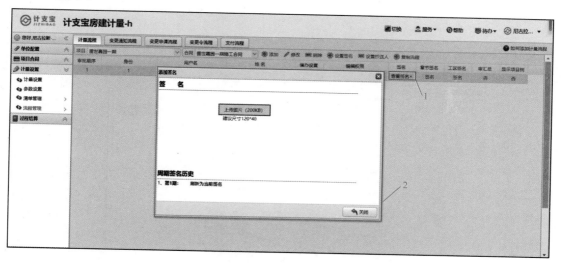

图 7-35

### 7.2.3　计量支付

1. 工程变更

（1）变更通知：点击 A 区计量支付模块，在下拉的菜单中选择变更管理，进入变更管理界面，点击 C1 区中的变更通知，选择发生变更的"项目—合同"，点击"添加"在弹出的对话框中输入相关信息，其中红色框为必填项，点击保存，保存后点击"提交"即可提交至下一审批人，当最后一个审批人审核通过后，即可发布变更通知，如图 7-36 所示。

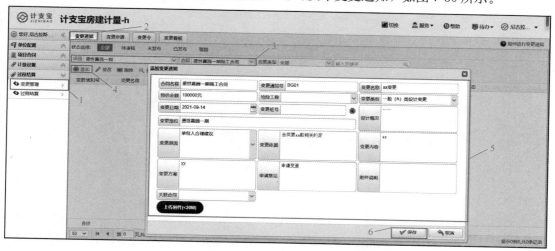

图 7-36

（2）变更申请：点击 C1 区变更申请，选择相应的"项目—合同"，点击添加，在弹出的对话框中输入相关信息并上传附件资料，其中红色框为必填项，点击保存，如图 7-37 所示；

保存后点击 C2 区中"操作"列下的"清单"字段，如图 7-38 所示，根据变更清单的实际情况在 C1 区中选择"新增清单"或"添加量增减"，在弹出的对话框中填写相关量保存，保存后点击提交即可提交至下一审批人，当最后一个审批人审核通过后，即可发布变更申请，如图 7-39 所示。

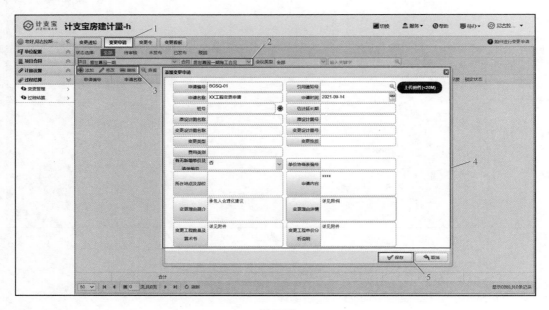

图 7-37

图 7-38

图 7-39

（3）变更令：

1）引用变更申请：点击 C1 区"变更令"，切换"项目"和"合同"，点击 C1 区"添加"，在弹出的对话框中切换变更类型为"引用申请"，点击"选择"选择已经发布的变更申请并点击"保存"，完善其他信息以及上传附件后，再点击"保存"即可，如图 7-40 所示。

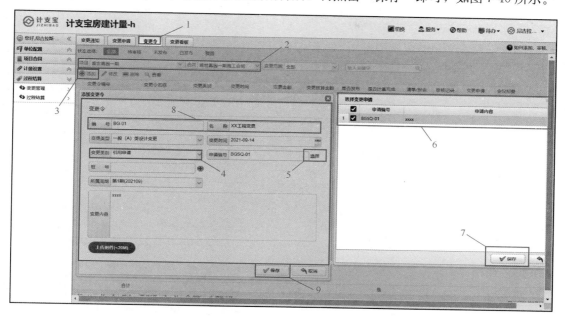

图 7-40

2）如需在变更令中再添加变更清单，点击 C1 区"清单/报表"下的"清单"字段，进入变更清单编辑页面，点击 C1 区"新增清单"或"添加量增减"按钮，在弹出的对话框中录入相应的清单信息后，点击"保存"即可，如图 7-41 所示。

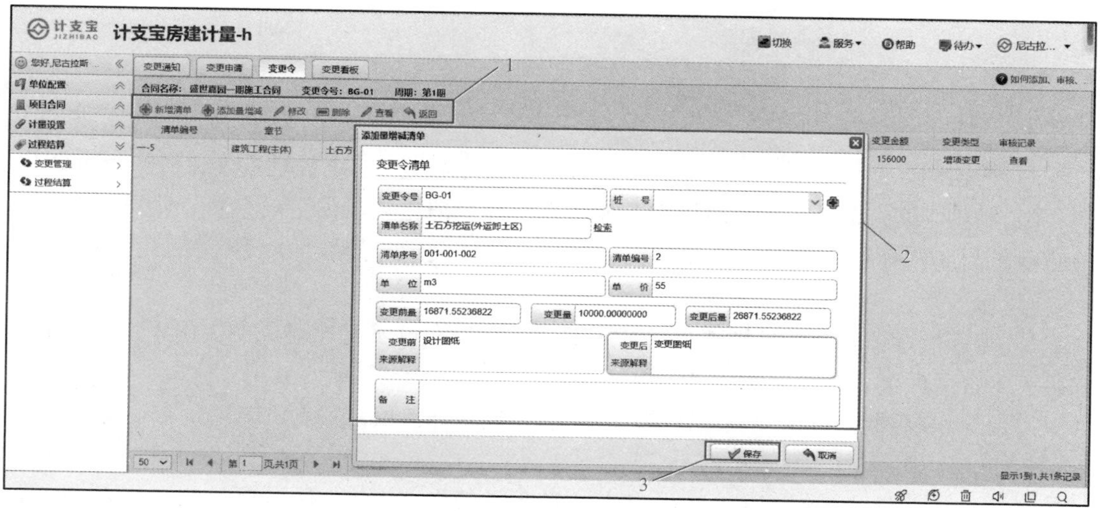

图 7-41

2. 周期管理

（1）点击 A 区过程结算模块，在下拉菜单中选择"过程结算"，在二级子菜单中选择"周期管理"，进入周期管理界面，在 C1 区中选择好"项目—合同"，点击"添加"，在弹出的对话框中填写周期的详细信息，点击保存即可，如图 7-42 所示。

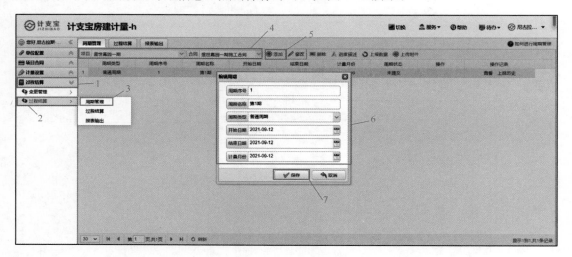

图 7-42

（2）周期类型说明

周期类型包括普通周期、结算周期、返还周期和预付款周期，如图 7-43 所示。

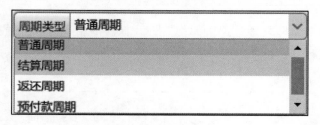

图 7-43

1）普通周期：普通的计量周期，可正常计量所有未完成的工程量清单和相关合同费用；

2）结算周期：最后一个计量周期，如所有工程量清单均未设置超计量，则可以在最后一个计量周期选择结算周期，可以解决工程结算的"最后一元钱"或者"最后一分钱"的问题；

3）返还周期：普通计量周期和结算周期均结束后，可发起返还周期，用于返还扣回的农民工工资保证金、质量保证金等费用；

4）预付款周期：可用于普通计量周期之前，建立开工预付款支付周期。

3. 过程结算

（1）选择计量清单。在 C1 区中点击"过程结算"，依次选择需要计量的"项目—合同—周期"后，在 B 区选择需要计量的清单或目录，点击 C1 区的"添加"按钮，如图 7-44 所示（注：当页面右上角"当前状态"与"您的身份"一致时，才能对计量单进行修改，不一致则只允许查阅）。

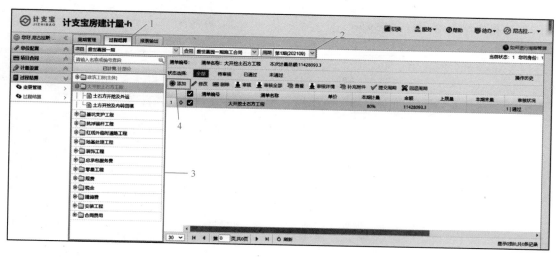

图 7-44

（2）添加计量清单。在弹出的对话框中，录入相关信息并上传计量所需附件资料，添加本期计量工程量（如本期大开挖土石方工程完成 80%，则在"本期计量"对应的窗口中填入 80），点击"计算工程量"后核对父级目录下的清单计量工程量与实际完成工程量是否一致，确认无误后，点击保存，即可添加成功，如图 7-45 所示。

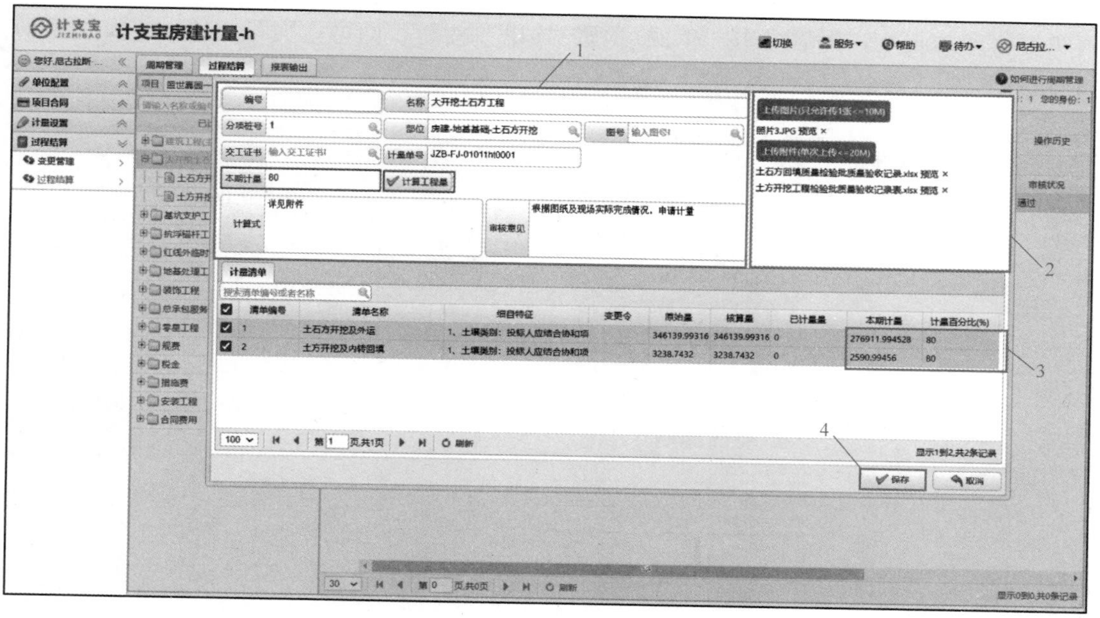

图 7-45

（3）审核提交周期。本期计量清单添加完毕后，由相关人员对计量清单的真实性、准确性及附件资料的完整性进行审核，并填写审核意见，然后点击"确定"，将本期申报的计量清单提交至下一级审批人审核，直到最后一级审批人审核通过后才可提交周期和打印报表，如图 7-46 所示（注意：若审核不通过，则可由审批人修改本期计量工程量，或退回周期至上一级审批人修改）。

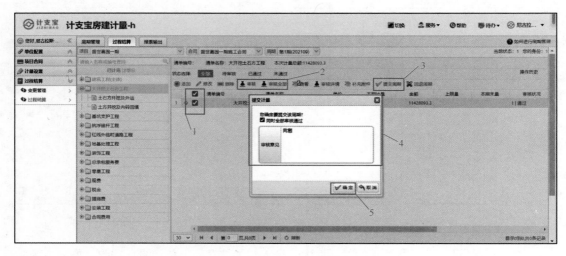

图 7-46

4. 报表输出

（1）报表输出步骤：点击 A 区计量支付模块，在下拉菜单中选择"报表输出"，进入"报表输出"界面，在 C1 区依次选择"项目—合同—周期"，点击报表下拉窗格，选择需要打印的报表，然后点击"生成/预览/导出"按钮，即可完成报表输出，如图 7-47 所示。

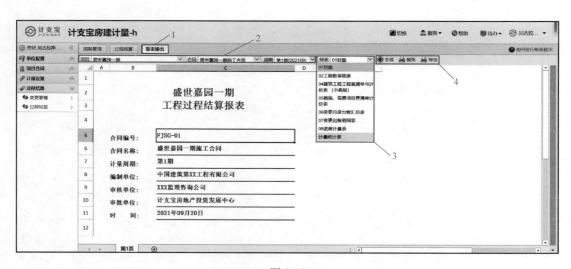

图 7-47

（2）导出报表

1）结算封面（见图 7-48）。

盛世嘉园一期

工程过程结算报表

| | |
|---|---|
| 合同编号： | FJSG-01 |
| 合同名称： | 盛世嘉园一期施工合同 |
| 计量周期： | 第1期 |
| 编制单位： | 中国建筑第××工程有限公司 |
| 审核单位： | ×××监理咨询公司 |
| 审批单位： | 计支宝房地产投资发展中心 |
| 时　间： | 2021年09月20日 |

图 7-48

2）工程款支付核准表（见图 7-49）。

3）本期进度金额汇总表（见图 7-50）。

4）建筑工程工程量清单计价表（见图 7-51）。

5）规费、措施费及其他项目费清单计价表（见图 7-52）。

6）变更月度台账汇总表（见图 7-53）。

7）变更工程量清单明细表（图 7-54）。

8）进度计量表（见图 7-55）。

157

# 工程款支付核准表

工程名称：盛世嘉园一期施工合同　　　　　　　　　　　　计量周期：第1期
施工单位：中国建筑第××工程有限公司　　　　　　　　　监理单位：×××监理咨询公司

致：计支宝房地产投资发展中心　　　　　　　　　　　　（建设单位全称）

我方2021年08月21日至2021年09月20日第[第1期]计量周期期间已完成了详见 进度计量表 工作，根据施工合同的约定，现申请支付本期的工程价款为（大写）壹仟叁佰叁拾柒万肆仟叁佰贰拾肆圆零贰分。（小写）13374324.02元，请予核准。

| 序号 | 名　称 | | 金额 |
|---|---|---|---|
| 1 | 工程价款 | 累计已完成工程的工程价款 | 13374324.02 |
| | | 累计已实际支付的工程价款 | 13374324.02 |
| | | 本期已完成的工程价款 | 13374324.02 |
| | | 本期已完成变更金额 | |
| 3 | 费用小计 | | |
| 4 | 本期应支付的工程价款 | | 13374324.02 |
| 5 | 本期实际支付的工程价款 | | 13374324.02 |

施工单位（章）
施工单位代表：＿＿＿＿＿＿＿
日　　期：＿＿＿＿＿＿＿

复核意见：

你方提出的支付申请，经复核本月已完成工程价款为（小写）：13374324.02元；

（大写）壹仟叁佰叁拾柒万肆仟叁佰贰拾肆圆零贰分

本月应支付金额为（小写）：13374324.02元；

（大写）壹仟叁佰叁拾柒万肆仟叁佰贰拾肆圆零贰分

审核单位造价工
程师（盖章）＿＿＿＿＿＿＿

日　期：＿＿＿＿＿＿＿

审核意见：

施工单位（章）
施工单位代表：＿＿＿＿＿＿＿
日　　期：＿＿＿＿＿＿＿

图 7-49

# 本期进度金额汇总表

工程名称：盛世嘉园一期施工合同　　　　　　　　　　　计量期数：第1期
上报日期：2021年09月20日　　　　　　　　　　　　　　单位：元

| 序号 | 单项工程名称 | 合同额 | 重计量金额 | 已计量占比 | 上期未完成额 | 本期完成额 | 累计完成额 |
|---|---|---|---|---|---|---|---|
| 1 | 建筑工程（主体） | 232495866.89 | 232495866.89 | 0.00 | | | |
| 2 | 大开挖土石方工程 | 14285116.63 | 14285116.63 | 80.00 | | 11428093.3 | 11428093.3 |
| 3 | 基坑支护工程 | 7625952.41 | 7625952.41 | 0.00 | | | |
| 4 | 抗浮锚杆工程 | 17640978 | 17640978 | 0.00 | | | |
| 5 | 红线外临时道路工程 | 583163 | 583163 | 0.00 | | | |
| 6 | 地基处理工程 | 3481678 | 3481678 | 0.00 | | | |
| 7 | 安装工程 | 31471794.54 | 31471794.54 | 0.00 | | | |
| 8 | 装饰工程 | 37402781.11 | 37402781.11 | 0.00 | | | |
| 9 | 总承包服务费 | 4397339.45 | 4397339.45 | 3.68 | | 162015.57 | 162015.57 |
| 10 | 零星工程 | 6219.13 | 6219.13 | 0.00 | | | |
| 11 | 规费 | 9915723.42 | 9915723.42 | 2.49 | | 246514.8 | 246514.8 |
| 12 | 税金 | 38499877.2 | 38499877.2 | 0.00 | | | |
| 13 | 措施费 | 71377743.74 | 71377743.74 | 2.15 | | 1537700.35 | 1537700.35 |

编制人：　　　　　审核人：　　　　　　　　审批人：

图 7-50

工程名称：盛世嘉园一期施工合同

**建筑工程工程量清单与计价表**

计量周期　第1期

| 编号 | 项目名称 | 项目特征 | 单位 | 单价 | 合同 | | 重计量 | | 变更 | | | | 到本期末完成 | | 到上期末完成 | | 本期完成 | | 备注 |
|---|---|---|---|---|---|---|---|---|---|---|---|---|---|---|---|---|---|---|---|
| | | | | | 合同工程量 | 合同金额 | 重计量工程量 | 重计量金额 | 变更工程量 | 变更金额 | 变更后合计 | 变更后金额 | 数量 | 金额 | 数量 | 金额 | 数量 | 金额 | |
| 1 | 土石方开挖及外运 | | m³ | 41.15 | 346139.99 | 14243660.72 | 346139.99 | 14243660.72 | | | 346139.99 | 14243660.72 | 276911.99 | 11394928.57 | | | 276911.99 | 11394928.57 | |
| 2 | 土方开挖及内转回填 | | m³ | 12.80 | 3238.74 | 41455.91 | 3238.74 | 41455.91 | | | 3238.74 | 41455.91 | 2590.99 | 33164.73 | | | 2590.99 | 33164.73 | |
| 1 | 总承包服务费 | | 项 | 1465779.82 | 1.00 | 1465779.82 | 1.00 | 1465779.82 | | | 1 | 1465779.82 | 0.11 | 162015.57 | | | 0.11 | 162015.57 | |
| 1 | 总承包人施工范围内所有措施项目（包含建筑、装饰、安装等）总价包干（不含税金），所有规费项目费用（包括养老保险费、失业保险费、医疗保险费、工伤保险金、生育保险费、住房公积金、工程排污费、其他政府部门要求办理与工程相关的费用及全部税金） | | 元 | 9915723.42 | 1.00 | 9915723.42 | 1.00 | 9915723.42 | | | 1 | 9915723.42 | | | | | 0.02 | 246514.80 | |
| 5 | 农田建工费 | | 项 | 515610.00 | 1.00 | 515610.00 | 1.00 | 515610.00 | | | 1 | 515610 | 0.03 | 17078.03 | | | 0.03 | 17078.03 | |
| 6 | 二次搬运费 | | 项 | 251188.00 | 1.00 | 251188.00 | 1.00 | 251188.00 | | | 1 | 251188 | 0.03 | 8319.60 | | | 0.03 | 8319.60 | |
| 7 | 冬季施工 | | 项 | 383400.00 | 1.00 | 383400.00 | 1.00 | 383400.00 | | | 1 | 383400 | 0.03 | 12698.59 | | | 0.03 | 12698.59 | |
| 8 | 工程定位复测费 | | 项 | 85546.75 | 1.00 | 85546.75 | 1.00 | 85546.75 | | | 1 | 85546.75 | 0.03 | 2832.97 | | | 0.03 | 2832.97 | |
| 9 | 脚手架搭拆费含安全设施、满挂安全网、包含脚手架钢座） | | 项 | 7025166.00 | 1.00 | 7025166.00 | 1.00 | 7025166.00 | | | 1 | 7025166 | 0.03 | 232694.57 | | | 0.03 | 232694.57 | |
| 10 | 现浇砼砌筑混凝土模板及支架 | | 项 | 36430766.97 | 1.00 | 36430766.97 | 1.00 | 36430766.97 | | | 1 | 36430766.97 | 0.03 | 1206696.29 | | | 0.03 | 1206696.29 | |
| 11 | 机械进出场及安拆费 | | 项 | 399334.81 | 1.00 | 399334.81 | 1.00 | 399334.81 | | | 1 | 399334.81 | 0.03 | 13227.17 | | | 0.03 | 13227.17 | |
| 12 | 垂直运输及超高施工增加费 | | 项 | 8617650.98 | 1.00 | 8617650.98 | 1.00 | 8617650.98 | | | 1 | 8617650.98 | 0.00 | 28533.04 | | | 0.00 | 28533.04 | |
| 13 | 措施期间支撑（扶马等） | | 项 | 403589.00 | 1.00 | 403589.00 | 1.00 | 403589.00 | | | 1 | 403589 | 0.03 | 13368.08 | | | 0.03 | 13368.08 | |
| 14 | 梁板柱桩按设计标号强度等级浇筑混凝土所有个等处理费用 | | 项 | 67989.26 | 1.00 | 67989.26 | 1.00 | 67989.26 | | | 1 | 67989.26 | 0.03 | 2252.01 | | | 0.03 | 2252.01 | |

图 7-51

## 措施、规费、项目费清单计价表

工程名称：盛世嘉园一期施工合同　　　　　　　　　　　　　　　　　　　　　　　　　　　　　　　　　　　　计量周期：第1期

| 编号 | 费用项目名称 | 计算基数 | 单位 | 合同金额 | | | 到本期末完成 | | 到上期末完成 | | 本期完成 | | |
|---|---|---|---|---|---|---|---|---|---|---|---|---|---|
| | | | | 单价 | 总价（元） | 数量 | 金额 | 数量 | 金额 | 数量 | 百分比 | 金额 |
| 1 | 总承包服务费 | | | | 1465779.82 | | | | | | | | 162015.57 |
| 2 | 总承包服务费 | 1 | 项 | 1465779.82 | 1465779.82 | 0.11 | 162015.57 | | | 0.11 | 0.11 | 162015.57 |
| 3 | 规费 | | | | 9915723.42 | | | | | | | | 246514.80 |
| 4 | 总承包人施工范围内所有规费项目（包含建筑、装饰、安装等）总价包干（不包含税金）。所有规费项目费用包括养老保险费、失业保险费、医疗保险费、工伤保险金、生育保险费、住房公积金、工程排污费、其他政府部门要求办理与工程相关的费用等全部费用 | 1 | 元 | 9915723.42 | 9915723.42 | 0.02 | 246514.80 | | | 0.02 | 0.02 | 246514.80 |
| 5 | 措施费 | | | | 54180241.77 | | 1537700.35 | | | | | 0.03 | 1537700.35 |
| 6 | 夜间施工费 | 1 | 项 | 515610.00 | 515610.00 | 0.03 | 17078.03 | | | 0.03 | 0.03 | 17078.03 |
| 7 | 二次搬运费 | 1 | 项 | 251188.00 | 251188.00 | 0.03 | 8319.60 | | | 0.03 | 0.03 | 8319.60 |
| 8 | 冬雨季施工 | 1 | 项 | 383400.00 | 383400.00 | 0.03 | 12698.59 | | | 0.03 | 0.03 | 12698.59 |
| 9 | 工程定位复测费 | 1 | 项 | 85546.75 | 85546.75 | 0.03 | 2832.97 | | | 0.03 | 0.03 | 2832.97 |
| 10 | 脚手架搭拆费（含安全设施、满挂安全网，包含脚手架超高） | 1 | 项 | 7025166.00 | 7025166.00 | 0.03 | 232694.57 | | | 0.03 | 0.03 | 232694.57 |
| 11 | 现浇或预制混凝土模板及支架 | 1 | 项 | 36430766.97 | 36430766.97 | 0.03 | 1206696.29 | | | 0.03 | 0.03 | 1206696.29 |
| 12 | 机械进出场及安拆费 | 1 | 项 | 399334.81 | 399334.81 | 0.03 | 13227.17 | | | 0.03 | 0.03 | 13227.17 |
| 13 | 垂直运输及超高施工增加费 | 1 | 项 | 8617650.98 | 8617650.98 | 0.00 | 28533.04 | | | 0.00 | 0.00 | 28533.04 |
| 14 | 措施钢筋（支撑、铁马等） | 1 | 项 | 403589.00 | 403589.00 | 0.03 | 13368.08 | | | 0.03 | 0.03 | 13368.08 |
| 15 | 梁（板）柱（墙）砼标号强度等级高于梁（板）混凝土两个个等级处理费用 | 1 | 项 | 67989.26 | 67989.26 | 0.03 | 2252.01 | | | 0.03 | 0.03 | 2252.01 |

编制人：　　　　　　　　　　　　　　　　　　　　　　　　　　　　　　　　　　　　审批人：

图 7-52

## 变更月度台账汇总表

工程名称：

日期：　　　　　　　　　　　　　　　　　　　　　　　　　计量周期：

| 序号 | 变更编号 | 变更名称 | 变更原因 | 提出时间 | 提出单位 | 申请金额 | 核定金额 |
|---|---|---|---|---|---|---|---|
| 1 | QS-2021-01-0409 | 结算调整 | 结算调整 | 2021-01-29 | | | |
| 2 | QS-2021-09-0297 | 水土保持方案编制合同及补充协议 | 附属合同 | 2020-09-25 | | | |
| 3 | QS-2020-08-0297 | 人防建筑-变更01（楼梯间改方向）1 | 设计缺陷 | 2020-08-19 | | | |
| 4 | QS-2021-01-0400 | 结算调整 | 结算调整 | 2021-01-18 | | | |
| 5 | QS-2020-08-0263 | 民工工资支付协议 | 附属合同 | 2021-08-13 | | | |
| 6 | QS-2019-12-0001 | 结构1＃改单1 | 设计缺陷 | 2019-12-17 | ××置业有限公司 | | |
| 7 | QS-2020-01-0010 | 人防结构变更011 | 设计缺陷 | 2019-12-30 | ××置业有限公司 | | |
| 8 | QS-2019-12-0006 | QS-004 22#售楼部A区东南角基坑C15混凝土换填1 | 设计缺陷 | 2019-12-31 | 中建××局第××建筑工程有限公司 | | |
| 9 | QS-2019-12-0005 | QS-002 2#楼基础出现砂层换填C15混凝土1 | 设计缺陷 | 2019-12-31 | 中建××局第××建筑工程有限公司 | | |
| 10 | QS-2019-12-0004 | QS-006 11#楼基础出现砂层换填C15混凝土1 | 设计缺陷 | 2019-12-31 | 中建××局第××建筑工程有限公司 | | |
| …… | | | | | | | |

编制人：　　　　　　　　　　审核人：　　　　　　　　　　审批人：

图 7-53

# 变更工程量清单明细表

工程名称：　　　　　　　　　　　日期：　　　　　　　　　　　　计量周期：

| 序号 | 变更编号 | 变更名称 | 清单编号 | 清单名称 | 清单特征 | 单位 | 单价 | 金额 |
|------|----------|----------|----------|----------|----------|------|------|------|
| 1 | QB-2021-01-0409 | 结算调整 | 0100100001 | | | | | |
| | | | 0100100001001 | | | | | |
| 2 | QB-2020-09-0297 | 水土保持方案编制合同及补充协议 | | | | | | |
| 3 | QB-2020-08-0279 | 人防建施-变更01（楼梯间改方向）1 | | | | | | |
| 4 | QB-2021-01-0400 | 结算调整 | | | | | | |
| 5 | QB-2020-08-0203 | 民工工资支付协议 | | | | | | |
| 6 | QB-2019-12-0001 | 结构1#改单1 | | | | | | |
| 7 | QB-2020-01-0010 | 人防结构变更011 | | | | | | |
| 8 | QB-2019-12-0006 | QB-004 22# A区东南角基坑C15混凝土换填1 | | | | | | |
| 9 | QB-2019-12-0005 | QB-002 2#基础出现砂层换填C15混凝土1 | | | | | | |
| 10 | QB-2019-12-0004 | QB-006 11#基础出现砂层换填C15混凝土1 | | | | | | |
| …… | | | | | | | | |

编制人：　　　　　　　　　　审批人：　　　　　　　　　　审核人：

图7-54

## 盛世嘉园一期盛世嘉园一期施工合同
## 进 度 计 量 表

第1页 共4页

| 合同编号 | FJSG-01 | | | 计量单号： | JZB-FJ-01FJSG-011ht0001 | |
|---|---|---|---|---|---|---|
| 编号 | | | | 部位/分项 | 大开挖土石方工程 | |
| 计量类型 | 清单计量 | | | 本期计量百分比（％） | 80 | |

进度描述：

根据设计图纸及现场实际情况，土石方开挖及外运工程完成80%

意见说明：

计算式：

审核意见：

签 名：

日 期：

审核意见：

签 名：

日 期：

| 清单编号 | 清单名称 | 单位 | 单价 | 本期完成量 | 本期完成金额 | 备注 |
|---|---|---|---|---|---|---|
| 1 | 土石方开挖及外运 | m³ | 41.15 | 276911.99 | 11394928.57 | 图纸及现场实际完成情况 |

建设单位： 咨询单位： 施工单位：

图 7-55

# 思 政 案 例

遵纪守法、恪守职业道德：职业道德是造价行业安身立命的根本，而工程造价咨询公司造价师职业道德健康与否，直接关系到工程造价咨询公司生存发展和造价师信誉。如，浙江省一咨询公司造价工程师拿标底换金钱判刑6年，众所周知，在工程招标过程中，谁的报价更接近标底，谁中标的可能就更大，标底是作为判断中标结果的重要标准之一，必需严格保密，然而，有人确丧失职业道德利用职务之便将标底泄露给投标单位，从中谋取利益，这是一起明显的违反职业道德违法事件。

探究精神：结算的第一步是将竣工资料与原设计图纸进行查对、核实，必须反复去现场实地测量，确认实际变更情况，是否与图纸的量吻合，如果不吻合按实际测量的工程量计算结果。套价时要考虑市场价格因素，根据最新的材料指导价格、合同价、市场价等来计入材料和设备价。

# 参 考 文 献

[1]  中华人民共和国住房和城乡建设部. 建设工程工程量清单计价规范 GB 50500—2013 [S]. 北京：中国计划出版社，2013.

[2]  中华人民共和国住房和城乡建设部. 房屋建筑与装饰工程工程量计算规范 GB 50854—2013[S]. 北京：中国计划出版社，2013.

[3]  湖南省建设工程造价管理总站. 湖南省房屋建筑与装饰工程消耗量标准(上、下册)[M]. 长沙：湖南科学技术出版社，2020.

[4]  湖南省建设工程造价管理总站. 湖南省建设工程计价办法[M]. 长沙：湖南科学技术出版社，2020.

[5]  全国造价工程师执业资格考试培训教材编审委员会. 建设工程造价管理. 2017 年版[M]. 中国计划出版社，2017.

[6]  中国建设工程造价管理协会. 建设工程造价管理理论与实务(四)[M]. 中国计划出版社，2017.

[7]  中华人民共和国国家标准. 工程造价术语标准 GB/T 50875—2013[S]. 北京：中国计划出版社，2013.

[8]  住房城乡建设部、国家工商总局. 建设工程施工合同示范文本(GF—2017—0201)，2017.

[9]  马楠. 工程造价管理[M]. 北京：机械工业出版社，2014.

# 建设工程计量与支付实务
# 实训手册

中国建筑工业出版社

# 目　录

# 学习任务单 1

**任务名称：材料调差的计量**　　　　　　　　　　　　　　参考课时：2

## 一、任务描述

通过学习材料调差的基础知识，熟悉材料调差的概念和含义，掌握材料调差的计算方法以及材料调差在计量支付软件中的理论实现，为后续任务的学习打下坚实的基础。

## 二、教学资源

1.《建筑工程计量与支付实务》教材"第 3 篇—模块 4 合同价款调整—任务 4.3 物价变化类"。

2. 参考书籍：《建设工程工程量清单计价规范》GB 50500—2013、《建设工程施工合同（示范文本）》GF--2017—0201、《建筑安装工程费用项目组成》（建标〔2013〕44 号文、湘建价〔2020〕56 号文。

3. "18 号公馆建设工程项目"材料调差案例。

## 三、任务技能对接说明

1. 学生分组，每小组 3~5 人。

2. 以小组为单位进行任务分析。

3. 查找资料学习。

4. 多媒体课件利用，现场教学。

5. 每个小组根据学习内容进行一次材料调差的计算以及计量支付软件操作。

6. 小组讨论，对完成本次材料调差的过程中遇到的难点和注意事项进行解读。

7. 小组选派代表，对编制的材料调差进行讲解。

## 四、任务技能对接注意点

1. 要熟悉材料调差的定义、范围、计算方法等基础知识。

2. 熟悉合同协议书中关于材料调差的相关条款。

3. 熟悉《建设工程施工合同（示范文本）》GF—2017—0201。

4. 材料调差工程量计算及单位要准确。

5. 认真校核材料调差计算结果。

6. 遇到问题时小组进行讨论，可邀请教师参与讨论，通过团队合作获得问题的解决方法。

7. 培养学生沟通协调能力，养成认真负责、严谨的工作态度；树立具有独立思考又具有团队合作的意识。

## 五、任务实施过程

1. 任务地点及时间

（1）任务地点：根据教学实际情况选定。

（2）任务时间：20＊＊年＊月＊＊日——20＊＊年＊月＊日共计 2 课时。

2. 任务组织形式

(1) 全班统一任务，在教师的指导下分小组进行；

(2) 指导教师：每班指导老师1名；

(3) 任务小组由3~5人组成，相互配合，共同完成任务。

3. 任务及任务报告的编写

(1) 根据任务案例资料，完成案例项目材料调差的编制；

(2) 每组编制完成任务并提交装订整齐的任务报告。

4. 任务纪律

(1) 为了保证任务获得优良效果，必须严格遵守任务纪律。同学间要发扬团结友爱、互相帮助的精神，克服困难，认真踏实地进行任务；

(2) 注意安全，杜绝事故；

(3) 不能擅自单独行动，外出时必须向指导教师请假；

(4) 有事必须写假条，并经指导教师批准后才能离开学校；

(5) 任务期间严格考勤，不准无故请假。对违纪学生，指导教师有权取消其任务资格，不评定其任务成绩。

5. 任务注意事项

(1) 材料调差计算时，风险幅度范围内的价格增长是不进行调差的，计算过程中需要去掉该部分。

(2) 材料调差是对用于实体工程的主要材料进行调差。

(3) 材料调差的周期一般是一个月一次或者一个季度一次，具体按照合同要求进行。

(4) 材料调差的对象是已完成计量支付的实体工程的主材，并且采用的价格是本期计量支付周期的前一个月或者一个季度的价格。

6. 任务资料

(1) 项目编号：M78A2。

(2) 项目名称：18号公馆建设项目。

(3) 建设单位：计支宝建筑集团。

(4) 建设地点：长沙市雨花区韶山南路。

(5) 建设规模：本工程共为两栋住宅楼，总建筑面积为24860.57m²，高度为81.95m。其中1号楼采用剪力墙结构，架空层为3.6m，住宅为2.9m，地上建筑面积为9260.68m²；2号楼采用剪力墙结构，架空层为3.6m，住宅为2.9m，地上建筑面积为9240.12m²；地下室采用剪力墙结构，建筑面积6359.77m²。土地性质为：住宅用地。

(6) 建设工期要求：500天（日历天），计划工期：2021年9月1日至2023年1月14日。

(7) 建设计划总投资：46627.63万元。

(8) 经查阅合同文本及相关红头文件，材料调差的条款如下：

1) 调差范围：包括工程建设项目实体工程所消耗的主要材料（钢材、水泥、地材、半成品等），临时工程、临时设施的材料消耗不纳入材料价差调整范围。

2) 计算方法：价差调整费计算公式：

$$\sum_t^n \Delta C_t = (\,|\,C_a - C_o\,| - C_o \times |\,r\,|\,) \times V_t$$

式中　$\Delta C_t$——为 $t$ 种材料价差调整金额；

　　　　$C_o$——基准价，通常招标工程以投标截止前 28 天、非招标工程以合同签订前 28 天为基准日，并以当期对应工程造价信息材料价格为基准价；

　　　　$C_a$——当前调差周期所对应的材料信息价；

　　　　$r$——价格波动风险幅度值，指承包方承担的钢材、水泥、油料、地材等材料单价变化的幅度范围；

　　　　$V_t$——当前调差周期应进行价格调整的材料数量，以承包方当月计量工程量为基础，钢材调差量乘以预算定额消耗系数；水泥、地材、沥青等乘以施工配合比消耗系数；油料按投标报价相关报表数据进行调整。

3）风险幅度（$r$）：基准价（$C_o$）风险幅度内的价差作为项目承包人风险，不予调差。当材料价格上涨幅度超过取定的 $r$ 值时，业主应向承包人支付按条款计算的材料价差；下降幅度超过取定的 $r$ 值时，业主应从计量支付款中扣回按条款计算的材料价差。

4）调差周期：自项目建设形成工程实体后，原则上以一个季度为调价周期。

（9）案例项目的一期实体工程计量的工程量清单见表 1-1。

抗浮锚杆工程量清单与计价表

表 1-1

工程名称：18 号公馆建设工程项目

| 序号 | 项目名称 | 项目特征描述 | 计量单位 | 合同工程量 | 综合单价（元） | 综合合价（元） | 本期计量工程量 | 本期计量金额（元） |
|---|---|---|---|---|---|---|---|---|
| 1 | 抗浮锚杆 | 1. 钻孔直径 $\phi$150mm，采用机械成孔，根据土层条件采用套管跟进护壁等措施，以避免孔壁坍塌；<br>2. 锚杆受力标准值按不小于 18kN/m² ，锚杆单根抗拔力设计值为 130kN | m | 73976.00 | 221.31 | 16371629 | 2350.00 | 520079 |
| 2 | 抗浮锚杆 | 1. 钻孔直径 $\phi$150mm，采用机械成孔，根据土层条件采用套管跟进护壁等措施，以避免孔壁坍塌；<br>2. 锚杆受力标准值按不小于 32kN/m² ，锚杆单根抗拔力设计值为 190kN | m | 4624.00 | 229.29 | 1060237 | 150.00 | 34394 |
| 3 | 抗浮锚杆 | 1. 钻孔直径 $\phi$150mm，采用机械成孔，根据土层条件采用套管跟进护壁等措施，以避免孔壁坍塌；<br>2. 锚杆受力标准值按不小于 36kN/m² ，锚杆单根抗拔力设计值为 200kN | m | 912.00 | 229.29 | 209112 | 90.00 | 20636 |
| | 合计 | | | | | 17640978 | | 575108 |

（10）按照计量的工程量清单以及定额编制材料消耗量一览表见表 1-2。

工程细目消耗材料数量计算表 表1-2

| 序号 | 细目名称 | 单位 | 1个单位 | 场内运输及操作损耗（%） | 每单位工程细目消耗材料数量 | | | 本期计量工程细目消耗材料数量 | | | | 备注 |
|---|---|---|---|---|---|---|---|---|---|---|---|---|
| | | | | | 带肋钢筋（t） | 42.5级水泥（t） | 中粗砂（m³） | 本期计量细目工程量 | 带肋钢筋（t） | 42.5级水泥（t） | 中粗砂（m³） | |
| 1 | 抗浮锚杆 | m | 1 | | | | | | | | | |

（11）再找到本期计量批复时间前一个周期的工程造价信息材料价格和投标时的基准价，根据计算公式（$C_a - C_o - C_o \times |r(\%)|$）计算出调整价差（要扣除风险分度系数），见表1-3。

调整价差计算表 表1-3

| 序号 | 材料名称 | | 地区 | 以一个季度周期为例（材料信息价） | | | | 投标基准价 | 调整价差 |
|---|---|---|---|---|---|---|---|---|---|
| | | | | 1月 | 2月 | 3月 | 平均 | | |
| 1 | 带肋钢筋 | t | （Φ16～Φ25）热轧钢筋（HRB400E） | | | | | | |
| 2 | 42.5级水泥 | t | 42.5级普通硅酸盐水泥（散装） | | | | | | |
| | | | 42.5级普通硅酸盐水泥（袋装） | | | | | | |
| 3 | 中粗砂 | m³ | 中粗砂 | | | | | | |

（12）最后根据计算出的材料消耗数量乘以调整价差就可以得到材料调差金额，见表1-4。

材料价差调整费用计算表 表1-4

| 序号 | 材料名称 | 单位 | 本周期材料消耗数量 $V_t$ | 调整价差（元）$C_a - C_o - C_o \times |r\%|$ | 价差调整费用（元）$\Delta C_t = (C_a - C_o - C_o \times |r\%|) \times V_t$ | 备注 |
|---|---|---|---|---|---|---|
| 1 | 光圆钢筋 | t | | | | |
| 2 | 42.5级水泥 | t | | | | |
| 3 | 中粗砂 | m³ | | | | |
| | 合计 | | | | | |

（13）计量支付软件中对材料调差的处理

1）软件中，根据材料调差逻辑流程，将材料调差分类为三张数据表：第一张以基准价设置为基本单元，对材料基准价进行记录和汇总，包括以下部分字段，详见基准价数据库字段表（表1-5）。

基准价数据库字段表　　　　　　　　　　表 1-5

| 字段名称 | 数据类型 | 名称 |
|---|---|---|
| Material Code | 数字 | 材料代号 |
| Name of material | 文本 | 材料名称 |
| unit | 文本 | 单位 |
| Type of material | 文本 | 材料类别 |
| Risk Factor | 数字 | 风险系数 |
| Adjustment method | 文本 | 调差方法 |
| Basic Price Index | 数字 | 价格基本指数 |
| Weight | 数字 | 权重 |
| Base Price | 数字 | 基本价 |
| Bid Price | 数字 | 投标价 |

　　第二张数据表是以材料信息价设置为基本单元，对材料信息价进行记录和汇总，包括以下部分字段，详见材料信息价数据库明细表（表 1-6）。

材料信息价数据库明细表　　　　　　　　表 1-6

| 字段名称 | 数据类型 | 名称 |
|---|---|---|
| Name of material | 文本 | 材料名称 |
| unit | 文本 | 单位 |
| Market Price | 数字 | 市场价 |
| Contract | 文本 | 合同 |
| Appendix | 文本 | 附件 |

　　第三张数据表是以材料调差计算方式为基本单元，分为价格指数法和造价信息法，包括以下字段，详见价格指数法数据库明细表（表 1-7）、造价信息法数据库明细表（表 1-8）。

价格指数法数据库明细表　　　　　　　　表 1-7

| 字段名称 | 数据类型 | 名称 |
|---|---|---|
| Material Code | 数字 | 材料编号 |
| Name of material | 文本 | 材料名称 |
| unit | 文本 | 单位 |
| Benchmark Price Index | 数字 | 基准价格指数 |
| Weight | 数字 | 权重 |
| Adjusted Price Index | 数字 | 调整价格指数 |
| Risk Factor | 数字 | 风险系数 |
| Remarks | 文本 | 备注 |
| Operate | 文本 | 操作 |

造价信息法数据库明细表　　　　　　　　　　　　　　　　表 1-8

| 字段名称 | 数据类型 | 名称 |
|---|---|---|
| Material Code | 数字 | 材料编号 |
| Name of material | 文本 | 材料名称 |
| unit | 文本 | 单位 |
| Classification | 文本 | 类别 |
| Base Price | 数字 | 基准价 |
| Bid Price | 数字 | 投标价 |
| Adjusted Price | 数字 | 调整价 |
| Quantity | 数字 | 本次调差数量 |
| Risk Factor | 数字 | 风险系数 |
| Material Adjustment Amount | 数字 | 材料调整金额 |
| Final Adjustment Amount | 数字 | 最终调整金额 |
| Remarks | 数字 | 备注 |

2）在计量支付系统中，将材料调差根据计算方法分成两类处理：

① 使用价格指数法的材料调差，因人工、材料和设备等价格波动影响合同价格时，根据投标函附录中的价格指数和权重表约定的数据，按本节提供的公式计算差额并调整合同价格。

② 造价信息法，施工期间，材料单价涨幅或者跌幅以合同约定基准单价（或投标报价）为基础。超过风险幅度值时，其超过部分应予以调整，按本书提供的公式计算差额并调整合同价格。

3）材料调差在计量支付软件中的实现途径为三个步骤：第一步是基准价设置，将基准价相关信息进行录入（图 1-1）；第二步是材料信息价设置，将材料的发布市场价等信息进行录入（图 1-2）；第三步是在材料调差界面录入材料调差数量后系统根据自动设定的公式计算出材料调差金额（图 1-3）。

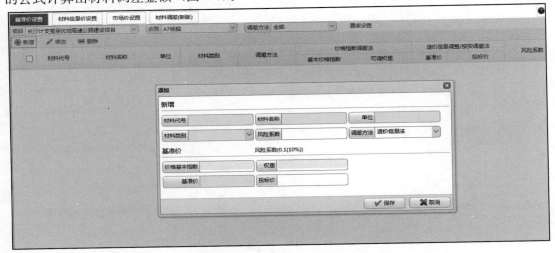

图 1-1　基准价设置

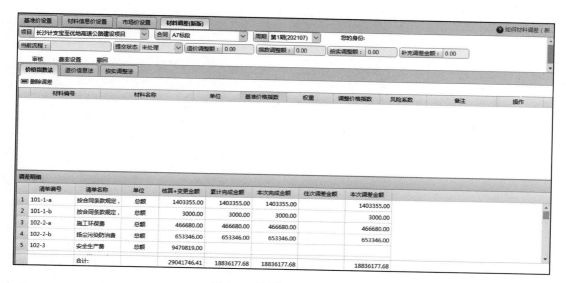

图 1-2　材料信息价设置

图 1-3　材料调差费用计算

**7. 任务解析**

（1）在进行材料调差费用计算时，材料消耗定额的取用必须是招标文件工程量清单单价组价时采用的定额，和投标报价文件以及合同文件保持一致。

（2）计算材料价差时，需要注意的是要扣除风险幅度系数的价格。

（3）材料调差计算基础是每一期过程结算的工程量清单，但是由于结算批复是滞后于材料购买以及工程实体进度的，因此一般工程材料信息价格的取用一般是取结算批复时间的前一个周期时间的工程材料信息价格。

**六、任务评价标准**

任务成绩按优、良、中、及格、不及格等档次进行评定。学生任务结束后，由指导教师根据学生在任务中的表现，从以下几个方面综合评定其成绩：

**1. 任务态度：** 指任务期间对任务内容的刻苦钻研精神、遵守任务纪律及尊师求教等方面的表现；

2. 对知识的掌握程度，分析和解决问题的能力；

3. 完成任务的质量，从以下几个方面进行考评：

（1）材料消耗计算是否全面，漏一项定额消耗材料或者材料消耗量计算错误扣3分；

（2）工程材料信息价格查找时要按照建筑工程所在地造价信息网发布的价格为准，材料信息价查找错误扣3分；

（3）工程材料信息价格应为结算周期前一个周期的材料信息价格，若不是扣3分；

（4）计算材料价差时需要扣除风险幅度系数，未扣除扣3分；

（5）计算材料价差调整费用错误，扣3分。

4. 任务报告编写的情况。

评分依据：任务成果的质量（60%）、任务期间的表现（20%）和任务纪律（20%）的综合评分。

# 学习任务单 2

**任务名称：建设单位管理费的计量**                           **参考课时：1**

## 一、任务描述

通过学习建设单位管理费的基础知识，熟悉建设单位管理费的概念和内容，掌握建设单位管理费的计算方法以及建设单位管理费在计量支付软件中的理论实现，为后续任务的学习打下坚实的基础。

## 二、教学资源

1. 《建筑工程计量与支付实务》教材"第 1 篇—模块 2 工程造价的构成—任务 2.4 工程建设其他费用的构成"。

2. 参考书籍：《建设工程工程量清单计价规范》GB 50500—2013、《建设工程施工合同（示范文本）》GF—2017—0201、《建筑安装工程费用项目组成》（建标〔2013〕44号）、湘建价〔2020〕56 号文。

3. "云南省某政府办公楼建设工程项目"案例。

## 三、任务技能对接说明

1. 学生分组，每小组 3～4 人。

2. 以小组为单位进行任务分析。

3. 查找资料学习。

4. 多媒体课件利用，现场教学。

5. 每个小组根据学习内容计算建设单位管理费并进行软件计量支付操作。

6. 小组讨论计算建设单位管理费和软件实操过程中需要注意的问题。

7. 小组选派代表，对建设单位管理费的计算及计量支付进行讲解。

## 四、任务技能对接注意点

1. 要熟悉建设单位管理费的组成。

2. 熟悉计建设单位管理费费率的取费标准。

3. 掌握建设单位管理费的计算方法。

4. 遇到问题时小组进行讨论，可让教师参与讨论，通过团队合作获得问题的解决方法。

5. 通过实训任务锻炼学生从事工程造价管理的工作能力。

## 五、任务实施过程

1. 任务地点及时间

（1）任务地点：根据教学实际情况选定。

（2）任务时间：20＊＊年＊月＊＊日——20＊＊年＊月＊日共计 1 课时。

2. 任务组织形式

（1）全班统一任务，在教师的指导下分小组进行；

（2）指导教师：每班指导老师 1 名；

（3）任务小组由 3～5 人组成，相互配合，共同完成完成任务。

3. 任务及任务报告的编写

（1）根据任务案例资料，完成案例项目建设单位管理费的计算与计量；

（2）每组编制完成任务并提交装订整齐的任务报告。

4. 任务纪律

（1）为了保证任务获得良好效果，必须严格遵守任务纪律。同学间要发扬团结友爱、互相帮助的精神，克服困难，认真踏实地进行任务；

（2）注意安全，杜绝事故；

（3）不能擅自单独行动，外出时必须向指导教师请假；

（4）有事必须写假条，并经指导教师批准后才能离开学校；

（5）任务期间严格考勤，不准无故请假；对违纪学生，指导教师有权取消其任务资格，不评定其任务成绩。

5. 任务资料

（1）案例资料：已知云南省某政府办公楼建筑安装工程费为 1500 万元，试计算该建设项目建设单位（业主）管理费（相关费率见表 2-1）。

建设单位（业主）管理费费率表（部分）                 表 2-1

| 第一部分建筑安装工程费（万元） | 500 以下 | 501～1000 | 1001～1500 |
|---|---|---|---|
| 费率（%） | 2.61 | 2.05 | 1.64 |

（2）查找国家及省市相关建设项目概预算编制办法，了解其中关于建设单位管理费的相关规定，根据规定计算建设单位管理费。

（3）经查阅，依据《云南省公路基本建设项目概算预算编制办法补充规定》，建设单位（业主）管理费以建筑安装工程费为基数，以累进办法计算。

（4）按照累进办法计算该政府办公楼的建设单位管理费用。

由案例可知本项目建筑安装工程费为 1500 万元，其建设单位（业主）管理费计算如下：

建筑安装工程费为 500 万元时，建设单位（业主）管理费为：$500 \times 2.61\% = 13.05$ 万元；

建筑安装工程费为 1000 万元时，建设单位（业主）管理费为：$13.05 + (1000 - 500) \times 2.05\% = 23.33$ 万元；

建筑安装工程费为 1500 万元时，建设单位（业主）管理费为：$23.33 + (1500 - 1000) \times 1.64\% = 31.53$ 万元；

即本项目建设单位（业主）管理费为：31.53 万元。

6. 任务解析

（1）收集国家及省市的概预算编制办法，了解其中关于建设单位管理费的相关规定。

（2）熟悉案例资料的内容。

（3）按照案例数据计算案例的建设单位管理费。

六、任务评价标准

任务成绩可按优、良、中、及格、不及格等档次进行评定。学生任务结束后，由指导教师根据学生在任务中的表现，从以下几个方面综合评定其成绩：

1. 任务态度：指任务期间对任务内容的刻苦钻研精神、遵守任务纪律及尊师求教等方面的表现；

2. 对知识的掌握程度，分析和解决问题的能力；

3. 完成任务的质量，从以下几个方面进行考评：

建设单位管理费的计算完整及准确，满分；计算漏项或者错误扣 10 分。

4. 任务报告编写的情况。

评分依据：任务成果的质量（60%）、任务期间的表现（20%）和任务纪律（20%）的综合评分。

# 学习任务单 3

**任务名称：工程保险费的计量**                    **参考课时：1**

## 一、任务描述

通过学习工程保险费的概念、计算和计量方法，了解工程保险费的分类，熟练掌握工程保险费的计量以及计量所需附件资料的内容，为后续任务的学习打下基础。

## 二、教学资源

1.《建筑工程计量与支付实务》教材"第 1 篇—模块 2 工程造价的构成—任务 2.4 工程建设其他费用的构成"。

2. 参考书籍：《建设工程工程量清单计价规范》GB 50500—2013、《建设工程施工合同（示范文本）》GF—2017—0201、《建筑安装工程费用项目组成》（建标〔2013〕44号）、湘建价〔2020〕56 号文。

3. "云南省某政府办公楼建设工程项目"案例。

## 三、任务技能对接说明

1. 学生分组，每小组 3 人。

2. 以小组为单位进行任务分析。

3. 查找资料学习。

4. 多媒体课件利用，现场教学。

5. 每个小组根据学习内容进行工程保险费的计量。

6. 小组对工程保险费计量的所需的附件资料进行讨论。

7. 小组选派代表，对工程保险费计量的整个过程进行讲解。

## 四、任务技能对接注意点

1. 要熟悉工程保险费的概念、分类以及计量方式。

2. 熟悉《建设工程施工合同（示范文本）》GF—2017—0201，了解其中关于工程保险费的相关内容。

3. 了解工程保险费计量所需附件资料。

4. 遇到问题时小组进行讨论，可邀请教师参与讨论，通过团队合作获得问题的解决方法。

5. 培养学生沟通协调能力，养成认真负责、严谨的工作态度；树立具有独立思考又具有团队合作的意识。

## 五、任务实施过程

1. 任务地点及时间

（1）任务地点：根据教学实际情况选定。

（2）任务时间：20＊＊年＊月＊＊日——20＊＊年＊月＊日共计 1 课时。

2. 任务组织形式

（1）全班统一任务，在教师的指导下分小组进行；

（2）指导教师：每班指导老师 1 名；

（3）任务小组由 3～5 人组成，相互配合，共同完成完成任务。

3. 任务及任务报告的编写

（1）根据任务案例资料，完成案例项目工程保险费的计量；

（2）每组编制完成任务并提交装订整齐的任务报告。

4. 任务纪律

（1）为了保证任务获得优良效果，必须严格遵守任务纪律。同学间要发扬团结友爱、互相帮助的精神，克服困难，认真踏实地进行任务。

（2）注意安全，杜绝事故。

（3）不能擅自单独行动，外出时必须向指导教师请假。

（4）有事必须写假条，并经指导教师批准后才能离开学校。

（5）任务期间严格考勤，不准无故请假。对违纪学生，指导教师有权取消其任务资格，不评定其任务成绩。

5. 任务资料

（1）案例资料：已知云南省某政府办公楼建筑安装工程费为 1500 万元（不含设备费），经查阅该项目的合同资料，工程保险费分为建筑工程一切险和第三方责任险，建筑工程一切险是为永久工程、临时工程和设备及已运至施工工地用于永久工程的材料和设备所投的保险；第三方责任险是对因实施合同工程而造成的财产（本工程除外）损失或损害，或人员（业主和承包人雇员除外）的死亡或伤残所负责进行的保险。该项目的工程保险费是以建筑安装工程费（不含设备费）为基数，按照 4‰费率计算。

（2）根据提供案例资料，计算本项目的工程保险费

建筑安装工程费为 1500 万元，因此工程保险费为：$1500 \times 4‰ = 6$ 万元

即该项目的工程保险费为 6 万元。

（3）工程保险费在软件系统中的计量

经查阅，该项目工程保险费清单见表 3-1。

工程保险费清单                                                                表 3-1

| 子目号 | 子目名称 | 单位 | 数量 | 单价（元） | 合价（元） |
|---|---|---|---|---|---|
| 1 | 保险费 | | | | |
| 1.1 | 按合同条款规定，提供建筑工程一切险（暂估价） | 总额 | 1.00 | 40000.00 | 40000.00 |
| 1.2 | 按合同条款规定，提供第三者责任险（暂估价） | 总额 | 1.00 | 20000.00 | 20000.00 |

将工程保险费清单导入计量支付系统，操作步骤如下：

点击 A 区"计量设置"，在下拉菜单中选择"清单管理"，进入"原始清单"管理界面，在 C1 区依次选择需要导入清单的项目和合同，点击"导入标准清单"，在弹出的对话框中点击"选择文件"，选择需要导入的合同清单后，导入的合同清单会在对话框中显示，在对话框中，可根据原文件修改导入信息，修改完成后点击保存即可，如图 3-1 所示。

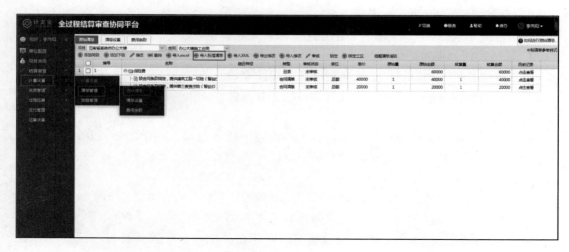

图 3-1

清单导入后，建立结算周期后，即可进行工程保险费的计量，操作步骤如下：

点击主目录"结算审查"下拉子目录中的"过程结算"，在 C1 区选择计量的项目、合同和周期，然后在 B 区选择需要计量的清单或目录，点击"添加"，在弹出的对话框中输入本期计量百分比及相关信息，并上传计量所需的附件资料，点击"计算工程量"后核对父级目录下的清单工程量是否一致，确认无误后，点击"保存"即可，如图 3-2 所示。

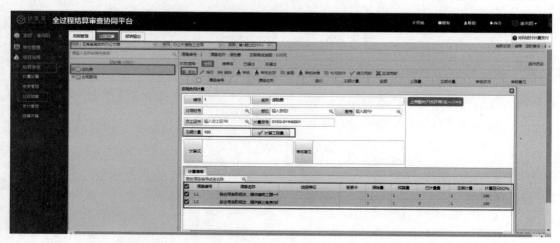

图 3-2

6. 任务解析

（1）查阅概预算资料，了解工程保险费的概念及内容。

（2）查阅合同资料，按照工程保险费的取费基数以及费率计算工程保险费的金额。

（3）根据案例项目的工程保险费清单在计量支付软件中进行实操。

六、任务评价标准

任务成绩可按优、良、中、及格、不及格等档次进行评定。学生任务结束后，由指导教师根据学生在任务中的表现，从以下几个方面综合评定其成绩：

1. 任务态度：指任务期间对任务内容的刻苦钻研精神、遵守任务纪律及尊师求教等方面的表现；

2. 对知识的掌握程度，分析和解决问题的能力；

3. 完成任务的质量，从以下几个方面进行考评：

（1）工程保险费的计算是否准确，错误扣 10 分；

（2）工程保险费计量的操作步骤是否正确，每错一步扣 2 分。

4. 任务报告编写的情况。

评分依据：任务成果的质量（60%）、任务期间的表现（20%）和任务纪律（20%）的综合评分。

# 学习任务单 4

**任务名称：安全文明施工费的计量**　　　　　　　　**参考课时：1 课时**

一、任务描述

通过学习安全文明施工费的概念以及组成，了解安全文明施工费的用途及计量方式以及在计量支付软件系统中的理论实现，为后续任务的学习打下基础。

二、教学资源

1.《建筑工程计量与支付实务》教材"第 2 篇—模块 3 建设工程发承包阶段造价文件编制"。

2. 参考书籍：《建设工程工程量清单计价规范》GB 50500—2013、《建设工程施工合同（示范文本）》GF—2017—0201、《建筑安装工程费用项目组成》（建标〔2013〕44号）、湘建价〔2020〕56 号文。

3."云南省某政府办公楼建设工程项目"案例。

三、任务技能对接说明

1. 学生分组，每小组 3 人。

2. 以小组为单位进行任务分析。

3. 查找资料学习。

4. 多媒体课件利用，现场教学。

5. 每个小组根据学习内容掌握安全文明施工费的概念、如何计取、安全文明施工费的计量支付及使用。

6. 小组对安全生产费的学习以及计量过程中遇到的问题进行讨论。

7. 小组选派代表，对安全生产费计量的整个过程进行讲解。

四、任务技能对接注意点

1. 要熟悉安全文明施工费的计取、计量支付及使用等。

2. 学习新《安全生产法》中关于安全文明施工费的相关规定。

3. 熟悉《建设工程施工合同（示范文本）》（GF—2017—0201），了解其中关于安全文明施工费的相关条款。

4. 学习安全文明施工费计量所需的附件资料。

5. 遇到问题时小组进行讨论，可邀请教师参与讨论，通过团队合作获得问题的解决方法。

五、任务实施过程

1. 任务地点及时间

（1）任务地点：根据教学实际情况选定。

（2）任务时间：20＊＊年＊月＊＊日——20＊＊年＊月＊日共计 1 课时。

2. 任务组织形式

（1）全班统一任务，在教师的指导下分小组进行；

（2）指导教师：每班指导老师 1 名；

（3）任务小组由 3～5 人组成，相互配合，共同完成任务。

3. 任务及任务报告的编写

（1）根据任务案例资料，完成案例项目安全生产费的计量；

（2）每组编制完成任务并提交装订整齐的任务报告。

4. 任务纪律

（1）为了保证任务获得优良效果，必须严格遵守任务纪律。同学间要发扬团结友爱、互相帮助的精神，克服困难，认真踏实地进行任务。

（2）注意安全，杜绝事故。

（3）不能擅自单独行动，外出时必须向指导教师请假。

（4）有事必须写假条，并经指导教师批准后才能离开学校。

（5）任务期间严格考勤，不准无故请假。对违纪学生，指导教师有权取消其任务资格，不评定其任务成绩。

5. 任务资料

（1）安全文明施工费的概念：全称是安全生产费、文明施工措施费，是指按照国家现行的建筑施工安全、施工现场环境与卫生标准和有关规定，购置和更新施工防护用具及设施、改善安全生产条件和作业环境所需要的费用。

（2）安全文明施工费项目内容（表4-1）。

安全文明施工费项目内容 表 4-1

| 类别 | 项目名称 |
|---|---|
| 文明施工与环境保护 | 安全警示标志牌（在易发伤亡事故（或危险）处设置明显的、符合国家标准要求的安全警示标志牌） |
| 现场围挡 | （1）现场采用封闭围挡，市区围挡高度不小于2.5m；非市区不小于1.8m |
| | （2）围挡材料可采用彩色、定型钢板，砖、混凝土砌块等墙体（主要设置在施工区域及其人口密集地区） |
| 五牌一图 | 在进门处悬挂工程概况、管理人员名单及监督电话、安全生产规定、文明施工、消防保卫五板；施工现场总平面图 |
| 企业标志 | 现场出入的大门应设有本企业标识或企业标识 |
| 场容场貌 | （1）道路畅通 |
| | （2）排水沟、排水设施通畅 |
| | （3）工地地面硬化处理（现场道路，材料堆放、混凝土、砂浆搅拌、钢筋加工场地，外脚手架基础等） |
| | （4）绿化（办公室、生活区、大门、现场道路两侧等） |
| 材料堆放 | （1）材料、构件、料具等堆放时，悬挂有名称、品种、规格等标牌 |
| | （2）水泥和其他易飞扬细颗粒建筑材料应密闭存放或采取覆盖等措施 |
| | （3）易燃、易爆和有毒有害物品分类存放 |
| 现场防火 | 消防器材配置合理，符合消防要求 |

| 类别 | 项目名称 |
|---|---|
| 垃圾清运 | 施工现场应设置密闭式垃圾站，施工垃圾、生活垃圾应分类存放 |
| | 施工垃圾必须采用相应容器或管道运输（湖南最新文件该项已不包含在安全文明施工费，详见湘建价建函 14 号文） |
| 宣传栏、环保及不扰民措施 | 宣传栏、安全宣传标语等，洗车（防止污染市区道路）、粉尘、噪声控制，排污（污水、废气）措施等 |
| 临时设施 | 现场办公生活设施（①施工现场办公、生活区与作业区分开设置，保持安全距离；②工地办公室、现场宿舍、食堂、厕所、饮水、沐浴、休息场所符合卫生和安全要求） |
| 施工现场临时用电 | 配电线路：<br>（1）按照 TN-S 系统要求配备五芯电缆、四芯电缆和三芯电缆；<br>（2）按要求架设临时用电线路的电杆、横担、瓷夹、瓷瓶等，或电缆埋地的地沟；<br>（3）对靠近施工现场的外电线路，设置木质、塑料等绝缘体的防护设施 |
| 配电箱开关箱 | （1）按三级配电要求，配备总电箱、分配电箱、开关箱三类（铁质）标准电箱。开关箱应符合一机、一箱、一闸、一漏。三类电箱中的各类电器应是合格品。<br>（2）按两级保护的要求，选取符合容量要求和质量合格的总配电箱和开关箱中的漏电保护器。<br>（3）对大型、落地式分配电箱、开关箱设置防护棚和通透式围挡 |
| 接地保护装置 | 施工现场应设置不少于三处的保护接地装置 |
| 现场变配电装置 | 总配电室建筑材料必须达到三级防火要求，室内做硬地坪、电缆沟、吊顶 |
| 安全施工 | 临边洞口交叉高处作业防护：楼层、屋面、阳台等临边防护（用密目式安全立网全封闭，作业层另加两边防护栏杆和18cm高的踢脚板） |
| 通道口防护 | 设防护棚，防护棚应为不小于 5cm 厚的木板或两道相距 50cm 的竹笆 |
| 预留洞口防护 | 用硬质材料全封闭；短边超过 1.5m 长的洞口，除封闭外四周还应设有防护栏杆 |
| 电梯井口防护 | 设置定型化、工具化、标准化的防护门 |
| 楼梯边防护 | 设 1.2m 高的定型化、工具化、标准化的防护栏杆，18cm 高的踢脚板 |
| 垂直方向交叉作业防护 | 设置防护隔离棚或其他设施 |
| 高空作业防护 | 有悬挂安全带的悬索或其他设施；有操作平台；有上下的梯子或其他形式的通道 |
| 基坑、卸料平台防护 | 设 1.2m 高标准化的防护栏杆，用密目式安全立网全封闭，悬挂标识 |
| 安全防护用品 | 安全帽、安全带，特种作业人员（电工、混凝土工、焊工等）防护服装、用品等 |
| 其他 | 机械设备防护（设防护棚（同通道口防护并有防雨措施）、操作平台等） |
| 垂直运输设备防护 | （1）垂直运输设备检测、检验 |
| | （2）物料提升机、施工电梯等卸料平台搭设，两侧用密目式安全立网全封闭，安全防护门、防护棚等 |
| 专家论证审查 | 危险性较大工程专家论证审查 |
| 应急救援预案 | 救援器材准备及演练等 |
| 非正常情况施工 | 其他特殊情况产生的防护费用，如：城市主干道、人流密集、河边等处施工及文物、古建筑、古树保护等 |

（3）安全生产费的计算方法：建筑工程安全防护、文明施工措施费是由《建筑安装工程费用项目组成》中措施费所含的环境保护费、文明施工费、安全施工费、临时设施费等组成：

环境保护费：环境保护费＝工程造价×环境保护费费率（％）

文明施工费：文明施工费＝工程造价×文明施工费费率（％）

安全施工费：安全施工费＝工程造价×安全施工费费率（％）

临时设施费包括周转使用临建费（如活动房屋）、一次性使用临建（如简易建筑）、其他临时设施费（如临时管线）。其中：

1）周转使用临建费：是指可重复使用的临建设施的费用，一般不考虑残值，因为不再使用的时候基本不存在价值了。使用次数越多，其周转使用临建费就越低。

2）一次性使用临建费：是指只能使用一次的临建设施的费用。

3）其他临时设施费在临时设施费中所占比例，可由各地区造价管理部门依据典型施工企业的成本资料经分析后综合测定。

临时设施费＝（周转使用临建费＋一次性使用临建费）×（1＋其他临时设施所占比例）

周转使用临建费＝Σ[（临建面积×单价）÷（使用年限×365×利用率）×工期（日）]＋一次性拆除费

一次性使用临建费＝Σ[临建面积×单价×（1－残值率）]＋一次性拆除费

（4）案例资料：已知云南省某政府办公楼工程造价为1500万元，经查阅该项目的合同资料，环境保护费费率为0.5％，文明施工费费率为0.3％，安全施工费费率为1.5％，周转临建面积为5000m²，单价120元/m²，使用年限为3年，利用率为60％，项目工期为2年，一次性拆除费为3万元，一次性临建面积为3000m²，单价为100元/m²，残值率为20％，一次性拆除费为2万元，其他临时设施所占比例为1％。

（5）根据案例资料，计算该项目的安全文明施工费：

环境保护费＝1500×0.5％＝7.5万元

文明施工费＝1500×0.3％＝4.5万元

安全施工费＝1500×1.5％＝22.5万元

周转使用临建费＝（5000×120）÷（3×365×60％）×365×2＋30000＝69.6万元

一次性使用临建费＝3000×100×（1－20％）＋20000＝26万元

临时设施费＝（69.6＋26）×（1＋1％）＝95.86万元

安全文明施工费＝7.5＋4.5＋22.5＋95.86＝130.36万元

（6）安全文明施工费在软件系统中的计量

经查阅，该项目安全文明施工费清单见表4-2。

安全文明施工费清单　　　　　　　　表4-2

| 子目号 | 子目名称 | 单位 | 数量 | 单价（元） | 合价（元） |
|---|---|---|---|---|---|
| 1 | 安全文明施工费 | | | | |
| 1.1 | 环境保护费 | 总额 | 1.00 | 75000.00 | 75000.00 |
| 1.2 | 文明施工费 | 总额 | 1.00 | 45000.00 | 45000.00 |
| 1.3 | 安全施工费 | 总额 | 1.00 | 225000.00 | 225000.00 |
| 1.4 | 临时设施费 | 总额 | 1.00 | 958600.00 | 958600.00 |

将工程保险费清单导入计量支付系统，操作步骤如下：

点击 A 区"计量设置"，在下拉菜单中选择"清单管理"，进入"原始清单"管理界面，在 C1 区依次选择需要导入清单的项目和合同，点击"导入标准清单"，在弹出的对话框中点击"选择文件"，选择需要导入的合同清单后，导入的合同清单会在对话框中显示，在对话框中，可根据原文件修改导入信息，修改完成后点击保存即可，如图 4-1 所示。

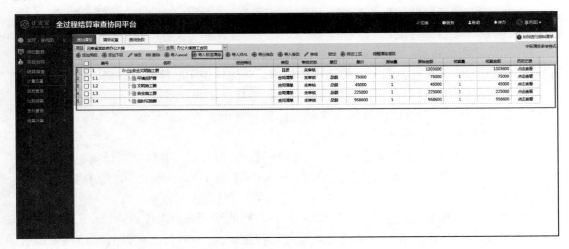

图 4-1

清单导入后，建立结算周期后，即可进行工程保险费的计量，操作步骤如下：

点击主目录"过程结算"下拉子目录中的"计量支付"，在 C1 区选择计量的项目、合同和周期，然后在 B 区选择需要计量的清单或目录，点击"添加"，在弹出的对话框中输入本期计量百分比及相关信息，并上传计量所需的附件资料，点击"计算工程量"后核对父级目录下的清单工程量是否一致，确认无误后，点击"保存"即可，如图 4-2 所示。

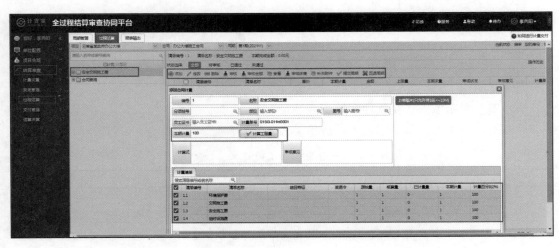

图 4-2

6. 任务解析

(1) 查阅《建设工程施工合同（示范文本）》、《建设工程工程量清单计价规范》。

(2) 了解安全文明施工费的组成以及计算方法。

(3) 根据案例材料将计算出安全文明施工费。

(4) 根据案例项目的工程保险费清单在计量支付软件中进行实操。

六、任务评价标准

任务成绩可按优、良、中、及格、不及格等档次进行评定。学生任务结束后，由指导教师根据学生在任务中的表现，从以下几个方面综合评定其成绩：

1. 任务态度：指任务期间对任务内容的刻苦钻研精神、遵守任务纪律及尊师求教等方面的表现；

2. 对知识的掌握程度，分析和解决问题的能力；

3. 完成任务的质量，从以下几个方面进行考评：

(1) 安全文明施工费的计算是否正确，错误扣 10 分；

(2) 安全文明施工费的软件计量操作步骤是否有错误，每错一个步骤扣 2 分。

4. 任务报告编写的情况。

评分依据：任务成果的质量（60%）、任务期间的表现（20%）和任务纪律（20%）的综合评分。

# 学习任务单 5

**任务名称：工程变更的计量**                                      **参考课时：2**

## 一、任务描述

通过学习工程变更的基础知识，熟悉工程变更的概念和含义，掌握工程变更的计算方法以及工程变更在计量支付软件中的理论实现，为后续任务的学习打下坚实的基础。

## 二、教学资源

1. 《建筑工程计量与支付实务》教材"第 3 篇—模块 4 合同价款调整—任务 4.2 工程变更类"。

2. 参考书籍：《建设工程工程量清单计价规范》GB 50500—2013、《建设工程施工合同（示范文本）》GF—2017—0201、《建筑安装工程费用项目组成》（建标〔2013〕44号）、湘建价〔2020〕56 号文。

3. "18 号公馆建设工程项目"工程变更案例。

## 三、任务技能对接说明

1. 学生分组，每小组 3～5 人。

2. 以小组为单位进行任务分析。

3. 查找资料学习。

4. 多媒体课件利用，现场教学。

5. 每个小组根据学习内容进行一次工程变更的申报计算以及软件操作。

6. 小组讨论，对完成本次工程变更的过程中遇到的难点和注意事项进行解读。

7. 小组选派代表，对编制的工程变更进行讲解。

## 四、任务技能对接注意点

1. 要熟悉工程变更的定义、范围、计算方法等基础知识。

2. 熟悉合同协议书中关于工程变更的相关条款。

3. 熟悉《建设工程施工合同（示范文本）》GF—2017—0201。

4. 工程变更工程量计算及单位要准确。

5. 认真校核工程变更计算结果。

6. 遇到问题时小组进行讨论，可让教师参与讨论，通过团队合作获得问题的解决方法。

7. 培养学生沟通协调能力，养成认真负责、严谨的工作态度；树立具有独立思考又具有团队合作的意识。

## 五、任务实施过程

1. **任务地点及时间**

（1）任务地点：根据教学实际情况选定。

（2）任务时间：20＊＊年＊月＊＊日——20＊＊年＊月＊日共计 2 课时。

2. **任务组织形式**

（1）全班统一任务，在教师的指导下分小组进行；

（2）指导教师：每班指导老师 1 名；

（3）任务小组由 3～5 人组成，相互配合，共同完成任务。

3. 任务及任务报告的编写

（1）根据任务案例资料，完成案例项目工程变更的编制；

（2）每组编制完成任务并提交装订整齐的任务报告。

4. 任务纪律

（1）为了保证任务获得优良效果，必须严格遵守任务纪律。同学间要发扬团结友爱、互相帮助的精神，克服困难，认真踏实地进行任务。

（2）注意安全，杜绝事故。

（3）不能擅自单独行动，外出时必须向指导教师请假。

（4）有事必须写假条，并经指导教师批准后才能离开学校。

（5）任务期间严格考勤，不准无故请假。对违纪学生，指导教师有权取消其任务资格，不评定其任务成绩。

5. 任务注意事项

（1）工程变更申报范围应当以《建设工程施工合同（示范文本）》GF—2017—0201 为依据。

（2）工程变更估价应当注意应变更导致实际完工工程量幅度变化超 15％或已标价工程量清单或预算书中无相同项目及类似项目单价的，按照合理的成本与利润构成的原则，由合同当事人商定或确定变更工作的单价。

（3）工程变更的程序一般由变更通知、变更申请、变更令三个部分组成。

1）变更通知：总监办在接到业主有关工程变更的变更设计通知单或变更设计报告单后，将在 3 日内以工程变更通知单的形式通知驻地办和承包人。变更通知在明确变更内容的同时，还应明确该变更涉及的费用变化情况。

2）变更申请：变更工作项目完成以后，承包人应根据监理工程师下达的《工程变更通知单》的费用要求及时对变更费用进行测算，并在 5 日内提交《工程变更费用申请》。

3）变更令：《变更费用评估报告审批表》经业主批准后，监理办下发《工程变更令》。变更令的内容应该包括：《变更工程量清单申报审批表》《工程变更令》。《变更工程量清单申报审批表》应详细记录变更前后工程数量及金额的增减情况；《工程变更令》应详细记录工程名称、变更报告编号、桩号、原设计图名称及图号、变更设计图名称及图号、变更类别、变更性质、工程造价增减情况、估计延长工期、变更内容摘要、附件以及总监办意见等内容。经业主签认的《工程变更令》是进行变更工程计量支付的依据。

（4）工程变更的支付：依据工程变更令中的工程变更清单和数量变更清单，按照计量管理工作程序的规定办理计量，按照支付管理工作程序的规定办理支付。

（5）工程变更的申报：发现工程变更应当及时上报审批，变更的数量及金额应当在当月的进度款申报表中单独体现。

6. 任务资料

（1）项目编号：M78A2。

（2）项目名称：18 号公馆建设项目。

（3）建设单位：计支宝建筑集团。

（4）建设地点：长沙市雨花区韶山南路。

（5）建设规模：本工程共为两栋住宅楼，总建筑面积为 24860.57m²，高度为 81.95m。其中 1 号楼采用剪力墙结构，架空层为 3.6m，住宅为 2.9m，地上建筑面积为 9260.68m²；2 号楼采用剪力墙结构，架空层为 3.6m，住宅为 2.9m，地上建筑面积为 9240.12m²；地下室采用剪力墙结构，建筑面积为 6359.77m²。土地性质为：住宅用地。

（6）建设工期要求：500 天（日历天），计划工期：2021 年 9 月 1 日至 2023 年 1 月 14 日。

（7）建设计划总投资：46627.63 万元。

（8）经查阅合同文本及相关红头文件，工程变更的条款如下：

10　变更

10.1　变更的范围

除专用合同条款另有约定外，合同履行过程中发生以下情形的，应按照本条约定进行变更：

（1）增加或减少合同中任何工作，或追加额外的工作；

（2）取消合同中任何工作，但转由他人实施的工作除外；

（3）改变合同中任何工作的质量标准或其他特性；

（4）改变工程的基线、标高、位置和尺寸；

（5）改变工程的时间安排或实施顺序。

10.2　变更权

发包人和监理人均可以提出变更。变更指示均通过监理人发出，监理人发出变更指示前应征得发包人同意。承包人收到经发包人签认的变更指示后，方可实施变更。未经许可，承包人不得擅自对工程的任何部分进行变更。

涉及设计变更的，应由设计人提供变更后的图纸和说明。如变更超过原设计标准或批准的建设规模时，发包人应及时办理规划、设计变更等审批手续。

10.3　变更程序

10.3.1　发包人提出变更

发包人提出变更的，应通过监理人向承包人发出变更指示，变更指示应说明计划变更的工程范围和变更的内容。

10.3.2　监理人提出变更建议

监理人提出变更建议的，需要向发包人以书面形式提出变更计划，说明计划变更工程范围和变更的内容、理由，以及实施该变更对合同价格和工期的影响。发包人同意变更的，由监理人向承包人发出变更指示。发包人不同意变更的，监理人无权擅自发出变更指示。

10.3.3　变更执行

承包人收到监理人下达的变更指示后，认为不能执行，应立即提出不能执行该变更指示的理由。承包人认为可以执行变更的，应当书面说明实施该变更指示对合同价格和工期的影响，且合同当事人应当按照第 10.4 款变更估价约定确定变更估价。

10.4　变更估价

10.4.1　变更估价原则

除专用合同条款另有约定外，变更估价按照本款约定处理：

10.4.1.1　因工程变更引起已标价工程量清单项目或其他工程数量发生变化时，其相应的综合单价除专用合同条款另有约定外，按下列规定调整：

（1）当分部分项工程量项目变更后调增量小于原工程量的 15%（含 15%）时，其综合单价按原综合单价确定。

（2）当分部分项工程量项目变更后调增量大于原工程量的 15% 以上部分，或由于设计变更引起新增项目时，其综合单价应按省建设行政主管部门颁发的建设工程消耗量标准，取费标准、计费程序、人工工资单价及工程造价管理机构发布的工程造价信息（工程造价信息没有发布的参照市场价）确定，但投标人投标报价时的优惠比例应予保持。

（3）当分部分项工程量变更后调减的工程量以及因设计变更被取消的项目，其综合单价按原综合单价确定。

10.4.1.2　因工程变更引起施工方案改变使措施项目发生变化时承包人应提出调整措施项目费，并将拟实施的方案报送监理人审核、发包人确认，按下列约定调整措施项目费：

（1）安全文明施工费应按调整后清单项目费和措施项目费计算。

（2）按系数计算的措施项目费，按调整后的清单项目费为基数调整。

（3）按总价计算的措施项目费，按实际发生的措施项目调整。

（4）按单价计算的措施项目费，按 10.4.1.1 的规定调整。

10.4.2　变更估价程序

承包人应在收到变更指示后 14 天内，向监理人提交变更估价申请。监理人应在收到承包人提交的变更估价申请后 7 天内审查完毕并报送发包人，监理人对变更估价申请有异议，通知承包人修改后重新提交。发包人应在承包人提交变更估价申请后 14 天内审批完毕。发包人逾期未完成审批或未提出异议的，视为认可承包人提交的变更估价申请。

因变更引起的价格调整应计入最近三期的进度款中支付。

10.5　承包人的合理化建议

承包人提出合理化建议的，应向监理人提交合理化建议说明，说明建议的内容和理由，以及实施该建议对合同价格和工期的影响。

除专用合同条款另有约定外，监理人应在收到承包人提交的合理化建议后 7 天内审查完毕并报送发包人，发现其中存在技术上的缺陷，应通知承包人修改。发包人应在收到监理人报送的合理化建议后 7 天内审批完毕。合理化建议经发包人批准的，监理人应及时发出变更指示，由此引起的合同价格调整按照第 10.4 款变更估价约定执行。发包人不同意变更的，监理人应书面通知承包人。

合理化建议降低了合同价格或者提高了工程经济效益的，发包人可对承包人给予奖励，奖励的方法和金额在专用合同条款中约定。

10.6　变更引起的工期调整

因变更引起工期变化的，合同当事人均可要求调整合同工期，由合同当事人按照第 4.4 款商定或确定并参考工程所在地的工期定额标准确定增减工期天数。

10.7　暂估价

暂估价专业分包工程、服务、材料和工程设备的明细由合同当事人在专用合同条款中约定。

10.7.1　依法必须招标的暂估价项目

对于依法必须招标的暂估价项目，采取以下第 1 种方式确定。合同当事人也可以在专用合同条款中选择其他招标方式。

第1种方式：对于依法必须招标的暂估价项目，由承包人招标，对该暂估价项目的确认和批准按照以下约定执行：

（1）承包人应当根据施工进度计划，在招标工作启动前14天将招标方案通过监理人报送发包人审查，发包人应当在收到承包人报送的招标方案后7天内批准或提出修改意见。承包人应当按照经过发包人批准的招标方案开展招标工作。

（2）承包人应当根据施工进度计划，提前14天将招标文件通过监理人报送发包人审批，发包人应当在收到承包人报送的相关文件后7天内完成审批或提出修改意见；发包人有权确定招标控制价并按照法律规定参加评标。

（3）承包人与供应商、分包人在签订暂估价合同前，应当提前7天将确定的中标候选供应商或中标候选分包人的资料报送发包人，发包人应在收到资料后3天内与承包人共同确定中标人；承包人应当在签订合同后7天内，将暂估价合同副本报送发包人留存。

第2种方式：对于依法必须招标的暂估价项目，由发包人和承包人共同招标确定暂估价供应商或分包人的，承包人应按照施工进度计划，在招标工作启动前14天通知发包人，并提交暂估价招标方案和工作分工。发包人应在收到后7天内确认。确定中标人后，由发包人、承包人与中标人共同签订暂估价合同。

10.7.2　不属于依法必须招标的暂估价项目

除专用合同条款另有约定外，对于不属于依法必须招标的暂估价项目，采取以下第1种方式确定：

第1种方式：对于不属于依法必须招标的暂估价项目，按本项约定确认和批准：

（1）承包人应根据施工进度计划，在签订暂估价项目的采购合同、分包合同前28天向监理人提出书面申请。监理人应当在收到申请后3天内报送发包人，发包人应当在收到申请后14天内给予批准或提出修改意见，发包人逾期未予批准或提出修改意见的，视为该书面申请已获得同意。

（2）发包人认为承包人确定的供应商、分包人无法满足工程质量或合同要求的，发包人可以要求承包人重新确定暂估价项目的供应商、分包人。

（3）承包人应当在签订暂估价合同后7天内，将暂估价合同副本报送发包人留存。

第2种方式：承包人按照第10.7.1项依法必须招标的暂估价项目约定的第1种方式确定暂估价项目。

第3种方式：承包人直接实施的暂估价项目

承包人具备实施暂估价项目的资格和条件的，经发包人和承包人协商一致后，可由承包人自行实施暂估价项目，合同当事人可以在专用合同条款约定具体事项。

10.7.3　因发包人原因导致暂估价合同订立和履行迟延的，由此增加的费用和（或）延误的工期由发包人承担，并支付承包人合理的利润。因承包人原因导致暂估价合同订立和履行迟延的，由此增加的费用和（或）延误的工期由承包人承担。

10.8　暂列金额

暂列金额应按照发包人的要求使用，发包人的要求应通过监理人发出。合同当事人可以在专用合同条款中协商确定有关事项。

（1）案例背景：项目施工过程中，施工方桩基施工过程中发现地下存在部分软土，经专家讨论后决定对桩基工程实施如下变更（表5-1）：

表5-1

| 序号 | 清单编码 | 项目名称 | 项目特征 | 单位 | 变更前 | | | 变更后 | | | 变更差值 | | 单价来源解释 |
|---|---|---|---|---|---|---|---|---|---|---|---|---|---|
| | | | | | 单价 | 工程量 | 合同金额 | 单价 | 变更后工程量 | 变更后金额 | 工程量 | 金额 | |
| 一 | | 教学楼、艺术楼、图书室桩基工程 | | | | | | | | | | | |
| | 010302001001 | 泥浆护壁成孔灌注桩: 旋挖钻机钻孔 φ1000以内; H=15m; 杂填土 | 1. 地层情况: 土类;<br>2. 桩长: 20m以内;<br>3. 桩径: φ1500以内;<br>4. 成孔方法: 泥浆护壁冲孔桩 | m³ | 249.19 | 147.37 | 36722.22 | 249.19 | 180.25 | 44916.5 | 32.885 | 8194.28 | 合同单价 |
| | 010302001003 | 泥浆护壁成孔灌注桩: 旋挖钻机钻孔 φ1000以内; H=15m; 粉质黏土 | 1. 地层情况: IV级岩体;<br>2. 桩长: 20m以内;<br>3. 桩径: φ1500以内;<br>4. 成孔方法: 泥浆护壁冲孔桩 | m³ | 249.19 | 264.03 | 65793.99 | 249.19 | 284.53 | 70902.03 | 20.501 | 5108.04 | 合同单价 |
| | 010302001004 | 泥浆护壁成孔灌注桩: 旋挖钻机钻孔 φ1000以内; H=15m; 强风化灰岩 | 1. 地层情况: III级岩体;<br>2. 桩长: 20m以内;<br>3. 桩径: φ1500以内;<br>4. 成孔方法: 泥浆护壁冲孔桩 | m³ | 392.87 | 141.23 | 55483.69 | 392.87 | 161.23 | 63342.43 | 20.005 | 7858.74 | 合同单价 |
| | 010302001005 | 泥浆护壁成孔灌注桩: 旋挖钻机钻孔 φ1000以内; H=15m; 中风化灰岩 | | | 584.72 | 55.26 | 32312.59 | 584.72 | 75.26 | 44007.2 | 20 | 11694.61 | 合同单价 |
| | 010302001009 | 泥浆护壁成孔灌注桩: | 1. 桩径: φ1500以内;<br>2. 混凝土种类、强度等级: C30;<br>3. 说明: 桩芯混凝土 | m³ | 534.84 | 614.02 | 328401.04 | 534.84 | 644.02 | 344447.66 | 30 | 16046.62 | 合同单价 |
| | 010515004001 | 钢筋笼: HRB400直径14 | 钢筋种类、规格: HRB400 直径14mm | t | 5754.00 | 21.12 | 121524.46 | 5754.00 | 25.12 | 144540.48 | 4 | 23016.02 | 合同单价 |
| | | 合计 | | | | | 640237.99 | | | 712156.3 | | 71918.31 | |

（2）变更通知：

依据第 10 条工程变更合同条款，承包人应及时向监理人提出合理化建议，经发包人批准后，监理人应当及时通知建设、设计勘察单位、施工单位四方组织进行现场勘察立项，勘察立项表见表 5-2。

工地会议纪要                                                 表 5-2

施工单位：××          施工单位          合同编号：

监理单位：××          监理单位          本表编号：××BG-1

| 项目名称： | 18 号公馆建设项目 | 地   点： | 长沙市雨花区韶山南路 |
|---|---|---|---|
| 主持单位： | ××施工单位 | 时   间： | 20××-××-×× |
| 记录内容：<br>　施工单位桩基工程钻孔过程中发现地基承载力不足，依据合同第 10 款工程变更提出合理化建议。<br>建议：<br>　原泥浆护壁成孔桩基桩长加长 3～5m 不等，合计增加各类桩方量约 129.4m³，钢筋增加 4t，预计增加费用 71918.31 元 | | | |
| 施工单位： | ××施工单位 | 监理单位： | ××监理单位 |
| 设计单位： | ××设计单位 | 建设单位： | ××建设单位 |

注明：与会各方各执一份。

会议通过后，由施工单位将四方会议纪要表作为变更附件上传至系统进行审批，监理、业主审批通过后将发布变更通知，施工单位依据变更通知内容进行变更估价申报。变更通知如图 5-1 所示。

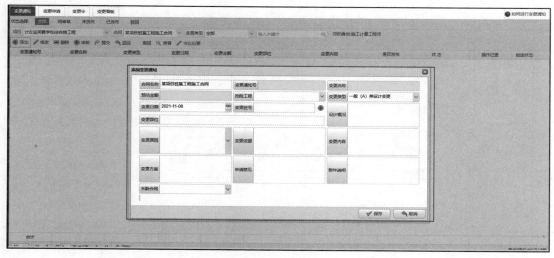

图 5-1

（3）变更申请

变更通知发布后，施工单位依据上表内容及合同第 10 条"变更估价"对工程变更的清单及内容做估价，并上传相关资料至系统提交给监理和业主审核，系统页面如图 5-2 所示。

图 5-2

（4）变更令：变更申请发布后，由业主发布工程变更令，变更令如图 5-3 所示。

图 5-3

7. 任务解析

在进行工程变更时，工程变更的理由和估价除了与现场实际结合还应当与投标报价文件以及合同文件保持一致。

在进行工程变更的申报时，需要注意填写清楚相关报表。

六、任务评价标准

任务成绩可按优、良、中、及格、不及格等档次进行评定。学生任务结束后，由指导教师根据学生在任务中的表现，从以下几个方面综合评定其成绩：

1. 任务态度：指任务期间对任务内容的刻苦钻研精神、遵守任务纪律及尊师求教等方面的表现；

2. 对知识的掌握程度，分析和解决问题的能力；

3. 完成任务的质量，从以下几个方面进行考评：

（1）变更工程量清单说明要对工程项目的工作范围和内容、计量方法和方式、费用计算的依据、在工程实施期间如何对工程进行计量和支付进行说明；

（2）工程细目的编制要根据招标工程的不同性质分章按顺序排列；

（3）工程细目划分要求和技术规范保持一致；

（4）工程细目划分要便于计量支付合同管理以及处理工程变更。

4. 任务报告编写的情况。

评分依据：任务成果的质量（60%）、任务期间的表现（20%）和任务纪律（20%）的综合评分。

# 学习任务单 6

**任务名称：预付款的计量**　　　　　　　　　　　　　　**参考课时：2**

## 一、任务描述

通过学习预付款的基础知识，熟悉预付款的概念和含义，掌握预付款的计算方法以及预付款在计量支付软件中的理论实现，为后续任务的学习打下坚实的基础。

## 二、教学资源

1. 《建筑工程计量与支付实务》教材"第 3 篇—模块 5 期中结算—任务 5.1 预付款类"。

2. 参考书籍：《建设工程工程量清单计价规范》GB 50500—2013、《建设工程施工合同（示范文本）》GF—2017—0201、《建筑安装工程费用项目组成》（建标〔2013〕44号）、湘建价〔2020〕56 号文。

3. "18 号公馆建设工程项目"预付款案例。

## 三、任务技能对接说明

1. 学生分组，每小组 3～5 人。

2. 以小组为单位进行任务分析。

3. 查找资料学习。

4. 多媒体课件利用，现场教学。

5. 每个小组根据学习内容进行一次预付款的申报计算以及软件操作。

6. 小组讨论，对完成本次预付款的过程中遇到的难点和注意事项进行解读。

7. 小组选派代表，对编制的预付款进行讲解。

## 四、任务技能对接注意点

1. 要熟悉预付款的定义、内容、支付与扣回的方法等基础知识。

2. 熟悉合同协议书中关于预付款的相关条款。

3. 熟悉《建设工程施工合同（示范文本）》GF—2017—0201、《建设工程工程量清单计价规范》GB 50500—2013 的规定。

4. 预付款支付与扣回时要仔细。

5. 认真校对预付款的额度是否一致。

6. 遇到问题时小组进行讨论，可邀请教师参与讨论，通过团队合作获得问题的解决方法。

7. 培养学生沟通协调能力，养成认真负责、严谨的工作态度；树立具有独立思考又具有团队合作的意识。

## 五、任务实施过程

1. 任务地点及时间

（1）任务地点：根据教学实际情况选定。

（2）任务时间：20＊＊年＊月＊＊日——20＊＊年＊月＊日共计 2 课时。

2. 任务组织形式

(1) 全班统一任务，在教师的指导下分小组进行；

(2) 指导教师：每班指导老师1名；

(3) 任务小组由3~5人组成，相互配合，共同完成任务。

3. 任务及任务报告的编写

(1) 根据任务案例资料，完成案例项目预付款的编制；

(2) 每组编制完成任务并提交装订整齐的任务报告。

4. 任务纪律

(1) 为了保证任务获得优良效果，必须严格遵守任务纪律。同学间要发扬团结友爱、互相帮助的精神，克服困难，认真踏实地进行任务。

(2) 注意安全，杜绝事故。

(3) 不能擅自单独行动，外出时必须向指导教师请假。

(4) 有事必须写假条，并经指导教师批准后才能离开学校。

(5) 任务期间严格考勤，不准无故请假。对违纪学生，指导教师有权取消其任务资格，不评定其任务成绩。

5. 任务注意事项

(1) 预付款的支付时间应当以合同条款为依据，承包人应在签订合同后或向发包人提供与预付款等额的预付款保函后向发包人提交预付款支付申请。发包人收到预付款保函后7天内向承包人签发预付款支付证书，承包人收到预付款支付证书7天内由发包人进行支付。

(2) 支付额度的确定，根据工程实际情况，巧妙运用影响因素法、额度系数法。

(3) 预付款的扣回：可选择当累计支付达到合同总价的一定比例后一次扣回或分次扣回的方式。选择分次扣回方式的，预付款可从每一个支付期应支付给承包人的工程进度款、施工过程结算款中按比例扣回，直到扣回的金额达到合同约定的预付款金额为止。提前解除合同的，尚未扣完的预付款与合同价款一并结算。

6. 任务资料

(1) 项目编号：M78A2。

(2) 项目名称：18号公馆建设项目。

(3) 建设单位：计支宝建筑集团。

(4) 建设地点：长沙市雨花区韶山南路。

(5) 建设规模：本工程共为两栋住宅楼，总建筑面积为24860.57m²，高度为81.95m。其中1号楼采用剪力墙结构，架空层为3.6m，住宅为2.9m，地上建筑面积为9260.68m²；2号楼采用剪力墙结构，架空层为3.6m，住宅为2.9m，地上建筑面积为9240.12m²；地下室采用剪力墙结构，建筑面积为6359.77m²。土地性质为：住宅用地。

(6) 建设工期要求：500天（日历天），计划工期：2021年9月1日至2023年1月14日。

(7) 建设计划总投资：46627.63万元。

(8) 预付款在合同条款中的约定：

"12.2 预付款

12.2.1 预付款的支付

预付款的支付按照专用合同条款约定执行，但至迟应在开工通知载明的开工日期 7 天前支付。预付款应当用于材料、工程设备、施工设备的采购及修建临时工程、组织施工队伍进场等。

除专用合同条款另有约定外，预付款在进度付款中同比例扣回。在颁发工程接收证书前，提前解除合同的，尚未扣完的预付款应与合同价款一并结算。

发包人逾期支付预付款超过 7 天的，承包人有权向发包人发出要求预付的催告通知，发包人收到通知后 7 天内仍未支付的，承包人有权暂停施工，并按第 16.1.1 项〔发包人违约的情形〕执行。

12.2.2 预付款担保

发包人要求承包人提供预付款担保的，承包人应在发包人支付预付款 7 天前提供预付款担保，专用合同条款另有约定除外。预付款担保可采用银行保函、担保公司担保等形式，具体由合同当事人在专用合同条款中约定。在预付款完全扣回之前，承包人应保证预付款担保持续有效。

发包人在工程款中逐期扣回预付款后，预付款担保额度应相应减少，但剩余的预付款担保金额不得低于未被扣回的预付款金额。"

（9）案例背景

18 号公馆 1 号楼，发包人与承包人签订了工程施工承包合同。合同中估算工程量为 5300m³，单价为 180 元/m³。合同工期为 6 个月。有关付款条款如下：

1）开工前发包人应向承包人支付估算合同总价 20% 的工程预付款。

2）工程预付款从承包人获得累计工程款超过估算合同价的 30% 以后的下一个月起至第 5 个月均匀扣除。承包人每月实际完成工程量情况见表 6-1：

承包人实际完成工程量　　　　　　　　　　　　　　　表 6-1

| 月份 | 1 | 2 | 3 | 4 | 5 | 6 |
|---|---|---|---|---|---|---|
| 完成工程量（m³） | 800 | 1000 | 1000 | 1000 | 800 | 700 |
| 累计完成工程量（m³） | 800 | 1800 | 2800 | 3800 | 4600 | 5300 |

（10）案例问题

1）估算合同总价是多少？

2）工程预付款是多少？采用"超一扣二法"，工程预付款从第几个月起扣回？每月应扣工程预付款为多少？

7. 任务解析

1）依题意估算合同总价：$5300m³ \times 180$ 元/m³ $=95.4$ 万元

2）工程预付款=估算合同总价$\times 20\%=95.4$ 万元$\times 20\%=19.08$ 万元

预付款起扣日期=估算合同价$\times 30\%=95.4$ 万元$\times 30\%=28.62$ 万元

1 月累计工程款$=800m³ \times 180$ 元/m³$=14.4$ 万元，2 月累计工程款$=1800m³ \times 180$ 元/m³$=32.4$ 万元$>28.62$ 万元

依题意，工程预付款从第 2 个月开始起扣。

第 2 个月累计完成占比 32.4 万元$\div 95.4$ 万元$=33.96\%$

第 2 个月应扣回工程预付款＝（33.96％－30％）×2×19.08 万元＝15120 元

同理可得：

3 月、4 月、5 月应扣回工程预付款分别为 72000 元、72000 元、31680 元。

8. 预付款的支付与扣回在计量支付系统的表现形式

（1）预付款的支付

1）预付款的设置（图 6-1）

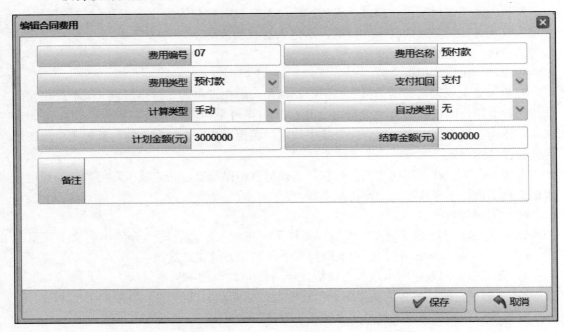

图 6-1

2）预付款的支付（图 6-2）

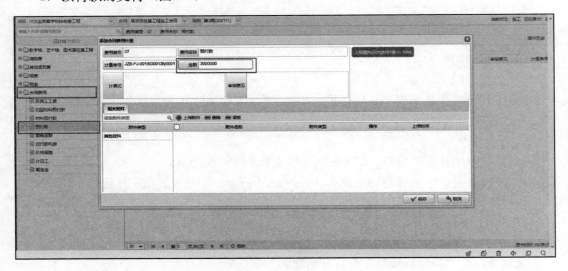

图 6-2

（2）预付款的扣回（图 6-3）

图 6-3

（3）预付款在计量支付报表中的形式（表 6-2）

工程款支付核准表

表 6-2

工程名称：某项目桩基工程施工合同
施工单位：某施工单位

计量周期：第 2 期
监理单位：某监理单位

致：计支宝城市基础投资开发有限公司

（建设单位全称）

我方 2021 年 11 月 4 日至 2021 年 11 月 4 日第［第 2 期］计量周期期间已完成了详见进度计量表工作，根据施工合同的约定，现申请支付本期的工程价款为（大写）壹佰圆整，（小写）100 元，请予核准。

| 序号 | 名　称 | | 金额 |
|---|---|---|---|
| 1 | 工程价款 | 累计已完成工程的工程价款 | 840576.65 |
| | | 累计已实际支付的工程价款 | 840576.65 |
| | | 本期已完成的工程价款 | |
| | | 本期已完成变更金额 | |
| 3 | 暂定金 | | |
| 4 | 计日工 | | |
| 5 | 价格调整 | | |
| 6 | 退付款利息 | | |
| 7 | 索赔金额 | | |
| 8 | 预付款 | | 100 |
| 9 | 材料预付款 | | |

续表

| 序号 | 名　　称 | 金额 |
|---|---|---|
| 10 | 扣回材料预付款 | |
| 11 | 农民工工资 | |
| 12 | 保留金 | |
| 13 | 扣回动员预付款 | |
| 14 | 扣回农民工工资保证金 | |
| 15 | 税金 | |
| 16 | 费用小计 | 100 |
| 17 | 本期应支付的工程价款 | 100 |
| 18 | 本期实际支付的工程价款 | 100 |

六、任务评价标准

任务成绩可按优、良、中、及格、不及格等档次进行评定。学生任务结束后，由指导教师根据学生在任务中的表现，从以下几个方面综合评定其成绩：

1. 任务态度：指任务期间对任务内容的刻苦钻研精神、遵守任务纪律及尊师求教等方面的表现。

2. 对知识的掌握程度，分析和解决问题的能力。

3. 完成任务任务的质量，从以下几个方面进行考评：

（1）变更工程量清单说明要对工程项目的工作范围和内容、计量方法和方式、费用计算的依据、在工程实施期间如何对工程进行计量和支付进行说明；

（2）工程细目的编制要根据招标工程的不同性质分章按顺序排列；

（3）工程细目划分要求和技术规范保持一致；

（4）工程细目划分要便于计量支付合同管理以及处理预付款。

4. 任务报告编写的情况。

评分依据：任务成果的质量（60%）、任务期间的表现（20%）和任务纪律（20%）的综合评分。

# 学习任务单 7

**任务名称：质量保证金的计量**  **参考课时：2**

**一、任务描述**

通过学习质量保证金的基础知识，熟悉质量保证金的概念和含义，掌握质量保证金的计算方法以及质量保证金在计量支付软件中的理论实现，为后续任务的学习打下坚实的基础。

**二、教学资源**

1.《建筑工程计量与支付实务》教材"第3篇—模块6竣工结算—任务6.2.2质量保证金类"。

2. 参考书籍：《建设工程工程量清单计价规范》GB 50500—2013、《建设工程施工合同（示范文本）》GF—2017—0201、《建筑安装工程费用项目组成》（建标〔2013〕44号文）、湘建价〔2020〕56号文。

3. "18号公馆建设工程项目"质量保证金案例。

**三、任务技能对接说明**

1. 学生分组，每小组3～5人。

2. 以小组为单位进行任务分析。

3. 查找资料学习。

4. 多媒体课件利用，现场教学。

5. 每个小组根据学习内容进行一次质量保证金的申报计算以及软件操作。

6. 小组讨论，对完成本次质量保证金的过程中遇到的难点和注意事项进行解读。

7. 小组选派代表，对编制的质量保证金进行讲解。

**四、任务技能对接注意点**

1. 要熟悉质量保证金的定义、内容、预留与返还的方法等基础知识。

2. 熟悉合同协议书中关于质量保证金的相关条款。

3. 熟悉《建设工程施工合同（示范文本)》GF—2017—0201、《建设工程工程量清单计价规范》GB 50500—2013的规定。

4. 质量保证金预留与返还时要注意是否与合同条款一致。

5. 认真校对质量保证金的额度是否一致。

6. 遇到问题时小组进行讨论，可让教师参与讨论，通过团队合作获得问题的解决方法。

7. 培养学生沟通协调能力，养成认真负责、严谨的工作态度；树立具有独立思考又具有团队合作的意识。

**五、任务实施过程**

1. 任务地点及时间

（1）任务地点：根据教学实际情况选定。

（2）任务时间：20＊＊年＊月＊＊日——20＊＊年＊月＊日共计 2 课时。

2. 任务组织形式

（1）全班统一任务，在教师的指导下分小组进行；

（2）指导教师：每班指导老师 1 名；

（3）任务小组由 3～5 人组成，相互配合，共同完成任务。

3. 任务及任务报告的编写

（1）根据任务案例资料，完成案例项目质量保证金的编制；

（2）每组编制完成任务并提交装订整齐的任务报告。

4. 任务纪律

（1）为了保证任务获得优良效果，必须严格遵守任务纪律。同学间要发扬团结友爱、互相帮助的精神，克服困难，认真踏实地进行任务；

（2）注意安全，杜绝事故；

（3）不能擅自单独行动，外出时必须向指导教师请假；

（4）有事必须写假条，并经指导教师批准后才能离开学校；

（5）任务期间严格考勤，不准无故请假。对违纪学生，指导教师有权取消其任务资格，不评定其任务成绩。

5. 任务注意事项

（1）质量保证金的预留方式

1）在支付工程进度款时逐次扣留，在此情形下，质量保证金的计算基数不包括预付款的支付、扣回以及价格调整的金额；

2）工程竣工结算时一次性扣留质量保证金；

3）双方约定的其他扣留方式。

除专用合同条款另有约定外，质量保证金的扣留原则上采用上述第 1）种方式。

（2）质量保证金额的额度，发包人累计扣留的质量保证金不得超过工程价款结算总额的 3％。如承包人在发包人签发竣工付款证书后 28 天内提交质量保证金保函，发包人应同时退还扣留的作为质量保证金的工程价款；保函金额不得超过工程价款结算总额的 3％。

（3）质量保证金的返还：缺陷责任期内，承包人认真履行合同约定的责任，到期后，承包人可向发包人申请返还保证金。

发包人在接到承包人返还保证金申请后，应于 14 天内会同承包人按照合同约定的内容进行核实。如无异议，发包人应当按照约定将保证金返还给承包人。发包人在退还质量保证金的同时按照中国人民银行发布的同期同类贷款基准利率支付利息。

6. 任务资料

（1）项目编号：M78A2。

（2）项目名称：18 号公馆建设项目。

（3）建设单位：计支宝建筑集团。

（4）建设地点：长沙市雨花区韶山南路。

（5）建设规模：本工程共为两栋住宅楼，总建筑面积为 24860.57m²，高度为 81.95m。其中 1 号楼采用剪力墙结构，架空层为 3.6m，住宅为 2.9m，地上建筑面积为

9260.68m²；2 号楼采用剪力墙结构，架空层为 3.6m，住宅为 2.9m，地上建筑面积为 9240.12m²；地下室采用剪力墙结构，建筑面积为 6359.77m²。土地性质为：住宅用地。

（6）建设工期要求：500 天（日历天），计划工期：2021 年 9 月 1 日至 2023 年 1 月 14 日。

（7）建设计划总投资：46627.63 万元。

（8）质量保证金在合同中的相关条款：

"15.3　质量保证金

经合同当事人协商一致扣留质量保证金的，应在专用合同条款中予以明确。

在工程项目竣工前，承包人已经提供履约担保的，发包人不得同时预留工程质量保证金。

15.3.1　承包人提供质量保证金的方式

承包人提供质量保证金有以下三种方式：

（1）质量保证金保函；

（2）相应比例的工程款；

（3）双方约定的其他方式。

除专用合同条款另有约定外，质量保证金原则上采用上述第（1）种方式。

15.3.2　质量保证金的扣留

质量保证金的扣留有以下三种方式：

（1）在支付工程进度款时逐次扣留，在此情形下，质量保证金的计算基数不包括预付款的支付、扣回以及价格调整的金额；

（2）工程竣工结算时一次性扣留质量保证金；

（3）双方约定的其他扣留方式。

除专用合同条款另有约定外，质量保证金的扣留原则上采用上述第（1）种方式。

发包人累计扣留的质量保证金不得超过工程价款结算总额的 3%。如承包人在发包人签发竣工付款证书后 28 天内提交质量保证金保函，发包人应同时退还扣留的作为质量保证金的工程价款；保函金额不得超过工程价款结算总额的 3%。

发包人在退还质量保证金的同时按照中国人民银行发布的同期同类贷款基准利率支付利息。

15.3.3　质量保证金的退还

缺陷责任期内，承包人认真履行合同约定的责任，到期后，承包人可向发包人申请返还保证金。

发包人在接到承包人返还保证金申请后，应于 14 天内会同承包人按照合同约定的内容进行核实。如无异议，发包人应当按照约定将保证金返还给承包人。对返还期限没有约定或者约定不明确的，发包人应当在核实后 14 天内将保证金返还承包人，逾期未返还的，依法承担违约责任。发包人在接到承包人返还保证金申请后 14 天内不予答复，经催告后 14 天内仍不予答复，视同认可承包人的返还保证金申请。

发包人和承包人对保证金预留、返还以及工程维修质量、费用有争议的，按本合同第 20 条约定的争议和纠纷解决程序处理。"

7. 任务解析

8. 质量保证金的支付与扣回在计量支付系统的表现形式

（1）质量保证金的预留与返还

1）质量保证金的预留（图7-1）

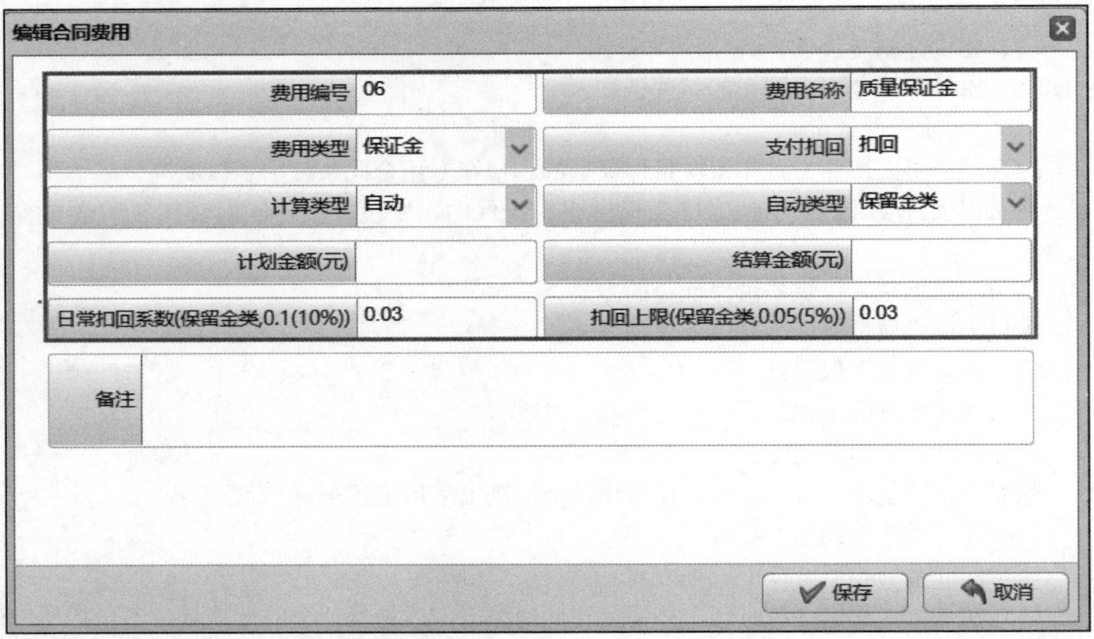
编辑合同费用
费用编号 06
费用名称 质量保证金
费用类型 保证金
支付扣回 扣回
计算类型 自动
自动类型 保留金类
计划金额(元)
结算金额(元)
日常扣回系数(保留金类,0.1(10%)) 0.03
扣回上限(保留金类,0.05(5%)) 0.03
备注
保存
取消

图 7-1

2）质量保证金的返还（图7-2）

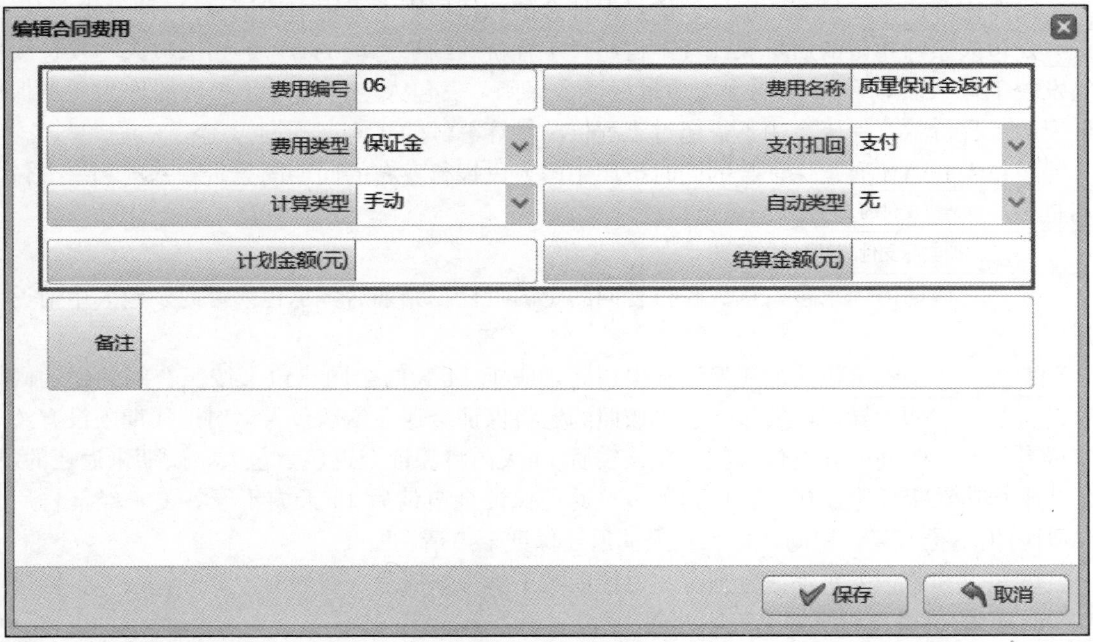
编辑合同费用
费用编号 06
费用名称 质量保证金返还
费用类型 保证金
支付扣回 支付
计算类型 手动
自动类型 无
计划金额(元)
结算金额(元)
备注
保存
取消

图 7-2

（2）质量保证金在计量支付报表中的展示（表 7-1）

工程款支付核准表

表 7-1

工程名称：某项目桩基工程施工合同　　　　　　　　计量周期：第 3 期
施工单位：某施工单位　　　　　　　　　　　　　　监理单位：某监理单位

致：计支宝城市基础投资开发有限公司　　　　　　　　　　　　（建设单位全称）

我方 2021 年 11 月 8 日至 2021 年 11 月 8 日第［第 3 期］计量周期期间已完成了详见进度计量表工作，根据施工合同的约定，现申请支付本期的工程价款为（大写）柒拾肆万叁仟伍佰零壹圆肆角贰分，（小写）743501.42 元，请予核准。

| 序号 | 名　称 | | 金额 |
|---|---|---|---|
| 1 | 工程价款 | 累计已完成工程的工程价款 | 1584078.07 |
| | | 累计已实际支付的工程价款 | 1584078.07 |
| | | 本期已完成的工程价款 | 743501.42 |
| | | 本期已完成变更金额 | |
| 3 | 暂定金 | | |
| 4 | 计日工 | | |
| 5 | 价格调整 | | |
| 6 | 退付款利息 | | |
| 7 | 索赔金额 | | |
| 8 | 预付款 | | |
| 9 | 材料预付款 | | |
| 10 | 扣回材料预付款 | | |
| 11 | 农民工工资 | | |
| 12 | 保留金 | | 22305.04 |
| 13 | 扣回动员预付款 | | |
| 14 | 扣回农民工工资保证金 | | |
| 15 | 税金 | | |
| 16 | 费用小计 | | |
| 17 | 本期应支付的工程价款 | | 743501.42 |
| 18 | 本期实际支付的工程价款 | | 743501.42 |

施工单位（章）：＿＿＿＿＿＿＿＿＿＿＿

施工单位代表：＿＿＿＿＿＿＿＿＿＿＿

日　　　期：＿＿＿＿＿＿＿＿＿＿＿

六、任务评价标准

任务成绩可按优、良、中、及格、不及格等档次进行评定。学生任务结束后，由指导教师根据学生中任务中的表现，从以下几个方面综合评定其成绩：

1. **任务态度**：指任务期间对任务内容的刻苦钻研精神、遵守任务纪律及尊师求教等方面的表现；

2. 对知识的掌握程度，分析和解决问题的能力；

3. 完成任务的质量，从以下几个方面进行考评：

（1）变更工程量清单说明要对工程项目的工作范围和内容、计量方法和方式、费用计算的依据、在工程实施期间如何对工程进行计量和支付进行说明；

（2）工程细目的编制要根据招标工程的不同性质分章按顺序排列；

（3）工程细目划分要求和技术规范保持一致；

（4）工程细目划分要便于计量支付合同管理以及处理质量保证金。

4. 任务报告编写的情况。

评分依据：任务成果的质量（60%）、任务期间的表现（20%）和任务纪律（20%）的综合评分。

# 学习任务单 8

**任务名称：新增工程量清单的计量**　　　　　　　　　　　**参考课时：2 课时**

一、任务描述

通过学习建设工程工程量清单的计量规则、计量方法和变更流程，熟练掌握新增工程量清单的计量，为后续任务的学习打下基础。

二、教学资源

1.《建设工程计量与支付实务》教材"模块3—任务3.1.2 措施项目清单的编制"。

2. 参考书籍：《建设工程工程量清单计价规范》GB 50500—2013、《建筑安装工程费用项目组成》（建标〔2013〕44 号文）、湘建价〔2020〕56 号文等，《建筑工程施工发包与承包计价管理办法（2014 年修订版）》（住房和城乡建设部令第 16 号）。

3."湖南省某学校桩基工程"实例。

三、任务技能对接说明

1. 学生分组，每小组 3 人。

2. 以小组为单位进行任务分析。

3. 查找资料学习。

4. 多媒体课件利用，现场教学。

5. 每个小组根据学习内容进行新增工程量清单的计量。

6. 小组讨论，对工程量计量的结果进行规范完善。

7. 小组选派代表，对工程量计量的整个过程进行讲解。

四、任务技能对接注意点

1. 要熟悉工程量清单的编制依据、原则、方法。

2. 熟悉设计图纸。

3. 熟悉《公路工程标准施工招标文件》（2018 年版），避免重、漏项。

4. 工程量清单字母划分要合理。

5. 工程量计算及单位要准确。

6. 认真校核工程量清单。

7. 遇到问题时小组进行讨论，可让教师参与讨论，通过团队合作获得问题的解决方法。

8. 培养学生沟通协调能力，养成认真负责、严谨的工作态度；树立具有独立思考又具有团队合作的意识。

五、任务实施过程

1. 任务地点及时间

（1）任务地点：根据教学实际情况选定。

（2）任务时间：20＊＊年＊月＊＊日——20＊＊年＊月＊日共计 2 课时。

2. 任务组织形式

（1）全班统一任务，在教师的指导下分小组进行；

（2）指导教师：每班指导老师1名；

（3）任务小组由3~5人组成，相互配合，共同完成任务。

3. 任务及任务报告的编写

（1）根据任务案例资料，完成案例项目桥梁工程工程量清单的编制；

（2）每组编制完成任务并提交装订整齐的任务报告。

4. 任务纪律

（1）为了保证任务获得优良效果，必须严格遵守任务纪律。同学间要发扬团结友爱、互相帮助的精神，克服困难，认真踏实地进行任务。

（2）注意安全，杜绝事故。

（3）不能擅自单独行动，外出时必须向指导教师请假。

（4）有事必须写假条，并经指导教师批准后才能离开学校。

（5）任务期间严格考勤，不准无故请假。对违纪学生，指导教师有权取消其任务资格，不评定其任务成绩。

5. 任务案例资料

湖南省某学校桩基工程，施工单位在用旋挖钻机施工过程中，发现普遍桥桩水位低于桩底标高，桩侧渗水较小，基本处于干挖状态，且利于周围环境保护，适于人工开挖。经过建设单位、施工单位、监理单位、设计单位四方会议确认后部分桩基施工变更为采用人工挖孔桩施工。该桩基工程原始合同工程量清单见表8-1：

桩基工程工程量清单 表8-1

| 序号 | 清单编码 | 项目名称 | 项目特征 | 单位 | 单价 | 工程量 | 金额 |
|---|---|---|---|---|---|---|---|
| 1 | | 桩基工程 | | | | | |
| 2 | | 教学楼、艺术楼、图书室桩基工程 | | | | | |
| 3 | | 分部分项工程费用 | | | | | |
| 4 | 10302001001 | 泥浆护壁成孔灌注桩：旋挖钻机钻孔∅1000以内；H=15m；杂填土 | 1. 地层情况：土类；<br>2. 桩长：20m以内；<br>3. 桩径：∅1500以内；<br>4. 成孔方法：泥浆护壁冲孔桩 | m³ | 249.19 | 147.365 | 36721.88 |
| 5 | 10302001003 | 泥浆护壁成孔灌注桩：旋挖钻机钻孔∅1000以内；H=15m；粉质黏土 | 1. 地层情况：Ⅳ级岩体；<br>2. 桩长：20m以内；<br>3. 桩径：∅1500以内；<br>4. 成孔方法：泥浆护壁冲孔桩 | m³ | 249.19 | 264.029 | 65793.39 |
| 6 | 10302001004 | 泥浆护壁成孔灌注桩：旋挖钻机钻孔∅1000以内；H=15m；强风化灰岩 | 1. 地层情况：Ⅲ级岩体；<br>2. 桩长：20m以内；<br>3. 桩径：∅1500以内；<br>4. 成孔方法：泥浆护壁冲孔桩 | m³ | 392.87 | 141.225 | 55483.07 |

续表

| 序号 | 清单编码 | 项目名称 | 项目特征 | 单位 | 单价 | 工程量 | 金额 |
|------|----------|----------|----------|------|------|--------|------|
| 7 | 10302001005 | 泥浆护壁成孔灌注桩：旋挖钻机钻孔$\varnothing$1000 以内；$H=$15m；中风化灰岩 | 说明：数量暂定 | m³ | 584.72 | 55.262 | 32312.8 |
| 8 | 01B001 | 钢护筒安拆 | 说明：数量暂定 | t | 1944.27 | 5.5 | 10693.49 |
| 9 | 10302001009 | 泥浆护壁成孔灌注桩 | 1. 桩径：$\varnothing$1500 以内；2. 混凝土种类、强度等级：C30；3. 说明：桩芯混凝土 | m³ | 534.84 | 614.02 | 328402.46 |
| 10 | 10515004001 | 钢筋笼：HRB400直径 14 | 钢筋种类、规格：HRB400直径 14mm | t | 5754 | 21.12 | 121524.48 |
| 11 | 10515004002 | 钢筋笼：HPB300直径 8 | 钢筋种类、规格：HPB300直径 8mm | t | 6439.78 | 7.65 | 49264.32 |
| 12 | 10515004003 | 钢筋笼：HRB400直径 18 | 钢筋种类、规格：HRB400直径 18mm | t | 5552.44 | 2.99 | 16601.80 |
| 13 | 10301004001 | 截（凿）桩头 | 1. 桩类型：旋挖桩；2. 桩头截面、高度：500mm；3. 混凝土强度等级：C30 | m³ | 791.6 | 20.47 | 16204.05 |
| 14 | 10103002001 | 余方弃置：土方 | 1. 废弃料品种：土方；2. 运距：3km 以内 | m³ | 14.34 | 411.39 | 5899.33 |
| 15 | 10103002002 | 余方弃置：石渣、碎混凝土 | 1. 废弃料品种：石方（含凿桩头混凝土）；2. 运距：3km 以内 | m³ | 20.62 | 223.1 | 4600.32 |
| 16 | | 措施费用 | | | | | |
| 17 | 2.1 | 安全文明施工费 | | 总额 | 18642.67 | 1 | 18642.67 |
| 18 | 2.2 | 冬雨季施工增加费 | | 总额 | 1218.64 | 1 | 1218.64 |
| 19 | 11705001001 | 履带式挖掘机 1m³以内：进出场及安拆 | 场外运输履带式挖掘机 1m³以内~包含回程费用~换：架线~换：其他材料费 | 台次 | 4592.93 | 1 | 4592.93 |
| 20 | 11705001002 | 旋挖钻机：进出场及安拆 | 场外运输旋挖钻机（$\varnothing$2500以内）~包含回程费用~换：其他材料费 | 台次 | 13553.42 | 1 | 13553.42 |
| 21 | | 其他项目费用 | | | | | |
| 22 | 3.1 | 总承包服务费 | | | | | |
| 23 | 3.2 | 计日工 | | | | | |
| 24 | 3.3 | 暂列金额 | | | | | |
| 25 | | 规费 | | | | | |

| 序号 | 清单编码 | 项目名称 | 项目特征 | 单位 | 单价 | 工程量 | 金额 |
|---|---|---|---|---|---|---|---|
| 26 | 4.1 | 社会保险费 | | 总额 | 22194.86 | 1 | 22194.86 |
| 27 | 4.2 | 工程排污费 | | 总额 | 3126.04 | 1 | 3126.04 |
| 28 | 4.3 | 安全生产责任险 | | 总额 | 1563.02 | 1 | 1563.02 |
| 29 | 4.4 | 职工教育经费和工会经费 | | 总额 | 5028.4 | 1 | 5028.4 |
| 30 | 4.5 | 住房公积金 | | 总额 | 8620.12 | 1 | 8620.12 |
| 31 | | 税金 | | | | | |
| 32 | 5.1 | 销项税额 | | 总额 | 73983.73 | 1 | 73983.73 |
| 33 | 5.2 | 附加税费 | | 总额 | 2688.08 | 1 | 2688.08 |
| | 合计 | | | | | | |

## 6. 相关新增工程量清单计量操作

### (1) 变更通知 (图 8-1)

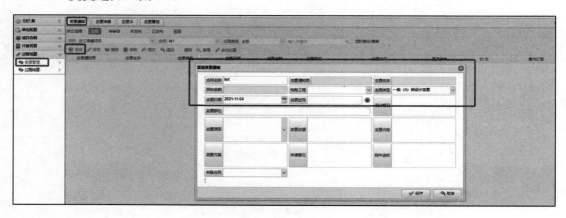

图 8-1

### (2) 变更申请 (图 8-2、图 8-3)

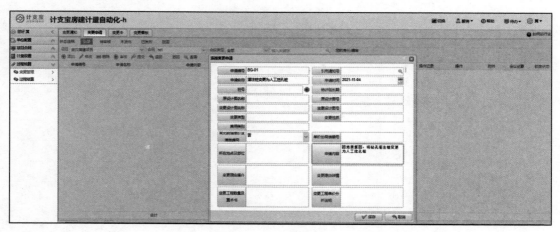

图 8-2

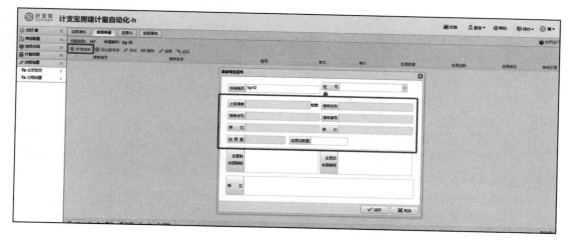

图 8-3

（3）变更令（图 8-4、图 8-5）

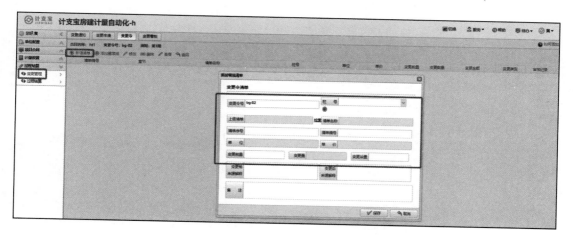

图 8-4

图 8-5

施工单位在某月完成人工挖孔桩 150m，通过以上案例，请根据所提素材完成本期新增人工挖孔桩计量工作。

7. 任务解析

（1）查阅图纸，并查看《建设工程工程量清单计价规范》GB 50500—2013。

（2）了解分部分项工程工程量清单（项目编码、项目名称、项目特征、计量单位）的编制方法。

（3）了解分部分项工程工程量清单的编制程序。

（4）收集计量支付的依据（例如合同文件、中标工程量清单、现场实际完成数量、监理工程师签署的各类证书）。

（5）熟悉计量支付流程及本项目规定（时间、内容、程序）。

（6）准备申报本期工程量。

六、任务评价标准

任务成绩可按优、良、中、及格、不及格等档次进行评定。实训任务结束后，由指导教师根据学生在任务中的表现，从以下几个方面综合评定其成绩：

1. 任务态度：指任务期间对任务内容的刻苦钻研精神、遵守任务纪律及尊师求教等方面的表现。

2. 对知识的掌握程度，分析和解决问题的能力。

3. 完成任务的质量。

4. 任务报告编写的情况。

评分依据：任务成果的质量（60%）、任务期间的表现（20%）和任务纪律（20%）的综合评分。

# 学习任务单 9

**任务名称：措施费的计量**　　　　　　　　　　　　　　**参考课时：2 课时**

**一、任务描述**

通过学习建设工程工程量清单的计量规则、计量方法，熟练掌握措施项目费的计量，为后续任务的学习打下基础。

**二、教学资源**

1.《建设工程计量与支付实务》教材"模块 3—3.1.3 措施项目清单的编制"。

2. 参考书籍：《建设工程工程量清单计价规范》GB 50500—2013、《建筑安装工程费用项目组成》（建标〔2013〕44 号）、湘建价〔2020〕56 号文等，《建筑工程施工发包与承包计价管理办法（2014 年修订版）》（住房和城乡建设部令第 16 号）。

3."湖南省某学校桩基工程"实例。

**三、任务技能对接说明**

1. 学生分组，每小组 3 人。

2. 以小组为单位进行任务分析。

3. 查找资料学习。

4. 多媒体课件利用，现场教学。

5. 每个小组根据学习内容进行路基工程量计量。

6. 小组讨论，对工程量计量的结果进行规范完善。

7. 小组选派代表，对工程量计量的整个过程进行讲解。

**四、任务技能对接注意点**

1. 要熟悉工程量清单的编制依据、原则、方法。

2. 熟悉设计图纸。

3. 熟悉《建设工程施工合同（示范文本）》（GF—2017—0201）。

4. 工程量清单字母划分要合理。

5. 工程量计算及单位要准确。

6. 认真校核工程量清单。

7. 遇到问题时小组进行讨论，可让教师参与讨论，通过团队合作获得问题的解决方法。

8. 培养学生沟通协调能力，养成认真负责、严谨的工作态度；树立具有独立思考又具有团队合作的意识。

**五、任务实施过程**

1. 任务地点及时间

（1）任务地点：根据教学实际情况选定。

（2）任务时间：20＊＊年＊月＊＊日——20＊＊年＊月＊日共计 2 课时。

2. 任务组织形式

（1）全班统一任务，在教师的指导下分小组进行；

（2）指导教师：每班指导老师 1 名；

（3）任务小组由 3～5 人组成，相互配合，共同完成任务。

3. 任务及任务报告的编写

（1）根据任务案例资料，完成案例项目桩基工程工程量清单的编制；

（2）每组编制完成任务并提交装订整齐的任务报告。

4. 任务纪律

（1）为了保证任务获得良好效果，必须严格遵守任务纪律。同学间要发扬团结友爱、互相帮助的精神，克服困难，认真踏实地进行任务。

（2）注意安全，杜绝事故。

（3）不能擅自单独行动，外出时必须向指导教师请假。

（4）有事必须写假条，并经指导教师批准后才能离开学校。

（5）任务期间严格考勤，不准无故请假。对违纪学生，指导教师有权取消其任务资格，不评定其任务成绩。

5. 任务案例资料

（1）措施费的计量

湖南省某学校工程桩基工程，本月完成工程量完成情况见表 9-1。

桩基工程工程量计量清单    表 9-1

| 序号 | 清单编码 | 项目名称 | 项目特征 | 单位 | 单价 | 工程量 | 金额 |
|---|---|---|---|---|---|---|---|
| 1 | 10302001001 | 泥浆护壁成孔灌注桩：旋挖钻机钻孔∅1000 以内；$H=$15m；杂填土 | 1. 地层情况：土类；<br>2. 桩长：20m 以内；<br>3. 桩径：∅1500 以内；<br>4. 成孔方法：泥浆护壁冲孔桩 | m³ | 249.19 | 85.36 | 21270.8584 |
| 2 | 10302001003 | 泥浆护壁成孔灌注桩：旋挖钻机钻孔∅1000 以内；$H=$15m；粉质黏土 | 1. 地层情况：Ⅳ级岩体；<br>2. 桩长：20m 以内；<br>3. 桩径：∅1500 以内；<br>4. 成孔方法：泥浆护壁冲孔桩 | m³ | 249.19 | 132.01 | 32895.5719 |
| 3 | 10515004001 | 钢筋笼：HRB400直径 14 | 钢筋种类、规格：HRB400直径 14mm | t | 5754 | 10.05 | 57827.7 |
| 4 | 10515004002 | 钢筋笼：HPB300直径 8 | 钢筋种类、规格：HPB3008mm | t | 6439.78 | 3.78 | 24342.3684 |
| 5 | 10515004003 | 钢筋笼：HRB400直径 18 | 钢筋种类、规格：HRB400直径 18mm | t | 5552.44 | 1.44 | 7995.5136 |

（2）相关措施费计量软件操作（图 9-1、图 9-2）

施工单位根据以上素材，完成本期措施费的计量工作。

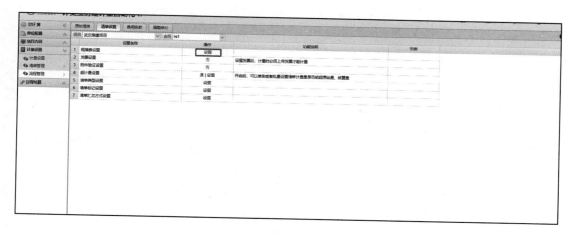

图 9-1

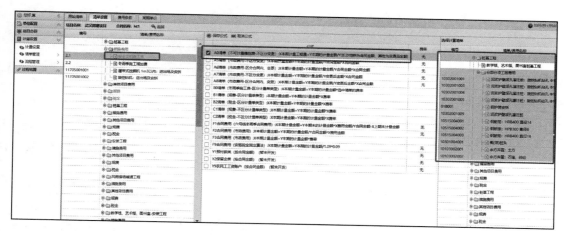

图 9-2

6. 任务解析

（1）查阅图纸，并查看《建设工程工程量清单计价规范》GB 50500—2013。

（2）了解措施项目清单（项目编码、项目名称、项目特征、计量单位）的编制方法，了解可计量措施费和不可计量措施费的区别和原理。

（3）了解措施项目清单的编制程序。

（4）收集计量支付的依据（例如合同文件、中标工程量清单、现场实际完成数量、监理工程师签署的各类证书）。

（5）熟悉计量支付流程及本项目规定（时间、内容、程序）。

（6）准备申报本期工程量。

六、任务评价标准

任务成绩可按优、良、中、及格、不及格等档次进行评定。学生任务结束后，由指导教师根据学生在任务中的表现，从以下几个方面综合评定其成绩：

1. 任务态度：指任务期间对任务内容的刻苦钻研精神、遵守任务纪律及尊师求教等方面的表现；

2. 对知识的掌握程度，分析和解决问题的能力；

3. 完成任务的质量；

4. 任务报告编写的情况。

评分依据：任务成果的质量（60％）、任务期间的表现（20％）和任务纪律（20％）的综合评分。

# 学习任务单 10

**任务名称：农民工工资保证金的计量**　　　　　　　　　**参考课时：2 课时**

### 一、任务描述

通过学习建设工程工程量清单的计量规则、计量方法，熟练掌握农民工工资保证金的计量，为后续任务的学习打下基础。

### 二、教学资源

1. 参考书籍：《建设工程工程量清单计价规范》GB 50500—2013、《建筑安装工程费用项目组成》（建标〔2013〕44 号）、湘建价〔2020〕56 号文等，《建筑工程施工发包与承包计价管理办法（2014 年修订版）》（住房和城乡建设部令第 16 号）。

2.《建设工程施工合同（示范文本）》GF—2017—0201。

### 三、任务技能对接说明

1. 学生分组，每小组 3 人。

2. 以小组为单位进行任务分析。

3. 查找资料学习。

4. 多媒体课件利用，现场教学。

5. 每个小组根据学习内容进行农民工工资保证金的计量。

6. 小组讨论，对工程量计量的结果进行规范完善。

7. 小组选派代表，对工程量计量的整个过程进行讲解。

### 四、任务技能对接注意点

1. 要熟悉工程合同的组成。

2. 熟悉项目合同通用条款和专用条款。

3. 了解农民工工资保证金的定义和作用。

4. 遇到问题时小组进行讨论，可邀请教师参与讨论，通过团队合作获得问题的解决方法。

5. 培养学生沟通协调能力，养成认真负责、严谨的工作态度；树立具有独立思考又具有团队合作的意识。

### 五、任务实施过程

1. 任务地点及时间

（1）任务地点：根据教学实际情况选定。

（2）任务时间：20＊＊年＊月＊＊日——20＊＊年＊月＊日共计 2 课时。

2. 任务组织形式

（1）全班统一任务，在教师的指导下分小组进行；

（2）指导教师：每班指导老师 1 名；

（3）任务小组由 3～5 人组成，相互配合，共同完成任务。

3. 任务及任务报告的编写

（1）根据任务案例资料，完成案例项目农民工工资保证金的计量工作；

（2）每组编制完成任务并提交装订整齐的任务报告。

4. 任务纪律

（1）为了保证任务获得优良效果，必须严格遵守任务纪律。同学间要发扬团结友爱、互相帮助的精神，克服困难，认真踏实地进行任务。

（2）注意安全，杜绝事故。

（3）不能擅自单独行动，外出时必须向指导教师请假。

（4）有事必须写假条，并经指导教师批准后才能离开学校。

（5）任务期间严格考勤，不准无故请假。对违纪学生，指导教师有权取消其任务资格，不评定其任务成绩。

5. 任务案例资料

某建筑工程项目的项目专用条款如下：

# 项目专用合同条款

1. 一般规定

1.4 合同文件的优先顺序

本款约定为：

组成合同的各项文件应互相解释，互为说明。解释合同文件的优先顺序如下：

合同协议书及各种合同附件（含评标期间和合同谈判过程中的澄清文件和补充资料）；

中标通知书；

投标函及投标函目录；

项目专用合同条款（含招标文件补遗书、澄清书中与此有关的部分，如果有）；

建筑工程专用合同条款；

通用合同条款；

工程量清单计量规则项目专用本；

工程量清单计量规则《建设工程工程量清单计价规范》GB 50500—2013；

技术规范（含招标文件补遗书、澄清书中与此有关的部分，如果有）；

图纸（含招标文件补遗书、澄清书中与此有关的部分，如果有）；

已标价工程量清单；

承包人有关人员、设备投入的承诺及投标文件中的施工组织设计；

其他合同文件。

1.6 图纸和承包人文件

第1.6.2项最后补充：

承包人提供的文件，审批的程序和权限应符合国家和相关主管部门的规定及发包人发布的有关管理办法。

1.6.3 图纸的修改

通用合同条款1.6.3项细化为：

图纸需要修改和补充的，应由监理人取得发包人同意后，在该工程或工程相应部位施工前的 7 天内签发图纸修改图和补充图给承包人。承包人应按修改和补充后的图纸施工。

1.6.4　图纸的错误

第 1.6.4 项补充：

承包人在工程实施前，应充分理解设计意图，并对设计文件和现场地形、地物进行认真复核和测量，如发现问题，应及时上报，不得擅自施工，否则因此造成的一切损失或费用增加均由承包人负责。

承包人应能发现的设计文件的明显差错、遗漏或缺陷，因其未能发现或发现后未能及时书面通知监理人并报发包人而造成的任何损失，承包人应承担相应责任。

承包人应对设计图纸中有关工程材料和设备的设计情况进行复核，若发现在施工图纸中有违规指定产品的情况，应及时通知监理人报发包人；若有违规问题未发现或发现后未及时通知监理人报发包人的，需承担相应的责任。

2．发包人义务

2.3　提供施工场地

本款补充：

发包人提供的施工场地范围：本项目施工图中的永久征地范围，详见图纸。发包人将随着工程的进展，视情况分期移交施工场地给承包人，发包人不保证本合同工程范围内的施工用地能全部一次性移交承包人进行施工，承包人不得以此为由向发包人索赔。

3．监理人

第 3.1.1 项补充：

提出更换承包人主要管理人员的建议。

根据 4.3 及 11.5 款的规定，提出强制分包建议。

4．承包人

4.1　承包人的一般义务

4.1.3　完成各项承包工作

本项原文后补充：本项目采用施工图设计进行施工承包招标，进场后，承包人应组织相关技术人员结合施工现场实际情况对施工图进行详细复核，及时发现施工图设计文件中与现场实际情况不符的错误、遗漏等问题，在上报实施性施工组织设计和项目总体进度计划前提出书面修改建议，以杜绝后续施工过程中出现较大及以上设计变更。

5．材料和工程设备

5.1　承包人提供的材料和工程设备

5.1.6　本项目采用招标方式进行集中采购的材料发包人将不支付材料预付款，且该材料不参与合同专用条款 16.1 款的价格调整。承包人在投标时依据发包人给出的材料暂定价进行清单报价（暂定价是指发包人提供的在投标截止日期前 28 天的材料到达施工现场的价格，该价格是承包人投标报价的依据，该价格随发包人制定的最高投标限价一并发布）。承包人在投标报价时应充分考虑材料卸车费、仓储费、加工费、损耗费、税费等与以上材料相关的各种费用，并计入相关子目单价中，发包人不再单独支付相关费用。大宗材料实施集中采购，并不能免除承包人按照合同条款和技术规范所应承担的任何责任。

（1）材料款扣回

1）发包人根据承包人、监理人和供货商共同确认的每月实际采购材料的种类和数量以及确定的采购单价，计算该月应扣材料款并出具扣款通知单，于扣款月 15 日前通知承包人，承包人经校核认可后，在计量支付申请中编列扣款细目。

2）发包人将从下发扣款通知单的当月开始，从承包人计量支付中分三期扣回全额材料款，扣回比例：第一期 30％，第二期 40％，第三期 30％。发包人有权利根据实际需要调整扣款的方式或比例。

3）如果月工程计量支付不足以扣回当月应扣的材料款，则该月不予支付，并将余额部分从下一月的计量支付中扣除，扣完为止。

15. 变更

15.4　变更的估价原则

本款细化为：

15.4.1　如果取消某项工作，则该项工作的总价不予以支付。

15.4.2　已标价工程量清单中有适用于变更工作的子目的，采用该子目的单价。已标价工程量清单中无适用于变更工作的子目，但有类似子目的，可在合理范围内参照类似子目的单价，由监理人按第 3.5 款商定或确定变更工作的单价。已标价工程量清单中无适用或类似子目的单价，可在综合考虑承包人在投标时所提供的单价分析表的基础上，由监理人按第 3.5 款商定或确定变更工作的单价。

15.4.3　本款 15.4.2 项确定的原则不适用时，承包人按照国家有关预算编制办法编制子目单价，经监理人审核后报发包人确定。

15.4.4　上述变更单价由跟踪审计单位审定后执行。

15.4.5　按照 15.4.2 确定单价的子目按 16.1.1 款的规定进行价格调整，按照 15.4.3 确定单价的子目不参与价格调整。

15.4.6　如果本工程的变更指示是因承包人过错、承包人违反合同、承包人履行义务不到位或承包人责任造成的，则这种违约引起的任何额外费用应由承包人承担。

补充 15.5.3 项：

15.5.3　按照项目专用合同条款第 4.1.3 项补充约定，为有效控制设计变更，发包人制定设计变更奖惩办法，界定发包人、设计人、承包人、监理人、沿线政府等单位的变更范围和责任；在保证工程质量、进度的前提下，以奖励的形式鼓励各参建单位提供能尽量减少投资的合理化变更建议；以惩罚的形式控制错误、遗漏等不必要变更发生，尤其是控制投资变化增加较大的变更发生。上述相关奖罚应按照发包人制定的设计变更管理奖惩办法执行。

补充第 15.9 款：

15.9　变更其他约定

15.9.1　工程变更时，承包人上报的变更金额应准确，符合实际，不得虚报、多报，与监理审核的变更金额偏差不能超过 20％（审减额/送审额），在此基础上，发包人审批的变更金额偏差不能超过 10％（审减额/送审额），否则发包人按（1－审减额/送审额［监理和发包人审批之和］）乘以该项变更审批后的费用进行计量支付。若在竣工审计时，审减额超过送审额 5％，其效益审计费用由承包人承担，并追究监理人的责任，其不良行为作为不良记录纳入建筑建设市场信用信息管理系统。承包人有权提出申诉，委托独立中介机构予以审核论证，费用由承包人承担。

15.9.2　如果承包人为了便于组织施工，或为了施工安全，避免干扰等原因需采取相应的技术措施，而提出局部变更设计，除须得到监理人和发包人批准外，由此而增加的费用应由承包人自行负担。

15.9.3　承包人在路基工程施工前，应认真阅读设计文件，结合实际情况安排路基施工作业，科学调配土方，减少施工对环境的破坏。如未经发包人同意，擅自改变施工组织和设计文件中土方调配计划，由此造成的一切费用增加和相关责任，均由承包人承担，发包人不予支付。

17.　计量与支付

17.1.5　本项目工程量清单中总额价子目的支付原则和支付进度：详见工程量清单计量规则及技术规范。

17.2　预付款

17.2.1　预付款

17.2.1　（1）细化为：开工预付款的金额在项目专用合同条款数据表中约定。在承包人签订了合同协议书后，监理人应在当期进度付款证书中向承包人支付开工预付款70%的价款；在承包人承诺的路面主要设备进场后，再支付预付款30%。

承包人不得将该预付款用于与本工程无关的支出，监理人有权监督承包人对该项费用的使用，如经查实承包人滥用开工预付款，发包人有权立即向银行索赔履约保证金，并解除合同。

17.2.3　预付款的扣回与还清

17.2.3（2）目细化为：

（2）当材料、设备已用于或安装在永久工程之中时，材料、设备预付款应从进度付款证书中分三期扣回，扣回期不超过3个月；工程预计交工3个月之前，须扣回所有材料预付款。已经支付材料、设备预付款的材料、设备的所有权应属于发包人。

17.3　工程进度付款

补充17.3.3（5）目：

发包人在支付工程进度付款时，有效合同价（签约合同价扣除暂列金后金额）的10%以开具商票的方式支付，商票支付总额不因大宗材料集中采购而调整。

工程进度付款证书累计金额未达到有效合同价的20%前不开具商票支付，在达到有效合同价的20%之后，开始按工程进度以固定比例（即每完成有效合同价的1%，工程进度付款中开具商票支付总额的2%）分期在进度付款证书中开具，商票支付总额在进度付款证书的累计金额达到有效合同价的70%时开具完毕。

17.3.5（1）约定为：

农民工工资保证金的缴存时间：同履约保证金；

农民工工资保证金的缴存金额：500万元（交由发包人）；缴存比列：每期计量款的1%；

20.　保险

20.1　工程保险

工程一切险由发包人和承包人采用联合招标方式确定保险公司，由承包人以发包人和承包人的联名方式投保。本合同双方约定由发包人作为工程一切险联合招标的署名招标人并负责相关招标和确定保险服务单位事宜。

上述保险费在工程量清单第 100 章中列有单独支付细目，由投标人按招标文件中的规定填写总价额。保险合同签订并出具保单后，由承包人按保险合同的金额及其他相关规定在当期计量中上报保险费计量，工程量清单金额与保险合同金额差额部分不予计量。

20.4 第三者责任险

第 20.4.2 项补充：

第三者责任险由发包人和承包人采用联合招标方式确定保险公司，由承包人以发包人和承包人的联名方式投保。本合同双方约定由发包人作为第三者责任险联合招标的署名招标人并负责相关招标和确定保险服务单位事宜。上述保险费在工程量清单第 100 章中列有单独支付细目，由投标人按招标文件中的规定填写总价额。保险合同签订并出具保单后，由承包人按保险合同的相关规定在当期计量中上报保险费计量，工程量清单金额与保险合同金额差额部分不予计量。

(1) 本期工程量计量清单见表 10-1。

本期工程量计量清单　　　　　　　　　　表 10-1

| 序号 | 清单编码 | 项目名称 | 项目特征 | 单位 | 单价 | 工程量 | 金额 |
|---|---|---|---|---|---|---|---|
| 1 | 10302001001 | 泥浆护壁成孔灌注桩：旋挖钻机钻孔 $\varnothing1000$ 以内；$H = 15m$；杂填土 | 1. 地层情况：土类；<br>2. 桩长：20m 以内；<br>3. 桩径：$\varnothing1500$ 以内；<br>4. 成孔方法：泥浆护壁冲孔桩 | m³ | 249.19 | 85.36 | 21270.8584 |
| 2 | 10302001003 | 泥浆护壁成孔灌注桩：旋挖钻机钻孔 $\varnothing1000$ 以内；$H = 15m$；粉质黏土 | 1. 地层情况：Ⅳ级岩体；<br>2. 桩长：20m 以内；<br>3. 桩径：$\varnothing1500$ 以内；<br>4. 成孔方法：泥浆护壁冲孔桩 | m³ | 249.19 | 132.01 | 32895.5719 |
| 3 | 10515004001 | 钢筋笼：HRB400 直径 14 | 钢筋种类、规格：HRB400 直径 14mm | t | 5754 | 10.05 | 57827.7 |
| 4 | 10515004002 | 钢筋笼：HPB300 直径 8 | 钢筋种类、规格：HPB300 8mm | t | 6439.78 | 3.78 | 24342.3684 |
| 5 | 10515004003 | 钢筋笼：HRB400 直径 18 | 钢筋种类、规格：HRB400 直径 18mm | t | 5552.44 | 1.44 | 7995.5136 |

(2) 软件操作

点击 A 区 "计量设置" "清单管理" 下的 "费用条款" 选择扣回农民工工资保证金，操作日常扣回系数和扣回上限（图 10-1）。

将原始清单导入后，添加本期应计量的清单，如图 10-2 所示：

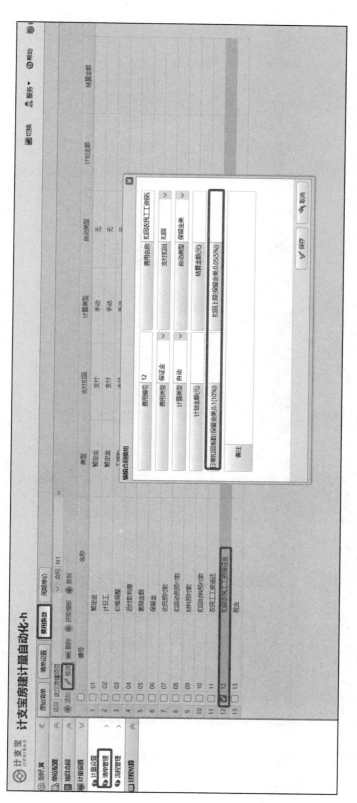

图 10-1

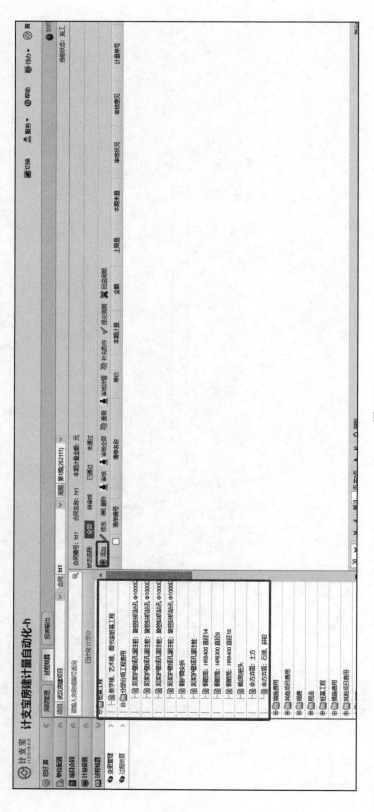

图 10-2

60

完成计量审核后，查看报表。

请学生扮演施工单位角色，根据上述资料，完成本期的计量工作。

6. 任务解析

（1）查阅图纸，并查看《建设工程工程量清单计价规范》GB 50500—2013。

（2）了解工程合同的组成。

（3）了解项目通用条款和专用条款对农民工工资保证金的具体规定。

（4）收集计量支付的依据（例如合同文件、中标工程量清单、现场实际完成数量、监理工程师签署的各类证书）。

（5）熟悉计量支付流程及本项目规定（时间、内容、程序）。

（6）准备申报本期工程量。

六、任务评价标准

任务成绩按优、良、中、及格、不及格等档次进行评定。学生任务结束后，由指导教师根据学生在任务中的表现，从以下几个方面综合评定其成绩：

1. 任务态度：指任务期间对任务内容的刻苦钻研精神、遵守任务纪律及尊师求教等方面的表现。

2. 对知识的掌握程度，分析和解决问题的能力。

3. 完成任务的质量。

4. 任务报告编写的情况。

评分依据：任务成果的质量（60%）、任务期间的表现（20%）和任务纪律（20%）的综合评分。